- 案例名称　iOS启动图标制作
- 视频位置　多媒体教学\3.4.1　iOS启动图标制作.avi
- 难易指数　★☆☆☆☆

- 案例名称　Android启动图标制作
- 视频位置　多媒体教学\3.4.2　Android启动图标制作.avi
- 难易指数　★☆☆☆☆

- 案例名称　常见开关式图标设计
- 视频位置　多媒体教学\3.5.1　常见开关式图标设计.avi
- 难易指数　★★☆☆☆

- 案例名称　常见旋钮式图标设计
- 视频位置　多媒体教学\3.5.2　常见旋钮式图标设计.avi
- 难易指数　★★☆☆☆

- 案例名称　常见导航式图标设计
- 视频位置　多媒体教学\3.5.3　常见导航式图标设计.avi
- 难易指数　★☆☆☆☆

- 案例名称　系统调整图标
- 视频位置　多媒体教学\4.2　系统调整图标.avi
- 难易指数　★☆☆☆☆

- 案例名称　通信信息图标
- 视频位置　多媒体教学\4.3通信信息图标.avi
- 难易指数　★★☆☆☆

- 案例名称　雷达扫描图标
- 视频位置　多媒体教学\4.4　雷达扫描图标.avi
- 难易指数　★☆☆☆☆

- 案例名称　录像摄像图标
- 视频位置　多媒体教学\4.5 录像摄像图标.avi
- 难易指数　★★☆☆☆

U0198816

本书案例展示

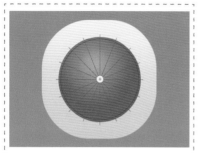

- 案例名称　小雨伞图标
- 视频位置　多媒体教学\4.6 小雨伞图标.avi
- 难易指数　★★☆☆☆

- 案例名称　邮箱通信图标
- 视频位置　多媒体教学\4.7 邮箱通信图标.avi
- 难易指数　★★☆☆☆

- 案例名称　资讯图标
- 视频位置　多媒体教学\4.8 资讯图标.avi
- 难易指数　★★★☆☆

- 案例名称　辅助手电图标
- 视频位置　多媒体教学\4.9 辅助手电图标.avi
- 难易指数　★★☆☆☆

- 案例名称　天气启动图标及界面
- 视频位置　多媒体教学\4.10 天气启动图标及界面.avi
- 难易指数　★★★★☆

- 案例名称　课后习题1——便签图标设计
- 视频位置　多媒体教学\4.12.1 课后习题1——便签图标设计.avi
- 难易指数　★★☆☆☆

- 案例名称　课后习题2——扁平相机图标
- 视频位置　多媒体教学\4.12.2 课后习题2——扁平相机图标.avi
- 难易指数　★★★☆☆

- 案例名称　音娱电器图标
- 视频位置　多媒体教学\5.2 音娱电器图标.avi
- 难易指数　★★☆☆☆

- 案例名称　写实广播图标
- 视频位置　多媒体教学\5.3 写实广播图标.avi
- 难易指数　★★★☆☆

- 案例名称　电器配件图标
- 视频位置　多媒体教学\5.4 电器配件图标.avi
- 难易指数　★★☆☆☆

- 案例名称　复古放映盘图标
- 视频位置　多媒体教学\5.5 复古放映盘图标.avi
- 难易指数　★★☆☆☆

- 案例名称　典雅钟表图标
- 视频位置　多媒体教学\5.6 典雅钟表图标.avi
- 难易指数　★★☆☆☆

- 案例名称　影像器材图标
- 视频位置　多媒体教学\5.7 影像器材图标.avi
- 难易指数　★★★☆☆

- 案例名称　写实遥控图标及应用界面
- 视频位置　多媒体教学\5.8 写实遥控图标及应用界面.avi
- 难易指数　★★★★☆

- 案例名称　课后习题1——写实计算器
- 视频位置　多媒体教学\5.10.1 课后习题1——写实计算器.avi
- 难易指数　★★★☆☆

- 案例名称　课后习题2——写实开关图标
- 视频位置　多媒体教学\5.10.2 课后习题2——写实开关图标.avi
- 难易指数　★★★☆☆

- 案例名称　课后习题3——写实钢琴图标
- 视频位置　多媒体教学\5.10.3 课后习题3——写实钢琴图标.avi
- 难易指数　★★★☆☆

- 案例名称　手绘趣味旅行图标
- 视频位置　多媒体教学\6.2 手绘趣味旅行图标.avi
- 难易指数　★★★☆☆

- 案例名称　可爱场景化图标
- 视频位置　多媒体教学\6.3 可爱场景化图标.avi
- 难易指数　★★★★☆

- 案例名称　卡通猪头像图标
- 视频位置　多媒体教学\6.4 卡通猪头像图标.avi
- 难易指数　★★★☆☆

- 案例名称　英雄动物图标
- 视频位置　多媒体教学\6.5 英雄动物图标.avi
- 难易指数　★★☆☆☆

- 案例名称　绿巨人头像图标
- 视频位置　多媒体教学\6.6 绿巨人头像图标.avi
- 难易指数　★★☆☆☆

- 案例名称　大嘴启动图标及主题界面
- 视频位置　多媒体教学\6.7 大嘴启动图标及主题界面.avi
- 难易指数　★★★★☆

- 案例名称　课后习题1——小黄人图标
- 视频位置　多媒体教学\6.9.1 课后习题1——小黄人图标.avi
- 难易指数　★★★★☆

- 案例名称　课后习题2——涂鸦应用图标
- 视频位置　多媒体教学\6.9.2 课后习题2——涂鸦应用图标.avi
- 难易指数　★★★★☆

本书案例展示

- 案例名称　精致Web图标
- 视频位置　多媒体教学\7.2 精致Web图标.avi
- 难易指数　★★☆☆☆

- 案例名称　互联网播客图标
- 视频位置　多媒体教学\7.3 互联网播客图标.avi
- 难易指数　★☆☆☆☆

- 案例名称　运动应用图标
- 视频位置　多媒体教学\7.4 运动应用图标.avi
- 难易指数　★★☆☆☆

- 案例名称　生活应用图标
- 视频位置　多媒体教学\7.5 生活应用图标.avi
- 难易指数　★★☆☆☆

- 案例名称　搜索图标
- 视频位置　多媒体教学\7.6 搜索图标.avi
- 难易指数　★★☆☆☆

- 案例名称　辅助工具图标
- 视频位置　多媒体教学\7.7 辅助工具图标.avi
- 难易指数　★★★☆☆

- 案例名称　相机和计算器图标
- 视频位置　多媒体教学\7.8 相机和计算器图标.avi
- 难易指数　★★★☆☆

- 案例名称　课后习题1——清新日历图标
- 视频位置　多媒体教学\7.10.1 课后习题1——清新日历图标.avi
- 难易指数　★★★☆☆

- 案例名称　课后习题2——进度图标
- 视频位置　多媒体教学\7.10.2 课后习题2——进度图标.avi
- 难易指数　★★★☆☆

- 案例名称　课后习题3——品质音量旋钮
- 视频位置　多媒体教学\7.10.3 课后习题3——品质音量旋钮.avi
- 难易指数　★★★☆☆

- 案例名称　粉色系进度指示图标
- 视频位置　多媒体教学\8.2 粉色系进度指示图标.avi
- 难易指数　★★☆☆☆

- 案例名称　立体下载图标
- 视频位置　多媒体教学\8.3 立体下载图标.avi
- 难易指数　★★☆☆☆

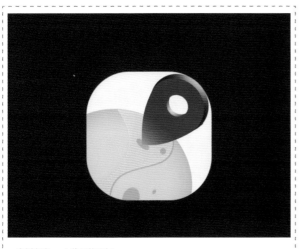

- 案例名称　立体导航图标
- 视频位置　多媒体教学\8.4 立体导航图标.avi
- 难易指数　★★★☆☆

- 案例名称　原生桌球立体图标
- 视频位置　多媒体教学\8.5 原生桌球立体图标.avi
- 难易指数　★★★☆☆

- 案例名称　柔和视觉定位图标
- 视频位置　多媒体教学\8.6 柔和视觉定位图标.avi
- 难易指数　★★★☆☆

- 案例名称　防护启动图标及应用界面
- 视频位置　多媒体教学\8.7 防护启动图标及应用界面.avi
- 难易指数　★★★★☆

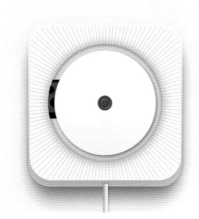

- 案例名称　课后习题1——唱片机图标
- 视频位置　多媒体教学\8.9.1 课后习题1——唱片机图标.avi
- 难易指数　★★☆☆☆

- 案例名称　课后习题2——湿度计图标
- 视频位置　多媒体教学\8.9.2 课后习题2——湿度计图标.avi
- 难易指数　★★★★☆

- 案例名称　课后习题3——圆形开关按钮
- 视频位置　多媒体教学\8.9.3 课后习题3——圆形开关按钮.avi
- 难易指数　★★☆☆☆

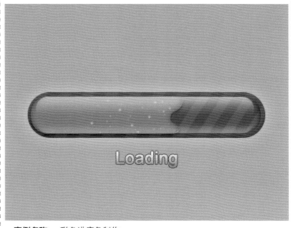

- 案例名称　彩色进度条制作
- 视频位置　多媒体教学\9.2 彩色进度条制作.avi
- 难易指数　★★☆☆☆

- 案例名称　简洁返回图标
- 视频位置　多媒体教学\9.3 简洁返回图标.avi
- 难易指数　★★☆☆☆

- 案例名称　游戏开始图标
- 视频位置　多媒体教学\9.4 游戏开始图标.avi
- 难易指数　★★★☆☆

- 案例名称　矢量金币图标
- 视频位置　多媒体教学\9.5 矢量金币图标.avi
- 难易指数　★★☆☆☆

- 案例名称　手绘小鸟图标
- 视频位置　多媒体教学\9.6 手绘小鸟图标.avi
- 难易指数　★★★☆☆

- 案例名称　魔法屋图标
- 视频位置　多媒体教学\9.7 魔法屋图标.avi
- 难易指数　★★☆☆☆

- 案例名称　泡泡堂启动图标及应用界面
- 视频位置　多媒体教学\9.8 泡泡堂启动图标及应用界面.avi
- 难易指数　★★★★☆

LOADING 59%

- 案例名称　课后习题1——运行进度标示
- 视频位置　视频教学\9.10.1课后习题1——运行进度标示.avi
- 难易指数　★★☆☆☆

- 案例名称　课后习题2——宠物乐园图标
- 视频位置　多媒体教学\9.10.2 课后习题2——宠物乐园图标.avi
- 难易指数　★★☆☆☆

- 案例名称　金属质感图标
- 视频位置　多媒体教学\10.2 金属质感图标.avi
- 难易指数　★★★☆☆

- 案例名称　亲肤材质图标
- 视频位置　多媒体教学\10.3 亲肤材质图标.avi
- 难易指数　★★☆☆☆

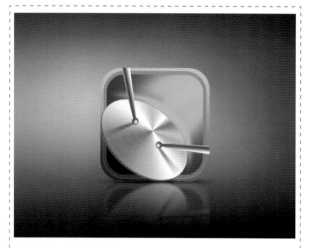

- **案例名称** 钢制乐器图标
- **视频位置** 多媒体教学\10.4 钢制乐器图标.avi
- **难易指数** ★★★★☆

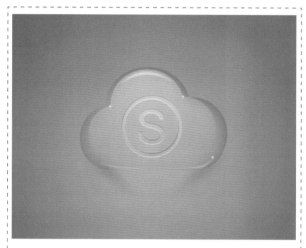

- **案例名称** 透明质感图标
- **视频位置** 多媒体教学\10.5 透明质感图标.avi
- **难易指数** ★★★☆☆

- **案例名称** 原生纸质感图标
- **视频位置** 多媒体教学\10.6 原生纸质感图标.avi
- **难易指数** ★★★☆☆

- **案例名称** 糖果质感启动图标及主题界面
- **视频位置** 多媒体教学\10.7 糖果质感启动图标及主题界面.avi
- **难易指数** ★★★☆☆

- **案例名称** 课后习题1——白金质感开关按钮
- **视频位置** 多媒体教学\10.9.1 课后习题1——白金质感开关按钮.avi
- **难易指数** ★★☆☆☆

- **案例名称** 课后习题2——塑料质感插座
- **视频位置** 多媒体教学\10.9.2 课后习题2——塑料质感插座.avi
- **难易指数** ★★★☆☆

Photoshop CC 移动UI图标设计实用教程

水木居士 编著

人民邮电出版社

北 京

图书在版编目（ＣＩＰ）数据

Photoshop CC移动UI图标设计实用教程 / 水木居士
编著. -- 北京 : 人民邮电出版社, 2018.1
ISBN 978-7-115-46626-6

Ⅰ. ①P… Ⅱ. ①水… Ⅲ. ①移动电话机－人机界面
－程序设计－教材 Ⅳ. ①TN929.53

中国版本图书馆CIP数据核字(2017)第272237号

内 容 提 要

  这是一本全面介绍如何使用 Photoshop 进行 UI 图标设计的实用教程。本书采用新颖的编写形式，精选当下流行的商业图标设计案例，将实用的设计思路授受给读者。同时在讲解过程中，以文字讲解与图像结合的形式，完美地展示设计过程，无论是简洁的扁平化图标实例讲解，还是相对复杂的写实或者质感图标实例讲解，都可以通过本书提供的设计思路进行设计，真正学到专业的设计技能，从而全面提升自己的设计能力。

  本书附赠学习资源，包括书中所有实例的素材文件和效果源文件，以及本书所有实例及课后习题的高清有声教学视频，帮助读者提高学习效率。同时，为方便老师教学，本书还提供了 PPT 教学课件，以供参考。

  本书不但适用于喜爱 UI 图标设计的读者，还能让有一定基础的读者快速提升自己的设计能力，同时可作为社会培训学校、大中专院校相关专业的教学参考书或上机实践指导用书。

 ◆ 编　　著　水木居士

   责任编辑　张丹阳

   责任印制　陈　犇

 ◆ 人民邮电出版社出版发行　　北京市丰台区成寿寺路 11 号

   邮编　100164　　电子邮件　315@ptpress.com.cn

   网址　http://www.ptpress.com.cn

   三河市中晟雅豪印务有限公司印刷

 ◆ 开本：787×1092　1/16

   印张：20.5　　　　　　　　　彩插：4

   字数：562 千字　　　　　　　2018 年 1 月第 1 版

   印数：1－2 800 册　　　　　　2018 年 1 月河北第 1 次印刷

      定价：49.00 元

读者服务热线：(010)81055410　印装质量热线：(010)81055316
反盗版热线：(010)81055315
广告经营许可证：京东工商广登字 20170147 号

前　言

随着科技的发展，越来越多的智能触摸设备正走进人们的生活，特别是移动设备（如手机、平板电脑等）的流行，这些设备以全新触摸的交互形式与用户进行交流，通过安装应用，极大地方便用户享受娱乐、工作、便利化的生活，这些应用以一种图标形式呈现，通过触摸图标，从而开启这些应用，成熟的图标效果可以表现出应用的特点及功能，可以让用户明白所需，因此图标的美观及专业程度在设备中占有很大比重。本书的出现就是帮助读者如何设计出漂亮的图标，让用户通过图标对应用产生好感，从而激发想要使用的欲望。

本书全面讲解不同风格图标设计，从专业角度入手，对图标的设计进行解读，以舒适的轮廓造型与相对应的视觉风格进行设计，无论是流行化的扁平风格还是惊艳的写实风格，以及出色的游戏风格等，都可以在本书中找到所需答案。

图标设计作为UI设计中相当重要的一部分，对设计者的要求较高，漂亮的图标造型可以衬托出应用的精华，在使用上也更加专业。本书编写的重点在于，如何通过漂亮的视觉化形式设计出专业级的图标，因此书中讲解的不仅是关于图标的设计，更是告知读者如何全面提升设计能力。

《Photoshop CC 移动UI图标设计实用教程》一书通过实例化的讲解形式，由浅入深并直击设计核心，做到在学习的同时，强化自身设计能力。在编写过程中列举了多种不同风格的图标设计形式，同时还贴心地在前几章加入了设计的基本规范与设计原则等基础知识，通过对本书的学习可以达到专业设计师的水准。

本书特色与亮点如下。

贴心基础：在前几章贴心安排了极富含金量的基础知识，在面对设计工作之初就打下扎实的基础，从而在后期的设计工作中更加自信。

真实案例：本书在编写过程中，以真正的商业设计案例作为依据进行讲解，让读者在学习过程中，可以与商业设计思路同步进行，学到的是真实的设计技能。

多种风格：在所有的实例中安排了不同风格下的图标设计思路，从扁平化、卡通涂鸦风格、立体风格到质感风格等，在有限的页数之内囊括了几乎所有风格的图标设计实例。

讲解详细：在实例的讲解过程中，以对应的步骤和图像相结合，在阅读文字的同时，还可以对照着图像进行操作，从整体风格的把控到细节的刻画，本例以详细的讲解形式打造出完美精致的图标。

重点提示：在学习的过程中，遇到相对较难理解的知识点，以重点提示对知识点进行强化，有了提示的辅助，在学习过程中将会更加容易理解。

资源丰富：本书附带教学资源，包括所有案例的调用素材及源文件，以及语音教学视频。读者扫描"资源下载"二维码，即可获得下载方式。

为了使读者轻松自学并深入了解如何使用Photoshop进行UI设计，本书在版面结构上尽量做到清晰明了，如下图所示。

资源下载

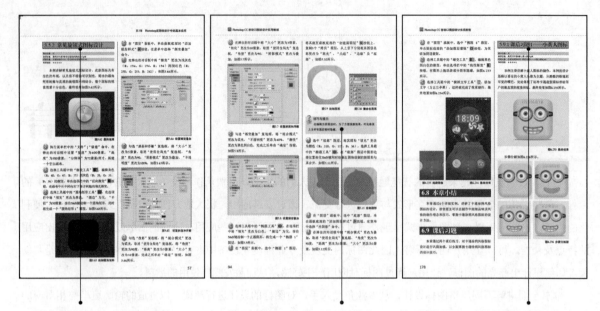

课堂案例：包含大量的案例详解，使大家深入掌握Photoshop的基础知识以及各种功能的作用。

技巧与提示：针对Photoshop的实用技巧及制作过程中的难点进行重点提示。

课后习题：安排重要的制作习题，让大家在学完相应内容以后继续强化所学技术。

本书由水木居士主编，在此感谢所有创作人员对本书付出的艰辛。在创作的过程中，由于时间仓促，错误在所难免，希望广大读者批评指正。如果在学习过程中发现问题，或有更好的建议，欢迎发邮件到bookshelp@163.com与我们联系。

编者

2017年9月

目 录 CONTENTS

目录 CONTENTS

目 录 CONTENTS

目 录 CONTENTS

第**1**章

图标设计轻松入门

内容摘要

本章主要详解图标设计的相关基础知识，包括图标的基本概念、图标的分类、移动通知操作系统简介等，同时详细讲解了图标设计的色彩应用及配色方案，为以后的设计之路打下坚实基础。

课堂学习目标

- 图标的基本概念
- 移动智能操作系统简介
- 图标设计常用配色方案
- 图标的分类
- 图标设计色彩学
- 图标设计配色技巧

1.1 图标的基本概念

本节从图标的起源讲起，详细介绍了什么是图标、图标与LOGO的区别、什么是App图标、常见移动设备和计算机图标。

1.1.1 图标的起源

图标不仅历史久远，从上古时代的图腾，到现在具有更多含义和功能的各种图标，而且应用范围极为广泛，可以说它无所不在。一个国家的图标就是国旗；一件商品的图标是注册商标；军队的图标是军旗；学校的图标是校徽；旅游景区内的引导图标，如图1.1所示。这些图标存在的价值是提供信息指引，帮助人们找到需要的信息。

现在说起图标，其实一般指的都是智能设备中的代表一个含义的图形，而智能设备中的图标其实就是把现实生活中的图标迁移到界面当中，在界面中图标传达信息引导用户操作，用户根据接收到的信息进行操作。总之一句话，图标的存在是为了快速准确地传达信息给操作的用户并且引导用户做出反馈行为。

图1.1 引导图标

1.1.2 什么是图标

图标即指具有指代意义的计算机图形。广义上来说，图标是具有指代意义的图形符号，具有高度浓缩并快捷传达信息、便于记忆的特性。其应用范围很广，软硬件网页社交场所公共场合无所不在，例如，男女厕所标志和各种交通标志等，如图1.2所示。

图1.2 交通标志及男女厕所标志

狭义上主要指应用于计算机软件方面，包括：程序标识、数据标识、命令选择、模式信号或切换开关、状态指示等。一个图标显示一个小的图片或对象,代表一个文件,程序,网页,或命令。图标有助于用户快速执行命令和打开程序文件。单击或双击图标以执行一个命令。图标也用于在浏览器中快速展现内容,图1.3所示为狭义上的图标。

界面图标

电脑功能标识

图1.3 狭义上的图标

计算机功能标识(续)

图1.3 狭义上的图标(续)

1.1.3 图标与LOGO有什么区别

要想弄清楚图标与LOGO的区别,首先要知道什么是图标?什么是LOGO?图标在前面已经讲解过,这里再来说一说LOGO,LOGO也叫标志,LOGO设计是将具体的事物、事件、场景和抽象的精神、理念、方向通过特殊的图形固定下来,使人们在看到LOGO标志的同时,自然地产生联想,从而对企业产生认同。LOGO与企业的经营紧密相关,是企业日常经营活动、广告宣传、文化建设、对外交流必不可少的元素,LOGO效果如图1.4所示。

图1.4 常见LOGO效果

11

这里我们所指的图标，主要指应用于计算机软件方面，包括：程序标识、数据标识、命令选择、模式信号或切换开关、状态指示等。图标有一套标准的大小和属性格式，且通常是小尺寸的。每个图标都含有多张相同显示内容的图片，每一张图片具有不同的尺寸和发色数。一个图标就是一套相似的图片，每一张图片有不同的格式。图标还有另一个特性：它含有透明区域，在透明区域内可以透出图标下的桌面背景。一个图标实际上是多张不同格式的图片的集合体，并且还包含了一定的透明区域。因为计算机操作系统和显示设备的多样性，导致了图标的大小需要有多种格式。图1.5所示为计算机图标效果。

图1.5 计算机图标

图1.5 计算机图标（续）

1.1.4 什么是App图标

App是英文Application的缩写。由于智能设备的流行，现在App多指智能手机、平板等第三方应用程序。随着智能设备的大面积应用，现在一般说图标通常所指的就是App图标，或者说App即是指图标，如图1.6所示。

图1.6 智能应用系统App图标

图1.6　智能应用系统App图标（续）

1.1.5　常见移动设备图标

随着移动智能应用的高速发展，移动智能给人们的生活带来越来越多的方便，出行、支付、交际等，越来越多的公司和个人加入移动智能，所以移动智能的界面图标设计也要求更高，常见的移动智能App图标主要包括手机和平板，如图1.7所示。

图1.7　常见移动智能App界面图标（续）

1.1.6　常见计算机应用图标

图标应用中，除了移动智能图标外，还有一些计算机应用图标，这也是大家最早接触的图标，如计算机桌面系统上的图标，还有一些软件图标，如Photoshop、Offices办公软件、三维设计软件等，图1.8所示为一些常见的计算机应用图标效果。

图1.7　常见移动智能App界面图标

图1.8　常见计算机图标

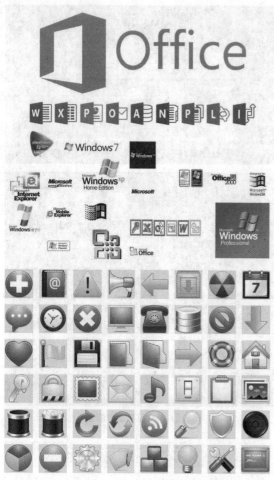

图1.8 常见计算机图标（续）

1.2 图标的分类

图标可以分成很多类别，这里根据图标的使用用途，我们将图标分为3大类：品牌图标、功能图标和装饰图标，下面来分别详述这3类图标的特点。

1.2.1 品牌图标

品牌图标可以理解为一个公司的形象图标，专业叫LOGO图标。以前没有智能系统时，在平面设计中通常以LOGO表现，只不过现在换了一种表现手法。这种图标可以起到产品或公司的推广作用，通过形象的图形设计让用户记住产品，一般成名的大公司或比较老的公司已经存在原有的平面LOGO系统，转换到智能系统的图标上就比较容易，只需

要将LOGO做成图标即可，不过需要注意场景的协调性与多尺寸的设计。

图1.9所示为美丽拍应用图标在常规场景应用与深色背景、单色应用、纯色应用和黑白应用时的效果展示。

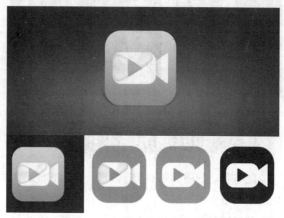

图1.9 美丽拍图标的不同应用效果

在制作一系列品牌图标时，设计的难度会成倍增加，此时你考虑的不再是一个品牌图标，而是一个品牌矩阵。因为系列品牌图标，从设计到配色、从形状到风格都需要具有较高的一致性，这样用户才可以一眼认出某个旗下的品牌，如图1.10所示。

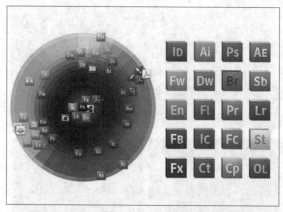

图1.10 Adobe色轮产品识别体系

1.2.2 功能图标

功能图标指具有某一类功能或操作集合的图标图形，一般在一个界面或一个软件或一个应用中成组地出现，相比单调的文字，图标具有更快速的识别性、更便捷的操作功能，比较常见的如操作系统中的功能图标，如图1.11所示。

图1.11 功能图标

随着苹果公司扁平化的普及，越来越多的公司跟随其设计风格，推出简单明了的扁平化风格图标，如图1.12所示。

图1.12 扁平化应用图标

1.2.3 装饰图标

装饰图标主要是用来起到装饰作用的图标，一般设计精良，多采用写实质感手法进行设计，因为其细节的突出，往往更能吸引用户的注目，可以烘托整个界面的美化效果，可作为应用界面中相关功能的装饰应用，或是应用中某个功能的图标。但这种图标识别性较差，单从图标有时候很难明白所要表达的意思，所以主要用来装饰使用，不建议作为品牌图标，如图1.13所示。

图1.13 装饰图标

1.3 移动智能操作系统简介

现今主流的移动智能操作系统主要有Android和iOS两类，这两类系统都有各自的特点。

1.3.1 Android系统

Android中文名称为安卓，Android是一个基于开放源代码的Linux平台衍生而来的操作系统。Android最初是由一家小型的公司创建的，后来被谷歌所收购，它也是当下最为流行的一款智能手机操作系统。其显著特点在于它是一款基于开放源代码的操作系统，这句话可以理解为它相比其他操作系统具有超强的可扩展性，图1.14所示为装载Android操作系统的设备。

图1.14 装载Android操作系统的设备

1.3.2 iOS系统

iOS源自苹果公司MAC机器装载的OS X系统发展而来的一款智能操作系统，目前为止最新为10.0版本，此款操作系统是苹果公司独家开发并且只使用于自家的iPhone、iPod Touch、iPad等设备上。相比其他智能手机操作系统，iOS智能手机操作系统的流畅性、完美的优化及安全等特性是其他操作系统无法比拟的，同时配合苹果公司出色的工业设计一直以来都以高端、上档次为代名词，不过由于它是采用封闭源代码开发，所以在拓展性上要略显逊色，图1.15所示为苹果公司生产装载iOS智能操作系统的设备。

图1.15 装载iOS智能操作系统的设备

1.4 图标设计色彩学

与很多设计相同，在图标设计中也十分注重色彩的搭配，想要为图标搭配出专业的色彩，给人一种高端、上档次的感受就需要对色彩学基础知识有所了解。下面就为大家讲解了关于色彩学的基础知识，通过这些知识的了解与学习可以为图标设计之路添砖加瓦。

1.4.1 颜色的概念

树叶为什么是绿色的？树叶中的叶绿素大量吸收红光和蓝光，而对绿光吸收最少，大部分绿光被反射出来了，进入人眼，人就看到绿色。

"绿色物体"反射绿光，吸收其他色光，因此看上去是绿色的。"白色物体"反射所有色光，因此看上去是白色的。

颜色其实是一个非常主观的概念，不同动物的视觉系统不同，看到的颜色就会不一样。例如，蛇眼不但能察觉可见光，而且还能感应红外线，因此蛇眼看到的颜色就跟人眼不同。图标颜色效果如图

1.16所示。

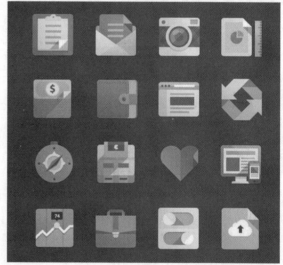

图1.16 图标颜色效果

1.4.2 色彩三要素

色彩三要素分为色相、饱和度和明度。

1.色相

色相，是指各类色彩的相貌称谓，是区别色彩种类的名称。如红、黄、绿、蓝、青等都代表一种具体的色相。色相又称色调，色相是一种颜色区别于另外一种颜色的特征，日常生活中所接触到的"红""绿""蓝"就是指色彩的色相。色相两端分别是暖色、冷色，中间为中间色或中型色。在0°~360°的标准色环上，按位置度量色相，如图1.17所示。色相体现着色彩外向的性格，是色彩的灵魂。

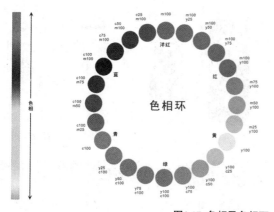

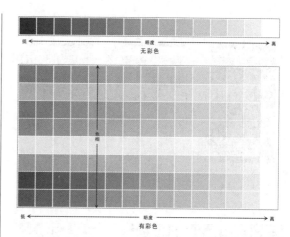

图1.19 明度效果

图1.17 色相及色相环

2.饱和度

饱和度是指色彩的强度或纯净程度，也称彩度、纯度、艳度或色度。对色彩的饱和度进行调整也就是调整图像的彩度。饱和度表示色相中灰色分量所占的比例，它使用从0%（灰色）至100%的百分比来度量，当饱和度降低为0时，则会变成一个灰色图像，增加饱和度会增加其彩度。在标准色轮上，饱和度从中心到边缘递增。饱和度受到屏幕亮度和对比度的双重影响，一般亮度好、对比度高的屏幕可以得到很好的色饱和度，如图1.18所示。

图1.18 不同饱和度效果

3.明度

明度指的是色彩的明暗程度。有时也可称为亮度或深浅度。在无彩色中，最高明度为白色，最低明度为黑色。在有彩色中，任何一种色相中都有着一个明度特征。不同色相的明度也不同，黄色为明度最高的色，紫色为明度最低的色。任何一种色相如加入白色，都会提高明度，白色成分越多，明度也就越高；任何一种色相如加入黑色，明度相对降低，黑色越多，明度越低，如图1.19所示。

明度是全部色彩都有的属性，明度关系可以说是搭配色彩的基础。在设计中，明度最适宜于表现物体的立体感与空间感。

1.5 图标设计常用配色方案

如果想使自己设计的作品充满生气、稳健、冷清或者温暖等感觉都是由整体色调决定的。那么怎么能够控制好整体色调呢？只有控制好构成整体色调的色相、明度、纯度关系和面积关系等，才可以控制好我们设计的整体色调。通常这是一整套的色彩结构并且是有规律可循的，通过下面几种常见的配色方案就比较容易找到这种规律。

1.5.1 单色搭配

由一种色相的不同明度组成的搭配叫单色搭配，这种搭配很好地体验了明暗的层次感。单色搭配如图1.20所示。

图1.20 单色搭配效果

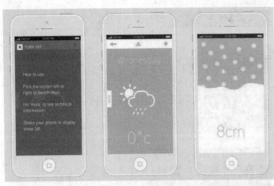

图1.20 单色搭配效果（续）

1.5.2 近似色搭配

相邻的两到三个颜色的搭配称之为近似色搭配。如下图（橙色/褐色/黄色），这种搭配比较让人赏心悦目，低对比度，较和谐。近似色搭配如图1.21所示。

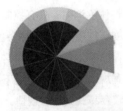

图1.21 近似色搭配

1.5.3 补色搭配

色环中相对的两个色相搭配叫补色搭配。颜色对比强烈，传达能量、活力、兴奋等意思，补色中最好让一个颜色多，一个颜色少，如下图（紫色和黄色）。补色搭配如图1.22所示。

图1.22 补色搭配

图1.22 补色搭配（续）

1.5.4 分裂补色搭配

同时用补色及类比色的方法确定颜色关系，就称为分裂补色。这种搭配，既有类比色的低对比度，又有补色的力量感，形成一种既和谐又有重点的颜色关系，如下图，红色文字就显得特别的铿锵有力，特别突出。分裂补色搭配如图1.23所示。

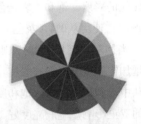

图1.23 分裂补色搭配

1.5.5 原色的搭配

原色搭配色彩比较明快，这样的搭配在欧美也非常流行，如蓝红搭配，麦当劳的LOGO色与主色调红黄色搭配等。原色的搭配如图1.24所示。

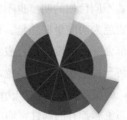

图1.24 原色的搭配

图1.24 原色的搭配（续）

1.6 图标设计配色技巧

无论在任何设计领域，颜色的搭配永远都是至关重要的。优秀的配色不仅带给用户完美的体验，更能让使用者的心情舒畅，提升整个应用的价值，下面是几种常见的配色对用户的心情影响。

1.6.1 百搭黑白灰

提起黑白灰这3种色彩，人们总是觉得在任何地方都离不开它们，也是最常见到的色彩，它们既能和任何色彩作百搭的辅助色，同时又能作为主色调，通过对一些流行应用的观察，它们的主色调大多离不开这3种颜色，白色具有洁白、纯真、清洁的感觉；而黑色则能带给人一种深沉、神秘、压抑的感觉；灰色则具有中庸、平凡、中立和高雅的感觉，所以说在搭配方面这3种颜色几乎是万能的百搭色，同时最强的可识别性也是黑白灰配色里的一大特点，图1.25所示为黑白灰配色效果展示。

图1.25 黑白灰配色效果展示

1.6.2 甜美温暖橙

橙色是一种界于红色和黄色之间的一种色彩，它不同于大红色过于刺眼，又比黄色更加富有视觉冲击感，在设计过程中这种色彩既可以大面积地使用，同样可以作为搭配色用来点缀，在搭配时和黄色、红色、白色等搭配，如果和绿色搭配则给人一种清新甜美的感觉，在大面积的橙色中稍添加绿色可以起到一种画龙点睛之笔的效果，这样可以避免只使用一种橙色而引起的视觉疲劳，图1.26所示为甜美温暖橙配色效果展示。

图1.26 甜美温暖橙配色效果展示

1.6.3 气质冷艳蓝

蓝色给人的第一感觉就是舒适，没有过多的刺激感，给人一种非常直观的清新、静谧、专业、冷静的感觉，同时蓝色也很容易和别的色彩搭配。在界面设计过程中可以把蓝色做得相对大牌，也可以用得趋于小清新，假如在搭配的过程中找不出别的颜色搭配，此时选用蓝色总是相对安全的色彩。在搭配时和黄色、红色、白色、黑色等搭配，蓝色是冷色系里最典型的代表，而红色、黄色、橙色则是暖色系里最典型的代表，这两种冷暖色系对比之下，会更加具有跳跃感，这时感觉有一种强烈的兴奋感，很容易感染用户的情绪；蓝色和白色的搭配会显得更清新、素雅、极具品质感，蓝色和黑色的搭配类似于红色和黑色搭配，则能产生一种极强的时尚感，能瞬间让人眼前一亮，通常在做一些质感类图形图标设计时用得较多，图1.27所示为气质冷艳蓝配色效果展示。

图1.27 气质冷艳蓝配色效果展示

图1.28 清新自然绿配色效果展示（续）

1.6.4 清新自然绿

和蓝色一样，绿色是一个和大自然相关的灵活色彩，它与不同的颜色进行搭配时带给人不同的心理感受。柠檬绿代表了一种潮流，橄榄绿则显得十分平和贴近，而淡绿色可以给人一种清爽的春天的感觉，紫色和绿色是奇妙的搭配，紫色神秘又成熟，绿色又代表希望和清新，所以它是一种非常奇妙的颜色，图1.28所示为清新自然绿配色效果展示。

1.6.5 热情狂热红

大红色在界面设计中是一种不常见的颜色，一般作为点缀色使用，比较、警告、强调、警示，使用过度的话容易造成视觉疲劳。和黄色搭配是中国比较传统的喜庆搭配，这种艳丽浓重的色彩向来会让我们想到节日庆典，因此喜庆感会更强。而红色和白色搭配相对会让人感觉更干净整洁，也容易体现出应用的品质感；红色和黑色的搭配比较常见，会带给人一种强烈的时尚气质，如大红和纯黑搭配能带给人一种炫酷的感觉，红色和橙色的搭配则让人感觉有一种甜美的感觉，图1.29所示为热情狂热红配色效果展示。

图1.28 清新自然绿配色效果展示

图1.29 热情狂热红配色效果展示

图1.29 热情狂热红配色效果展示（续）

1.6.6 靓丽醒目黄

黄色是亮度最高，灿烂、多用于大面积配色中的点睛色，它没有红色那么抢眼和俗气，却可以更加柔和地让人产生刺激感。在进行配色的过程中，应该和白色、黑色、黄色、蓝色、紫色进行搭配，黄色和黑色、白色的对比较强，容易形成较高层次

的对比，突出主题；而与黄色、蓝色、紫色搭配，除强烈的对比刺激眼球外，还能够有较强的轻快时尚感。在日常店铺装修中，最多的用于各种促销活动的页面和红色进行搭配，这样能起到欢快、明亮的感觉，并且活跃度较高，图1.30所示为靓丽醒目黄配色效果展示。

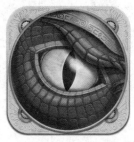

图1.30 靓丽醒目黄配色效果展示

1.7 本章小结

本章通过对图标概念及色彩应用的讲解，让读者对图标设计有个基本的了解，同时讲解了移动智能操作系统及图标常用配色方案，让读者对图标及图标色彩应用有个全面的了解。

第**2**章

图标设计规范及设计原则

内容摘要 ---

本章主要讲解图标设计规范及设计原则，首先讲解了图标和图像尺寸规范，然后分析了移动App图标尺寸大小，最后详细讲解了图标的设计原则及设计流程。

课堂学习目标 ---

- 图标和图像尺寸规范
- 移动App图标尺寸分析
- 图标的设计原则
- 图标的设计流程

2.1 图标和图像尺寸规范

移动智能设备的图标和图像的设计是规范尺寸的,下面来讲解这些规范尺寸,包括iOS系统和Android系统。

2.1.1 iOS系统图标设计规范

每一个应用程序需要一个应用程序图标和启动图像。随着iOS的升级,一大堆新尺寸的应用程序图标规格又出来了。除了要兼容低版本的iOS,还要兼容高版本,一个App做下来,要生成十几种不同大小的App图标。iOS上的图标基本分为这么几类:在App Store下使用图标、应用程序主屏幕图标、Spotlight搜索结果图标、工具栏和导航栏图标、设置图标和标签栏图标等。表1所示为以像素为单位的iPhone图标设计尺寸。

表1 iPhone图标设计尺寸(单位:像素)

设备	App Store	应用程序	主屏幕	Spotlight搜索	标签栏	工具栏和导航栏
iPhone 6-6S-7Plus (@3x)	1024×1024	180×180	152×152	87×87	75×75	66×66
iPhone 6-6S-7 (@2x)	1024×1024	120×120	152×152	58×58	75×75	44×44
iPhone 5 -5C- 5S(@2x)	1024×1024	120×120	152×152	58×58	75×75	44×44
iPhone 4- 4s (@2x)	1024×1024	120×120	114×114	58×58	75×75	44×44
iPhone 3G、3GS&iPod Touch 第一代、第二代、第三代	1024×1024	120×120	57×57	29×29	38×38	30×30

iPhone图标设计图示,如图2.1所示

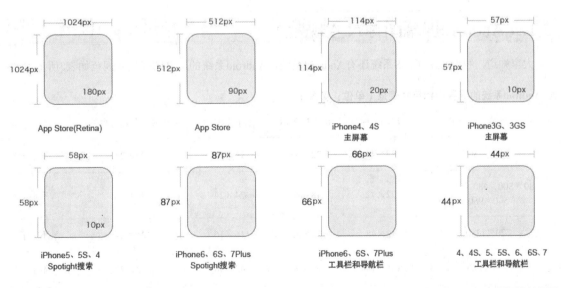

图2.1 iPhone图标设计图示

iPad图标设计尺寸如表2所示。

表2 iPad图标设计尺寸（单位：像素）

设备	App Store	应用程序	主屏幕	Spotlight搜索	标签栏	工具栏和导航栏
iPad 3 -4 -5- 6 -Air – Air2- mini 2	1024×1024	180×180	144×144	100×100	50×50	44×44
iPad 1 -2	1024×1024	90×90	72×72	50×50	25×25	22×22
iPad Mini	1024×1024	90×90	72×72	50×50	25×25	22×22

iPad图标设计图示，如图2.2所示

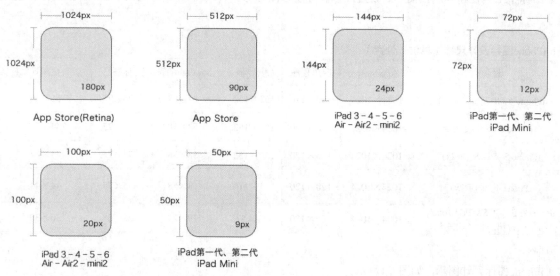

图2.2 iPad图标设计图示

2.1.2 Android屏幕图标尺寸规范

大家知道，智能机除了iOS系统还有Android系统，Android系统的屏幕图标尺寸规范如表3所示。

表3Android系统的屏幕图标尺寸规范（单位：像素）

屏幕大小	启动图标	操作栏图标	上下文图标	系统通知图标（白色）	最细笔画
320×480	48×48	32×32	16×16	24×24	不小于2
480×800、480×854、540×960	72×72	48×48	24×24	36×36	不小于3
720×1280	48×48	32×32	16×16	24×24	不小于2
1080×1920	144×144	96×96	48×48	72×72	不小于6

2.2　移动App图标尺寸分析

在操作过程中，大图标肯定比小图标更易操作。当设计移动界面时，最好把可点击的图标目标尺寸做得大一些，这样更有利于用户点击，但这个"大"到底是多"大"呢？移动App的界面有限，加上美观和整体效果，图标需要设计多"大"才能方便大多数用户的使用呢？

2.2.1　一般规范标准

《iPhone人机界面设计规范》建议最小点击目标尺寸是44px×44px；《Windows手机用户界面设计和交互指南》建议使用34px×34px；最小也要264px×26px；诺基亚开发指南中建议，目标尺寸应该不小于1cm×1cm或者284px×28px；《Android的界面设计规范》建议使用48px×48px（物理尺寸为9mm左右），尽管这些规范给我们列举了各平台下可点击目标的尺寸标准，但是彼此的标准并不一致，更无法和人类手指的实际尺寸相一致。一般来说，规范标准建议的尺寸比手指的平均尺寸要小，这样会影响触摸屏幕时的精准度。

2.2.2　手指与尺寸大小

MIT触摸实验室做了一项研究，以手指指尖作为调查，分析其感觉机能，研究发现，成年人的食指宽度一般是1.6~2cm，转换成像素就是45~57px；拇指要比食指宽，平均宽度大概为2.5cm，转换成像素为72px×72px。

人们在使用中最常用的手势是"点击"和"滑动"，拇指的使用非常频繁，有时候用户只能用一只手握住手机，而用拇指和食指操作，在这种情景下，用户的操作精度有限，就需要提高目标尺寸来避免操作错误，这就是所谓的友好的触控体验。

而智能手机受尺寸的限制，如何在第一时间让用户得到有效信息，显得尤为重要。若图标的尺寸太大，会导致页面拥挤，屏幕空间会不够用，增加用户的翻页操作，操作成本高，体验较差；若图标的尺寸太小，对于用户体验来说是非常糟糕的，因为在用户体验过程中，需要调整手指的操作方式，

如将指心调整为指尖的操作，这种操作就变得很吃力，用户体验就非常差，会增加用户操作的挫败感。不仅如此，目标的尺寸过小，很多的目标会拥挤在一起，用户在操作时很容易造成因目标尺寸过小，一个手指的宽度过大面而出现错误操作。

2.2.3　理想状态和特殊情况

从刚才拇指大小来看，72像素的实际使用效果是理想状态，更容易定位，操作的舒适感也更好，所以将目标尺寸的大小设置为跟手指大小相近，这是最理想的状态，当然并不适合所有的设计场景，如手机上，由于空间有限，目标尺寸如果设置得过大，那么屏幕空间就不够用了；如果设置成翻页效果，则用户在使用时需要不停地翻页，这在体验上会很糟糕，在这种情况下，就需要使用指导的规范尺寸了，尽管有些过小，但还是最优状态。

对于平板设置来说，情况就简单多了，因为平板整个屏幕较大，所以空间就更多，这样对于设计师来说，就可以通过提高尺寸来提高操作适用性。

虽然无法知道每个用户在手指上的使用习惯，如是食指操作更多，还是拇指操作更多？但有一种情况比较特殊，那就是游戏。对于游戏来说，大多数的用户使用拇指操作，所以一些控件的尺寸一般可以按照拇指的尺寸来设置，这样用户双手稳定操作时会更加精准。

2.3　图标的设计原则

随着扁平化设计的发展趋势，越来越注重图标的简洁与寓意表达。现在各种各样的图标充斥在不同的App中，那么怎样的图标才设计师应该追求的方向呢？评价一个图标设计的好坏的标准是什么呢？下边我们从4个方面来分析下。

2.3.1　表意性原则

表意性原则也叫可识别原则，图标作为快捷传达信息的载体，首要的标准就是要准确地表达含义，如果一个图标不能准确快速地表达含义，也就不能快速准确地引导用户操作，那么这个图标也就

没有存在的必要了，所以表意性原则是图标设计的灵魂，也是图标设计的第一原则。

　　表意性原则中，一个非常简单的图标设计即是象形，图标的图形可以准确表达相应的内容，如与生活中的实物相同或相似。当我们看到一个图标时，自然联想到生活中的实物，这样就能明白它所代表的含义，如图2.3所示的键盘、一些图标、房子、钥匙、电话、垃圾箱等，可识别性强、简单直观，即使你不认识字，也能立即理解图标的含义。

当然，也有一些设计师在设计时会充分考虑象形，但可能会做出抽象的象形图标，或是有些不容易被人一眼识别出来的图标，这时候怎么办呢？那就可以加些说明性的文字，这样也可以达到快速识别的目的，如图2.4所示。

图2.3 象形图标

图2.4 带有说明文字的图标

图2.4 带有说明文字的图标（续）

2.3.2 美观性原则

图标在界面设计中非常重要，我们有时候会把文字比喻成点睛之笔，其实在UI界面中，图标比文字更加重要，在这里点睛之笔应该是图标，所以图标的美观性就显得非常重要。常言之：爱美之心人皆有之，一个图标的美观度决定了用户对这个图标的观感，进而影响到整个应用；帅气、美观的图标会大大增加用户点击的概率，从而更有效地传达图标所代表的含义，图2.5所示为不同类别的美观图标效果。

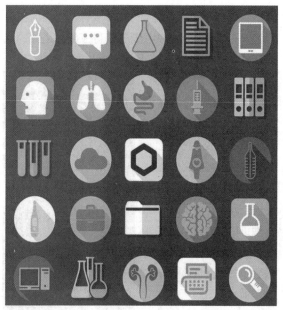

美观的多色搭配扁平化图标（续）

时尚美观的线条造型图标

美观的多色搭配扁平化图标

图2.5 美观图标效果

图2.5 美观图标效果（续）

时尚美观的线条造型图标（续）

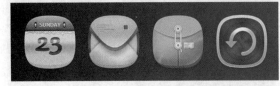

精美的写实质感图标

图2.5 美观图标效果（续）

2.3.3 差异性原则

什么是差异性原则呢？其实从字面意思就可以看出，所谓差异性就是事与事、物与物之间存在的不相同的特点性质，在图标设计中，同一界面上的多个图标要有各自的特点性质，让用户一眼看上去，就能感觉到它们之间的差异性，这也是图标设计很重要的一条原则，且很容易被忽略。但我们可以想象，如果图标没有差异性，当我们看到时又怎么去区分呢？如果图标设计失去了这一点，我认为图标设计就失去了意义。图2.6所示为Windows桌面菜单及Photoshop软件的工具栏，很明显可以看出两种图标的差异性。

图2.6 Windows桌面菜单及Photoshop软件的工具栏

在图标设计中，差异性的重要性从上面的图中已经可以看出来，因为图标设计除了漂亮之外，更重要的是识别性。如果差异性极小，在具体的应用中用户读取会很吃力，也就失去了存在的价值和意义了。所以在图标设计中，我们要尽量放大它们之间的差异性，减弱它们之间的相似性。如果一套图标有同一元素，为了强调差异性可以考虑放弃使用同一元素，或是同一元素中放置不同的醒目内容来区别图标，如图2.7所示。

图2.7 UI图标设计

图2.7 UI图标设计（续）

2.3.4 适合的精细度原则

要了解精细度原则，首先要明白图标设计的第一大原则，表意性原则，图标的主要设计原则是表意性，即识别性，其次才是美观，图标在很多时候可以代替文字，所以图标的识别性非常重要。很多设计师为了精细度往往忽略了表意性原则，片面追求精细、高光和质感，其实这样就会陷入一个误区。这里跟大家强调一下，图标的表意性其实是随着精细度的变化而变化的，它类似于波峰的曲线，在初始阶段，图标表意性会随着精细度的变化而上升，但是达到一定精细度以后，图标的表意性往往会随着图标的精细度而下降。图2.8所示为闹钟的一个图标设计，从左到右为简单到精细效果，可以分析不同精细度的图标效果。

图2.8 闹钟从简单到精细的效果

2.3.5 风格统一性原则

在图标设计中，同一产品中保持同样的图标风格显得尤为重要，统一性是保证设计品质的重要一环。如果一套图标的视觉设计非常协调统一，我们就说这套图标具有自己的风格，统一风格的图标设计会极大地提升设计品质，这样的图标看上去也会更美丽、更专业，同时也会提升用户的满意度。

有时可能有些人从互联网上收集一些图标，然后将这些图标堆砌出一个设计界面，由于没有完全配套的图标，只能东拼西凑，导致界面粗制滥造、业余，一套不统一的设计风格会极大地降低产品的设计品质。

一套好的图标，要有统一的风格，这条原则，很多设计师都明白，但是真正实现起来，也许并不那么容易。怎么做呢？可以考虑以下几个方面。

是线条的，还是实体填充的？

是平面的，还是立体的？

是简约的，还是精细的？

是单色的，还是多彩的？

是古典的，还是现代的？

是写实的，还是抽象的……

这里并不能概括所有的风格，但至少我们有一个思路，以这个思路来定义自己的图标统一风格，以制作出精美的图标界面。图2.9所示为不同风格的图标效果。

统一的描边与圆角化图标

统一的渐变填充及质感图标

图2.9 不同风格的图标效果

统一的形状及精度图标

统一的扁平化风格图标（续）

统一的扁平化风格图标

统一的圆角矩形及写实质感图标

图2.9 不同风格的图标效果（续）

图2.9 不同风格的图标效果（续）

统一的圆角矩形及写实质感图标（续）

图2.9 不同风格的图标效果（续）

2.3.6 与场景协调原则

图标很少有单独存在的，特别是在UI界面制作中，整个界面上放置一系列图标时。如我们常见的手机主题界面，图标通常是系列存在的，这时除了前面讲解的原则外，还要特别注意图标与场景的协调原则，要考虑到图标所处的场景，这些图标是否适合当前的场景。如以大海为背景的UI界面，你可以考虑与大海相关的实物作为元素来制作图标，如各种海鱼、海草、海滩、海石等。如果你放置一些与大海不相关的实物元素，做出来的图标就会显得非常不协调。图2.10所示为一些常见的与场景协调的图标系列。

以海洋生物为主题的图标系列

以体育运动为主题的图标系列

图2.10 场景协调图标效果

以体育运动为主题的图标系列

图2.10 场景协调图标效果（续）

以体育运动为主题的图标系列（续）

图2.10 场景协调图标效果（续）

图2.11 古典图标系列（续）

2.3.7 原创性原则

原创性对设计师来说是非常重要的，需要在设计领域有一定的造诣，这对设计师提出了一个更高的要求，对于初学者来说有一定的挑战性。但其实图标设计不同于平面设计，图标的风格就目前来说已经种类繁多，易用性较高的风格也就那么多种，所以不要过度追求图标的原创性，否则往往会降低图标的易用性，而易用性是图标设计的关键，失去了易用性也就失去图标设计的意义了，所谓"好看不实用"就是这个道理。

如图2.11所示的古典图标系列，具有原创性，图标细节充分、质感突出，看上去非常漂亮，但这些如果用作图标，却达不到望图知意，违背了图标易用性、识别性原则，反而会弄巧成拙。

图2.12所示也是一个系列图标，这个系列还是时下流行的扁平风格，充分体现原创性，可以说制作精良、画质清晰、用色讲究、细节入微。但这个系列如果用作手机主题可能就不太适合，因为你一眼很难看出这个图标的含义，那也就失去了图标的表意性的原则，所以很多时候原创性与易用性是一把双刃剑，这就要看设计师自身的选择了。

图2.11 古典图标系列

图2.12 系列图标

图2.12 系列图标（续）

2.4 图标的设计流程

要学习图标设计，就要掌握图标的设计流程，当然不同的设计师设计流程可能会有所不同，所以大家不用太拘泥于这种流程，可以根据自己的习惯，制定出属于自己的设计流程，灵活掌握。图2.13所示为图标的设计流程。

产品定位　产品风格　寻找隐喻　绘制草图　绘制图标　细节美化

图2.13 图标的设计流程

2.4.1 产品定位

拿到图标设计项目，首先要确定产品的定位，该图标是品牌图标、功能图标还是装饰图标，是计算机图标还是智能移动设备图标，产品主要应用在哪些方面，只有确定的产品定位，才能了解产品要

设计的尺寸和风格，根据这些再做进一步的分析整理，如图2.14所示。

图2.14 不同图标效果

2.4.2 产品风格

根据产品定位选择图标的风格，不同的图标使用环境不同，不同的使用环境也决定了风格的取向。首先可以先确定品牌、功能还是装饰图标，如果是品牌在制作中要注意识别性，而如果是功能或装饰图标，则可以多考虑美观性。

以现在图标的流行设计来思考，如扁平化、卡通涂鸦、立体写实、剪影、应用、像素、单色、拟物等，根据这些不同的图标风格，确定产品风格，进而制作出符合要求的图标效果。图2.15所示为不同风格图标的展示。

扁平化图标

卡通涂鸦图标

图2.15 不同风格图标的展示

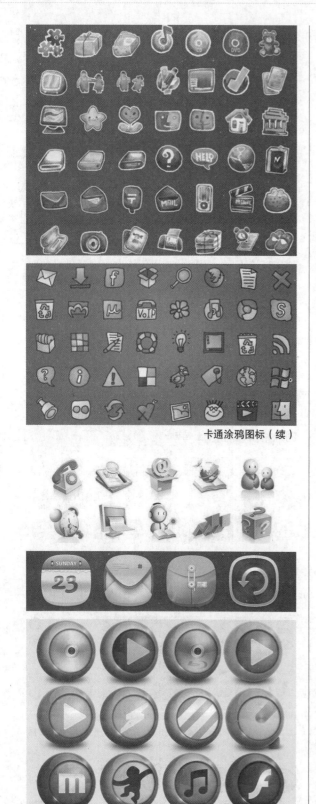

卡通涂鸦图标（续）

立体写实图标

图2.15 不同风格图标的展示（续）

立体写实图标

应用图标

图2.15 不同风格图标的展示（续）

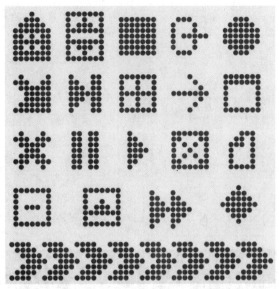

像素图标（续）

像素图标

单色图标

图2.15 不同风格图标的展示（续）

图2.15 不同风格图标的展示（续）

单色图标（续）

图2.15 不同风格图标的展示（续）

2.4.3 寻找隐喻

所谓隐喻，就是与所要制作图标存在一定关系的事物，如直接关系、间接关系、因果关系等，这些用来作为隐喻的是一个具体的物体，而非抽象的概念，如要制作一个音乐相关的图标，我们可以想到音符、乐器、MP3、耳机等；还可以进一步去想听音乐时的感受、场景等，如开心的表情、音乐厅、咖啡馆、演唱会等；还可以联想一些音乐明星等，如图2.16所示。有了这些隐藏的具体物体，就可以发挥想象制作出符合要求的图标。

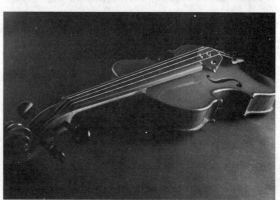

图2.16 音乐相关图标

图2.16 音乐相关图标（续）

图2.16 音乐相关图标（续）

2.4.4 绘制草图

　　所谓草图，就是先在纸上草草地绘图。绘制草图是设计的最初阶段，草图可以只是轮廓而没有太多细节，也可以有一定的细节但不用过于精细。草图是设计思维的一种表达手段，绘制草图的好处就在于在绘制过程中发现最初的问题，并及时修改纠正，因为草图一般都是用铅笔绘制，修改非常方便，而且有好的想法可以随时补充、修改。

　　在绘制草图时要注意对整体设计的理解，确定结构关系与基础尺寸。如果是二维平面草图，要注意草图所依附的平面，确定平面坐标；如果是三维图标，要注意三维空间的设置，还要注意草图的线条应用，不要有过多的线条，重复笔画不要过多，线条要保持流畅性。草图过于简单或复杂都会影响识别，所以要掌握这个平衡点，如果是功能或装饰性图标，可以添加更多的细节，制作出美丽写实的图标效果。草图除了使用铅笔绘画外，还可以使用一些彩色铅笔来完美丰富草图。图2.17所示为一些图标的草图效果。

图2.17 图标草图效果

图2.17 图标草图效果（续）

2.4.5 绘制图标

草图确定后，就可以进入真正的绘制阶段，当然对于图标的绘制，所使用的软件也是非常多的，根据设计师的爱好会有区别，这里就不用纠结软件了，毕竟软件只是一个工具而已。对于比较常用的软件主要包括：Photoshop、Illustrator、CorelDRAW、Xara Xtreme和Fireworks，需要说明的一点是，Fireworks最初是以网页应用而推出的，号称"网页三剑客"之一，主要用在Web设计与开发中，创建矢量图形，但在2013年Adobe公司将其毙掉了，已经不再更新。

在这些设计软件中，最常用的还要数Photoshop和Illustrator，Photoshop相信没有人不知道它的强大，是目前最主流的设计软件，强大的设计、处理与渲染功能，虽然在最近的新版本中增加了一些矢量功能，但对于矢量图形的编辑还是有些弱。比

较常见的一些精细度非常高的图标一般都是使用Photoshop设计的。图2.18所示为适合Photoshop设计的图标。

图2.18 适合Photoshop设计的图标

Illustrator应该是目前矢量图形设计的首选软件，具有强大的矢量路径的编辑与绘制功能，缺点就是图形渲染能力弱，这方面远远不如Photoshop。当苹果公司推出扁平化设计后，Illustrator的设计功能被更大地显示出来，一般大面积的单色图标设计，特别适合Illustrator的设计特点。图2.19所示为适合Illustrator设计的图标。

图2.19 适合Illustrator设计的图标

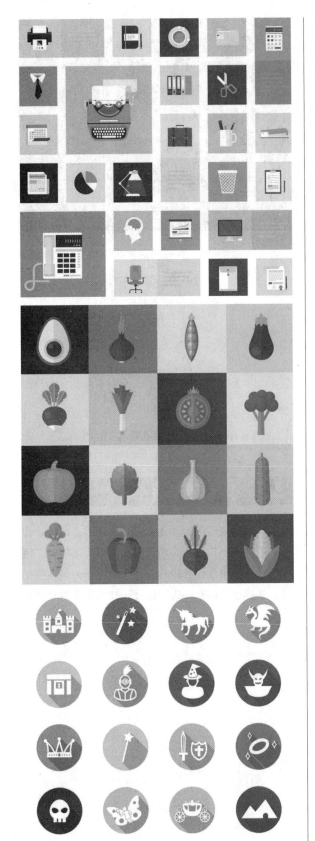

图2.19 适合Illustrator设计的图标（续）

综上可以看出，这两个软件是互补的，如果写实质感性图标设计建议选用Photoshop，而矢量图形的绘制建议使用Illustrator。

2.4.6 细节美化

当图标草图确定并绘制出来后，细节的刻画也是非常重要的，特别是装饰图标，此时可以根据图标的特点，进一步作细节的处理，以制作出精美的图标效果。图2.20所示为细节美化效果。

图2.19 适合Illustrator设计的图标（续）

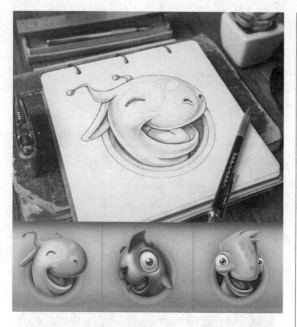

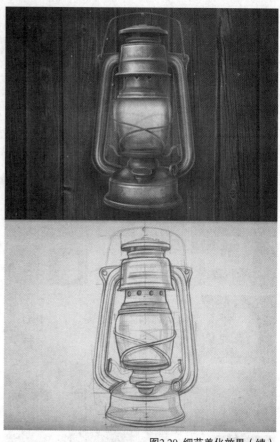

图2.20 细节美化效果（续）

2.5 本章小结

本章通过对图标和图标尺寸规范的讲解，让读者对图标的制作规范有所了解，同时详细讲解了图标的设计原则及设计流程，让读者在学习规范的同时，掌握设计原则，为图标设计打下坚实的基础。

图2.20 细节美化效果

第3章

Photoshop在图标设计中的基本应用

内容摘要

本章主要讲解Photoshop在图标设计中的基本应用，在众多设计软件中，Photoshop在设计领域中有着不可动摇的地位，本章除通过实例讲解了Photoshop在图标设计中的应用，还介绍了常见图标的格式和单位，让读者对图标设计有个最基本的了解。

课堂学习目标

- 图标设计常用软件分析
- 图标设计常用单位解析
- 具有代表性的图标制作
- 常见图标的格式
- App启动图标的制作

3.1 图标设计常用软件分析

如今图标设计中常用的主要软件有Adobe公司的Photoshop和Illustrator，Corel公司的CorelDRAW等，在这些软件中以Photoshop和Illustrator最为常用。

3.1.1 Photoshop

Photoshop是Adobe公司旗下最为出名的图像处理软件之一，集图像扫描、编辑修改、图像制作、广告创意、图像输入与输出于一体的图形图像处理软件，深受广大平面设计人员和计算机美术爱好者的喜爱。这款美国Adobe公司的软件一直是图像处理领域的"巨无霸"，在出版印刷、广告设计、美术创意、图像编辑等领域得到了极为广泛的应用。

Photoshop的专长在于图像处理，而不是图形创作。我们有必要区分一下这两个概念。图像处理是对已有的位图图像进行编辑加工处理，以及运用一些特殊效果，其重点在于对图像的处理加工；图形创作软件是按照自己的构思创意，使用矢量图形来设计图形，这类软件主要有Adobe公司的另一个著名软件Illustrator和Macromedia公司的Freehand，不过Freehand已经快要淡出历史舞台了。

平面设计是Photoshop应用最为广泛的领域，无论是我们正在阅读的图书封面，还是大街上看到的招贴、海报，这些具有丰富图像的平面印刷品，基本上都需要Photoshop软件对图像进行处理，如图3.1所示。

图3.1 Photoshop软件界面

3.1.2 Illustrator

Illustrator是美国Adobe公司推出的专业矢量绘图工具，是出版、多媒体和在线图像的工业标准矢量插画软件。Illustrator是由Adobe公司出品，英文全称是Adobe Systems Inc，始创于1982年，是广告、印刷、出版和Web领域首屈一指的图形设计、出版和成像软件设计公司，同时也是世界上第二大桌面软件公司。公司为图形设计人员、专业出版人员、文档处理机构和Web设计人员，以及商业用户和消费者提供了首屈一指的软件。

无论是生产印刷出版线稿的设计者和专业插画家、生产多媒体图像的艺术家，还是互联网页或在线内容的制作者，都会发现Illustrator 不仅仅是一个艺术产品工具，还能适合大部分小型设计到大型的复杂项目，如图3.2所示。

图3.2 Illustrator软件界面

3.1.3 CorelDRAW

CorelDRAW Graphics Suite是一款由世界顶尖软件公司之一的加拿大的Corel公司开发的图形图像软件。集矢量图形设计、矢量动画、页面设计、网站制作、位图编辑、印刷排版、文字编辑处理和图形高品质输出于一体的平面设计软件，深受广大平面设计人员的喜爱，目前主要在广告制作、图书出版等方面得到广泛的应用，功能与其类似的软件有Illustrator、Freehand。

CorelDRAW图像软件是一套屡获殊荣的图形、图像编辑软件，它包含两个绘图应用程序：一个用于矢量图及页面设计，另一个用于图像编辑。这套绘图软件组合带给用户强大的交互式工具，使用户可创作出多种富于动感的特殊效果及点阵图像即时效果，在简单的操作中就可得到实现，而不会丢失当前的工作。通过CorelDRAW的全方位的设计及网页功能可以融合到用户现有的设计方案中，灵活性十足。

CorelDRAW软件非凡的设计能力广泛地应用于商标设计、标志制作、模型绘制、插图描画、排版及分色输出等诸多领域。其被喜爱的程度可用事实说明，用于商业设计和美术设计的PC端上几乎都安装了CorelDRAW。CorelDRAW以其强大的功能及友好界面一直以来在标志制作、模型绘制、排版及分色输出等诸多领域都能看到它的身影，同时它的排版功能也十分强大。但是由于它与Photoshop、Illustrator不是同一家公司软件，所以在软件操作上互通性稍差。

对于目前刚流行的UI界面设计，由于没有具有针对性的专业设计软件，所以大部分设计师会选择使用这三款软件来制作UI界面。CorelDRAW软件界面，如图3.3所示。

图3.3　CorelDRAW软件界面

3.2　常见图标的格式

在Windows操作系统中，单个图标的文件名后缀是.ICO。这种格式的图标可以在Windows操作系统中直接浏览；后缀名是.ICL的代表图标库，它是多个图标的集合，一般操作系统不直接支持这种格式的文件，需要借助第三方软件才能浏览，比较常用的还有比如PNG、IP、BMP等。

对于智能应用的App图标来说，又多了几种格式，如JPEG、GIF等，下面就来讲解这些格式的特点。

3.2.1　PNG格式

PNG是Portable Netowrk Graphics的简写，被称为可移植的网络图像文件格式，是一种位图文件存储格式，是Macromedia公司的Fireworks的专业格式，其目的是试图替代GIF和TIFF文件格式，同时增加一些GIF文件格式所不具备的特性。这个格式使用于网络图形，支持背景透明，但是不支持动画效果。

PNG用来存储灰度图像时，灰度图像的深度可多达16位；存储彩色图像时，彩色图像的深度可多达48位，并且还可存储多到16位的α通道数据。PNG使用从LZ77派生的无损数据压缩算法，允许用户对其进行解压，优点在于不会使图像失真。同样一张图像的文件尺寸，BMP格式最大，PNG其次，JPEG最小。一般应用于JAVA程序中，或网页或S60程序中是因为它压缩比高，生成文件容量小。图3.4所示为PNG格式的图标文件。

图3.4　PNG格式图标

3.2.2 JPEG格式

JPEG格式是一种位图文件格式，JPEG的缩写是JPG，JPEG几乎不同于当前使用的任何一种数字压缩方法，它无法重建原始图像。由于JPEG优异的品质和杰出的表现，因此应用非常广泛，特别是在网络和光盘读物上。目前各类浏览器均支持JPEG这种图像格式，因为JPEG格式的文件尺寸较小，下载速度快，使得Web页有可能以较短的下载时间提供大量美观的图像，JPEG同时也就顺理成章地成为网络上最受欢迎的图像格式，但是不支持透明背景，所以JPEG格式通常在静止的画面中使用，如Windows的桌面背景、智能移动系统的待机图片等，如图3.5所示。

图3.5 JPEG格式图片

3.2.3 GIF格式

GIF(Graphics Interchange Format)的原义是"图像互换格式"，是CompuServe公司在 1987年开发的图像文件格式。GIF文件的数据，是一种基于LZW算法的连续色调的无损压缩格式。其压缩率一般在50%左右，它不属于任何应用程序。目前几乎所有相关软件都支持它，公共领域有大量的软件在使用GIF图像文件。GIF图像文件的数据是经过压缩的，而且是采用了可变长度等压缩算法。GIF格式的另一个特点是其在一个GIF文件中可以存多幅彩色图像，如果把存于一个文件中的多幅图像数

据逐幅读出并显示到屏幕上，就可构成一种最简单的动画。GIF格式自1987年由CompuServe公司引入后，因其体积小而成像相对清晰，特别适合初期慢速的互联网，而从此大受欢迎。支持透明背景显示，可以动态形式存在，制作动态图像时会用到这种格式，如现在智能系统或计算机上的QQ等聊天工具上的动态表情，基本全是GIF格式。图3.6所示为GIF格式的图标文件。

图3.6 GIF格式表情图标

图3.7 ICO格式文件（续）

图3.6 GIF格式表情图标（续）

3.2.4　ICO格式

ICO格式是Windows使用的图标文件格式，广泛应用在windows系统中的dll、exe文件中，可以存储单个图案、多尺寸、多色板的图标文件。一个图标实际上是多张不同格式的图片的集合体，并且还包含了一定的透明区域，不过只有Windows XP以上的系统才支持带Alpha透明通道的图标，这些图标用在Windows XP以下的系统因为不支持Alpha透明通道，所以会显得非常难看。图3.7所示为ICO格式文件。

3.2.5　ICL格式

ICL文件只不过就是一个改了名字的16位WindowsDll（NE模式），里面除了图标什么都没有，可以将其理解为按一定顺序存储的图标库文件。ICL文件在日常应用中并不多见，一般是在程序开发中使用，而且一般的操作系统不支持这种格式的文件，所以根本打不开，需要借助第三方软件才可以浏览，如可用Iconworkshop等软件打开查看，如图3.8所示。

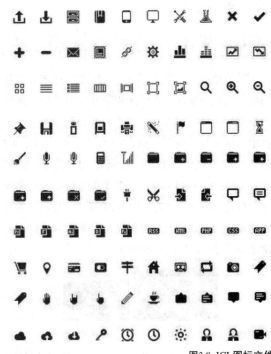

图3.8 ICL图标文件

图3.7 ICO格式文件

45

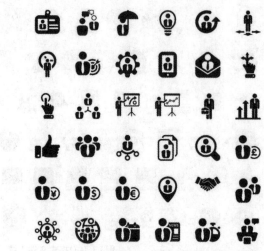

图3.8 ICL图标文件（续）

3.2.6 IP格式图标

IP是Iconpackager软件的专用文件格式。它实质上是一个改了扩展名的Rar文件，用WinRaR可以打开查看，一般会看到里面包含一个.Iconpackage文件和一个.Icl文件。

3.3 图标设计常用单位解析

在UI界面设计中，单位的应用非常关键，下面了解常用单位的使用。

3.3.1 英寸

长度单位，一般为1英寸约等于2.54厘米，如我们经常看的液晶显示器就采用英寸作为单位，规格一般有17英寸、19英寸、22英寸、25英寸等。在手机中，屏幕尺寸现在一般有4.0英寸、4.2英寸、4.5英寸、4.7英寸、4.8英寸、5.0英寸、5.2英寸、5.5寸、5.7英寸、6.44英寸等。在平板电脑中，屏幕尺寸一般有7.9英寸、9.7英寸、12.9英寸。显示屏的大小通常以对角线的长度来衡量，以英寸为单位，通常读成"寸"，如图3.9所示。

图3.9 屏幕尺寸

图3.9 屏幕尺寸（续）

3.3.2 分辨率

分辨率可以从显示分辨率与图像分辨率两个方向来分类。显示分辨率也叫屏幕分辨率，是屏幕图像的精密度，是指显示器所能显示的像素有多少。由于屏幕上的点、线和面都是由像素组成的，显示器可显示的像素越多，画面就越精细，同样的屏幕区域内能显示的信息也越多，所以分辨率是个非常重要的性能指标之一。我们可以把整个图像想象成是一个大型的棋盘，而分辨率的表示方式就是所有经线和纬线交叉点的数目。显示分辨率一定的情况下，显示屏越小图像越清晰；反之，显示屏大小固定时，显示分辨率越高图像越清晰。图像分辨率则是单位英寸中所包含的像素点数，其定义更趋近于分辨率本身的定义。

屏幕物理像素的总和，用屏幕宽乘以屏幕高的像素数来表示，如笔记本电脑上的1366px×768px，液晶电视上的1200px×1080px，手机上的480px×800px，

640px×960px等。表1所示为显示器标屏、宽屏与分辨率的大小。

表1 显示器屏幕与分辨率（单位：像素）

标屏	分辨率	宽屏	分辨率
QVGA	320×240	WQVGA	400×240
VGA	640×480	WVGA	800×480
SVGA	800×600	WSVGA	1024×600
XGA	1024×768	WXGA	1280×720/ 1280×768/ 1280×800
XGA+	1152×864	WXGA+	1366×768
SXGA	1280×1024 /1280×960	WSXGA	1440×900
SXGA+	1400×1050	WSXGA+	1680×1050
UXGA	1600×1200	WUXGA	1920×1200
QXGA	2048×1536	WQXGA	2560×1600

3.3.3 像素

像素中文全称为图像元素，是指在由一个数字序列表示的图像中的一个最小单位，称为像素。像素仅仅只是分辨率的尺寸单位，而不是画质。像素是构成数码影像的基本单元，通常以像素每英寸PPI（Pixels Per Inch）为单位来表示影像分辨率的大小。从定义上来看，像素是指基本原色素及其灰度的基本编码。例如，500PPI×500PPI分辨率，即表示水平方向与垂直方向上每英寸长度上的像素数都是500，也可表示为一平方英寸内有25万（500×500）像素。

像素是图标设计中常用的单位，一般移动智能设备的界面设计都使用像素作为单位，当图片尺寸以像素为单位时，我们需要指定其固定的分辨率，才能将图片尺寸与现实中的实际尺寸相互转换。例如，大多数网页制作常用图片分辨率为72，即每英寸像素为72，1英寸等于2.54厘米，那么通过换算可以得出每厘米等于28px；又如15厘米×15厘米长度的图片，等于420px×420px的长度。

3.3.4 屏幕密度

屏幕像素学名为PPI，PPI即英文Pixels per inch

的缩写，即每英寸所拥有的像素数。公式表达为 $PPI = \sqrt{(X^2+Y^2)} / Z$ （X：长度像素数；Y：宽度像素数；Z：屏幕尺寸），即手机屏幕长度像素的平方+宽度像素的平方，然后开根号再除以屏幕尺寸。假如分辨率是360px×640px，那么，这样计算：根号下360的平方加640的平方除以屏幕尺寸。

以搭载Android操作系统的手机为例分别为：

iDPI（低密度）：120像素/英寸

mDPI（中密度）：160像素/英寸

hDPI（高密度）：240像素/英寸

xhDPI（超高密度）：320像素/英寸

Android屏幕密度称为Density，在设计时的关系如下。

Android主要有3种屏，分别是QVGA和WQVGA屏density=120；HVGA屏density=160和WVGA屏density=240。下面以480dip×800dip的WVGA（density=240）为例，详细列出不同density下屏幕分辨率信息。

当density=120时 屏幕实际分辨率为240px×400px，状态栏和标题栏高各19px或者25dip，横屏是屏幕宽度400px或者800dip，工作区域高度211px或者480dip，竖屏时屏幕宽度240px或者480dip，工作区域高度381px或者775dip。

当density=160时 屏幕实际分辨率为320px×533px，状态栏和标题栏高各25px或者25dip，横屏是屏幕宽度533px 或者800dip，工作区域高度295px或者480dip，竖屏时屏幕宽度320px或者480dip，工作区域高度508px或者775dip。

当density=240时 屏幕实际分辨率为480px×800px，状态栏和标题栏高38px或者25dip，横屏是屏幕宽度800px 或者800dip，工作区域高度442px或者480dip，竖屏时屏幕宽度480px或者480dip，工作区域高度762px或者775dip。

与Android相比，iPhone手机对密度版本的数量要求没有那么多，因为目前iPhone界面有多种设计尺寸——640px×960px、640px×136px、750px×1334px、1080px×1920px，而网点密度（DPI）采用mDPI，即160像素/英寸就可以满足设计要求。

3.4 App启动图标的制作

智能系统上，每个应用都有一个专用的图标，这个图标即是App启动图标，它类似于PC端上软件的图标，如计算机桌面上的Photoshop图标 Ps 。

启动图标是手机App的关键组成部分和应用的入口，App图标尺寸是有一定要求的，而且一般尺寸都较小，所以在设计上就有很大的局限性，不像大幅的海报一样，可以轻松地表达公司或应用的全部内容，所以在设计上要求较高，因为App图标的表现可能会直接影响该款应用的用户的使用量、下载量，只有准确表达出应用信息并有很强的吸引力，才有可能吸引用户。

在我们讲解的三大智能系统中，Android、iOS和Windows Phone在UI界面的设计中风格却非常不同，各有自己的特色，如图3.10、图3.11和图3.12所示。

图3.11 iOS启动图标图   图3.12 Windows Phone启动图标

从上面的几个系统图例中可以清楚地看出，除了iOS和Windows Phone具有非常相似的启动图标设计外，作为开源的Android系统则有着非常多的启动图标样式，不同的厂商都根据自己的需要设计出不同的UI系统，如联想的乐OS系统四叶草UI界面，如图3.13所示。

图3.13 四叶草UI界面

虽然这些UI界面的启动图标不同，但可以看出组成这些图标的，不外乎圆形、方形、多边形的规则几何图形，或是不规则的几何组合图形，而随着苹果iOS扁平化的普及，启动图标的设计也越来越简洁，越来越简单，以前的渐变、纹理等质感和立体效果也应用越来越少，变成了完全的二维平面设计。下面通过实例分别介绍iOS、Windows Phone和Android的常见启动图标制作方法。

图3.10 Android启动图标

3.4.1 iOS启动图标制作

素材位置：无
案例位置：案例文件\第3章\iOS启动图标制作.psd
视频位置：多媒体教学\3.4.1 iOS启动图标制作.avi
难易指数：★☆☆☆☆

扫码看视频

这里以iPhone手机的Messages图标，即信息图标为例，讲解iOS图标的设计制作方法。信息图标由两个基本的几何图形组成：一个圆角矩形，一个椭圆。其中椭圆进行了调整处理，效果如图3.14所示。

图3.14 最终效果

01 使用“圆角矩形工具”，设置一个任意的填充颜色，如白色#ffffff，“描边”设置为无，“半径”设置为90像素，按住Shift键绘制一个正的圆角矩形，如图3.15所示。

图3.15 绘制圆角矩形

02 绘制完成后，为圆角矩形添加渐变叠加样式。添加渐变叠加：设置从绿色#0ad318到浅绿色#8eff74的线性渐变，填充设置及填充后的效果如图3.16所示。

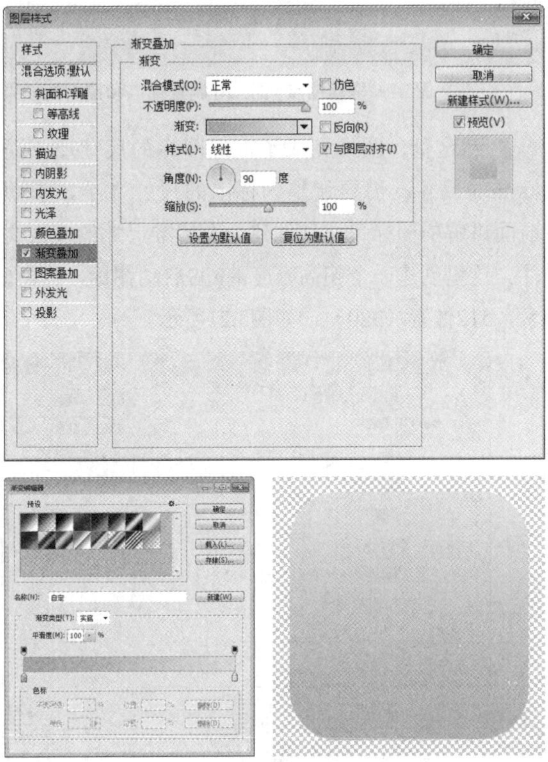

图3.16 渐变叠加样式设置及效果

03 使用“椭圆工具”，设置填充为白色#ffffff，“描边”设置为无，在圆角矩形的上方绘制一个椭圆图形，如图3.17所示。

04 使用“添加锚点工具”，在椭圆左下方位置，单击添加3个锚点，如图3.18所示。

图3.17 绘制椭圆

图3.18 添加锚点

05 使用“直接选择工具”，选择3个锚点中的中间锚点，将其向左下方拖动，如图3.19所示。

06 使用“直接选择工具”，调整控制柄和锚点，将其调整出如图3.20所示的效果。

图3.19 拖动锚点　图3.20 调整锚点和控制柄效果

⑦ 到这里，图标完成了，但图标的尺寸还不是标准的尺寸，需要调整为标准的尺寸大小，参照前面讲解的图标尺寸，创建一个标准尺寸的模板文件。这里创建一个超高密度的iOS启动图标，512像素×512像素（320），如图3.21所示。

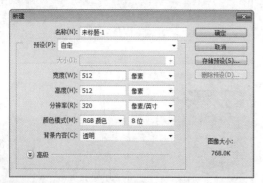

图3.21 新建文档及画布效果

⑧ 将刚才制作的圆角矩形与椭圆图层选中拖动到新建的模板画布中，根据模板的大小进行调整，使其适合模板，这样就完成了iOS启动图标的制作，如图3.22所示。

图3.22 启动图标效果

⑨ 至此图标是完成了，如果要应用该图标，还需要将其保存成智能手机需要的图片格式文件，执行菜单栏中的"文件"|"存储为Web所用格式"命令，打开"存储为Web所用格式"对话框，注意"预设"为PNG-24，并选择"透明度"复选框，如图3.23所示，将其保存起来即可。还有一点需要注意，iOS的命名与其他智能手机的命名是不同的，注意按照规范的命名，以便后期开发人员的调用，不要随意命名。

 技巧与提示

　　按Ctrl+Shift+Alt+S组合键，可以快速打开"存储为Web所用格式"对话框。

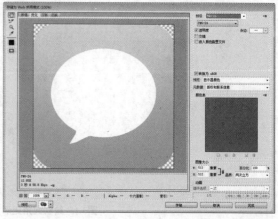

图3.23 保存效果

3.4.2 Android启动图标制作

素材位置：素材文件\第3章\Android形状
案例位置：案例文件\第3章\Android启动图标.psd
视频位置：多媒体教学\3.4.2 Android启动图标制作.avi
难易指数：★☆☆☆☆

　　Android系统虽然在UI界面设计不太统一，但其外观的形状也是常见的方形、圆角、Squircle等形状。这里制作一个Android的启动图标，由两个几何图形组成：一个是Squircle，一个是信息图形。效果如图3.24所示。

扫码看视频

图3.24　最终效果

① 选择工具箱中的"多边形工具" ⬡。
② 在选项栏中，设置填充为白色，"描边"为无，设置"边"为4，单击设置⚙图标，弹出一个面板，选择"平滑拐角"复选框，如图3.25所示。

图3.25　设置参数

③ 按住Shift键的同时在画布中拖动鼠标，即可绘制一个Squircle形，如图3.26所示。

图3.26　绘制Squircle形

④ 绘制完成后，为绘制Squircle形添加渐变叠加样式。添加渐变叠加：设置从橙黄色#fb6f0c到黄色#fa8d17的线性渐变，填充设置及填充后的效果如图3.27所示。

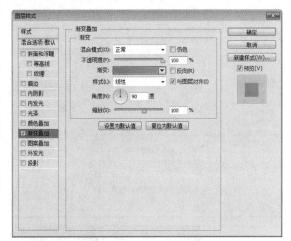

图3.27　渐变叠加样式设置及效果

⑤ 执行菜单栏中的"文件"|"打开"命令，打开"Android形状.psd"文件，拖动到图形上方，适当调整大小，如图3.28所示。

图3.28　添加素材

⑥ 绘制完成后，为绘制Squircle形添加渐变叠加样式。内发光设置"混合模式"为滤色，"不透明

度"为37%，"颜色"为白色#ffffff，"大小"为1像素，"范围"为1%，内发光样式设置及效果如图3.29所示。

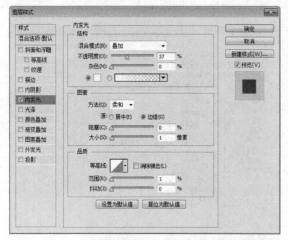

图3.29 内发光样式设置及效果

07 添加渐变叠加图层样式，设置从灰色#aeaeae到白色#ffffff的线性渐变，渐变叠加样式设置及效果如图3.30所示。

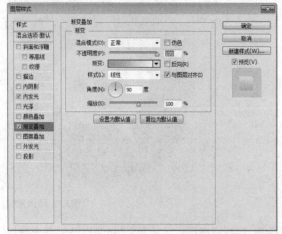

图3.30 渐变叠加样式设置及效果

图3.30 渐变叠加样式设置及效果（续）

08 添加投影图层样式，设置"不透明度"为23%，"距离"为2像素，"大小"为3像素，投影样式设置及效果如图3.31所示。

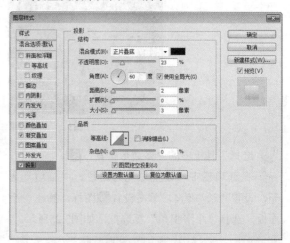

图3.31 投影样式设置及效果

09 使用"椭圆选框工具" ⬭ ，在画布中绘制一个椭圆选区，如图3.32所示。按住Ctrl+Shift+Alt组合键的同时，单击多边形 1图层缩览图，即黄色的多边形，取选区交集，如图3.33所示。

图3.32　绘制椭圆　　　　图3.33　交集效果

⑩　创建一个新的图层，将选区填充为白色，取消选区并修改"不透明度"为10%，Android图标设计完成，如图3.34所示。

图3.34　修改不透明度及最终效果

3.5　具有代表性的图标制作

下面通过3个具体的实例，讲解具有代表性的图标制作，包括开关式、旋钮式和导航式图标设计。

3.5.1　常见开关式图标设计

素材位置：无
案例位置：案例文件\第3章\常见开关式图标设计.psd
视频位置：多媒体教学\3.5.1　常见开关式图标设计.avi
难易指数：★★☆☆☆

本例讲解常见开关式图标设计，此款图标以柔和圆角矩形作为轮廓，特意绘制极具细致图形效果作为细节图形，整体制作过程比较简单，注意色彩的变化及细节处理，最终效果如图3.35所示。

扫码看视频

图3.35　最终效果

① 执行菜单栏中的"文件"|"新建"命令，在弹出的对话框中设置"宽度"为600像素，"高度"为450像素，"分辨率"为72像素/英寸，新建一个空白画布，将画布填充为红色（R：252，G：107，B：162）。

② 选择工具箱中的"圆角矩形工具" ，在选项栏中将"填充"更改为黑色，"描边"为无，"半径"为50像素，按住Shift键绘制一个圆角矩形，此时将生成一个"圆角矩形 1"图层，如图3.36所示。

图3.36　绘制圆角矩形

③ 在"图层"面板中，单击面板底部的"添加图层样式" fx 按钮，在菜单中选择"渐变叠加"命令。

④ 在弹出的对话框中将"渐变"更改为浅红色（R：247，G：198，B：218）到浅红色（R：250，G：227，B：233），完成之后单击"确定"按钮，如图3.37所示。

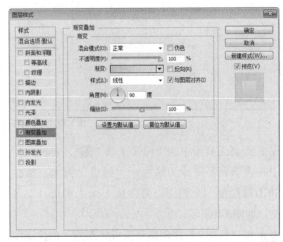

图3.37　设置渐变叠加

⑤ 勾选"斜面和浮雕"复选框，将"大小"更改为8像素，取消"使用全局光"复选框，"角度"更改为90度，"阴影模式"更改为叠加，"不

透明度"更改为100%，如图3.38所示。

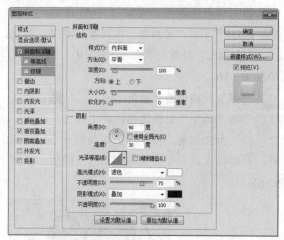

图3.38 设置斜面和浮雕

06 勾选"投影"复选框，将"混合模式"更改为柔光，取消"使用全局光"复选框，将"角度"更改为90度，"距离"更改为5像素，"大小"更改为10像素，完成之后单击"确定"按钮，如图3.39所示。

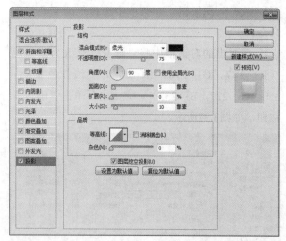

图3.39 设置投影

07 选择工具箱中的"椭圆工具" ⬤，在选项栏中将"填充"更改为黑色，"描边"为无，按住Shift键绘制一个圆形，将生成一个"椭圆 1"图层，如图3.40所示。

08 将"椭圆 1"图层拖至面板底部的"创建新图层" ⬛ 按钮上，复制两个"拷贝"图层，分别将图层名称更改为"内部""边缘"及"厚度"，如图3.41所示。

图3.40 绘制图形   图3.41 复制图层

09 选中"厚度"图层，执行菜单栏中的"滤镜"|"模糊"|"高斯模糊"命令，在弹出的对话框中将"半径"更改为2像素，完成之后单击"确定"按钮，如图3.42所示。

10 在"图层"面板中，单击面板底部的"添加图层样式" ƒx 按钮，在菜单中选择"渐变叠加"命令。

11 在弹出的对话框中将"渐变"更改为浅红色（R：242，G：150，B：180）到白色，完成之后单击"确定"按钮，如图3.43所示。

图3.42 添加高斯模糊   图3.43 添加渐变叠加

12 选中"边缘"图层，按Ctrl+T组合键对其执行"自由变换"命令，将图形等比缩小，完成之后按Enter键确认，如图3.44所示。

13 在"图层"面板中，单击面板底部的"添加图层样式" ƒx 按钮，在菜单中选择"渐变叠加"命令。

14 在弹出的对话框中将"渐变"更改为浅红色（R：254，G：241，B：246）到浅红色（R：251，G：188，B：207），完成之后单击"确定"按钮，如图3.45所示。

图3.44 缩小图形

图3.45 添加渐变叠加

⑮　选中"内部"图层，将其"填充"更改为红色（R：239，G：71，B：130），再按Ctrl+T组合键对其执行"自由变换"命令，将图形等比缩小，完成之后按Enter键确认，如图3.46所示。

图3.46 缩小图形

⑯　在"图层"面板中，单击面板底部的"添加图层样式" **fx** 按钮，在菜单中选择"内阴影"命令。

⑰　在弹出的对话框中将"混合模式"更改为柔光，"不透明度"更改为50%，取消"使用全局光"复选框，"角度"更改为90度，"距离"更改为5像素，"大小"更改为20像素，如图3.47所示。

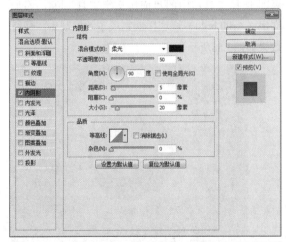
图3.47 设置内阴影

⑱　选择工具箱中的"椭圆工具" ●，在选项栏中将"填充"更改为浅红色（R：248，G：156，B：184），"描边"为无，按住Shift键绘制一个圆形，将生成一个"椭圆1"图层，如图3.48所示。

⑲　选中"椭圆1"图层，在画布中按住Alt+Shift组合键向右侧拖动将图形复制两份，将生成"椭圆1 拷贝"及"椭圆1 拷贝2"两个新图层，将"椭圆1 拷贝"图层中图形"填充"更改为黑色，将"椭圆1 拷贝2"图层中图形"填充"更改为黄色（R：255，G：203，B：102），如图3.49所示。

图3.48 绘制图形

图3.49 复制图形

⑳　将"椭圆1 拷贝"图层移至所有图层上方。

㉑　在"圆角矩形1"图层名称上单击鼠标右键，从弹出的快捷菜单中选择"拷贝图层样式"命令，在"椭圆1 拷贝"图层名称上单击鼠标右键，从弹出的快捷菜单中选择"粘贴图层样式"命令，如图3.50所示。

㉒　双击"椭圆1 拷贝"图层样式名称，在弹出的对话框中选中"斜面和浮雕"复选框，将"大小"更改为2像素，完成之后单击"确定"按钮，如图3.51所示。

图3.50 粘贴图层样式

图3.51 设置斜面和浮雕

㉓　选中"投影"复选框，将"距离"更改为2像素，"大小"更改为5像素，完成之后单击"确定"按钮，如图3.52所示。

图3.52 设置投影

24 在"图层"面板中,选中"椭圆 1"图层,单击面板底部的"添加图层样式" fx 按钮,在菜单中选择"内发光"命令。

25 在弹出的对话框中将"混合模式"更改为正常,"不透明度"更改为100%,"颜色"更改为红色(R:196,G:38,B:94),"大小"更改为3像素,完成之后单击"确定"按钮,如图3.53所示。

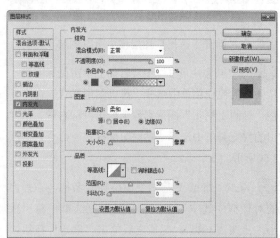

图3.53 设置内发光

26 在"椭圆 1"图层名称上单击鼠标右键,从弹出的快捷菜单中选择"拷贝图层样式"命令,在"椭圆1拷贝2"图层名称上单击鼠标右键,从弹出的快捷菜单中选择"粘贴图层样式"命令,如图3.54所示。

27 双击"椭圆1拷贝2"图层样式名称,在弹出的对话框中将"颜色"更改为深黄色(R:169,G:120,B:25),完成之后单击"确定"按钮,如图3.55所示。

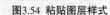

图3.54 粘贴图层样式   图3.55 修改颜色

28 在"图层"面板中,选中"椭圆 1 拷贝"图层,将其拖至面板底部的"创建新图层"按钮上,复制一个"椭圆 1 拷贝 3"图层,将"椭圆 1 拷贝 3"图层中除"渐变叠加"之外的其他两个图层样式删除,如图3.56所示。

29 双击"椭圆 1 拷贝 3"图层样式名称,在弹出的对话框中勾选"反向"复选框,完成之后单击"确定"按钮。

30 按Ctrl+T组合键执行"自由变换"命令,将图形等比缩小,完成之后按Enter键确认,如图3.57所示。

图3.56 复制图层   图3.57 缩小图形

31 选择工具箱中的"横排文字工具" T,添加文字(Arial bold),这样就完成了效果制作,最终效果如图3.58所示。

图3.58 最终效果

3.5.2 常见旋钮式图标设计

素材位置：无
案例位置：案例文件\第3章\常见旋钮式图标设计.psd
视频位置：多媒体教学\3.5.2 常见旋钮式图标设计.avi
难易指数：★★☆☆☆

本例讲解常见旋钮式图标设计，此款图标具有出色的外观，以及很不错的可识别性，简洁的圆角矩形轮廓与直观的旋钮图示相结合，整个图标的视觉效果十分出色，最终效果如图3.59所示。

扫码看视频

图3.59 最终效果

① 执行菜单栏中的"文件"|"新建"命令，在弹出的对话框中设置"宽度"为600像素，"高度"为500像素，"分辨率"为72像素/英寸，新建一个空白画布。

② 选择工具箱中的"渐变工具" ，编辑灰色（R：60，G：67，B：75）到灰色（R：28，G：31，B：36）的渐变，单击选项栏中的"径向渐变" 按钮，在画布中从中间向右下角方向拖动填充渐变。

③ 选择工具箱中的"圆角矩形工具" ，在选项栏中将"填充"更改为黑色，"描边"为无，"半径"为50像素，按住Shift键绘制一个圆角矩形，此时将生成一个"圆角矩形1"图层，如图3.60所示。

④ 在"图层"面板中，单击面板底部的"添加图层样式" **fx** 按钮，在菜单中选择"渐变叠加"命令。

⑤ 在弹出的对话框中将"渐变"更改为浅灰色（R：194，G：194，B：194）到浅红色（R：250，G：253，B：242），如图3.61所示。

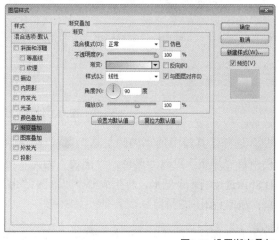

图3.61 设置渐变叠加

⑥ 勾选"斜面和浮雕"复选框，将"大小"更改为5像素，取消"使用全局光"复选框，"角度"更改为90度，"阴影模式"更改为叠加，"不透明度"更改为100%，如图3.62所示。

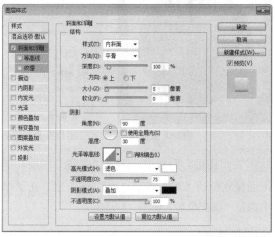

图3.62 设置斜面和浮雕

⑦ 勾选"投影"复选框，将"混合模式"更改为柔光，取消"使用全局光"复选框，将"角度"更改为90度，"距离"更改为5像素，"大小"更改为10像素，完成之后单击"确定"按钮，如图3.63所示。

图3.60 绘制圆角矩形

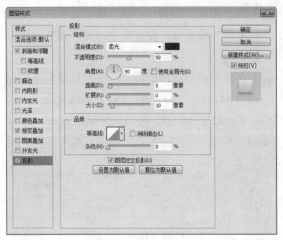

图3.63 设置投影

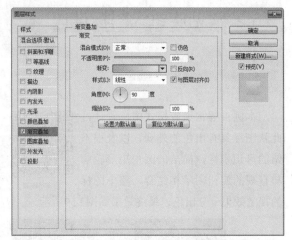

图3.66 设置渐变叠加

⑧ 选择工具箱中的"椭圆工具"⬤，在选项栏中将"填充"更改为黑色，"描边"为无，按住Shift键绘制一个圆形，将生成一个"椭圆1"图层，如图3.64所示。

⑨ 在"图层"面板中，选中"椭圆1"图层，将其拖至面板底部的"创建新图层"🔲按钮上，复制3个"拷贝"图层，分别将图层名称更改为"触摸面""旋钮底座""底座外壳"，如图3.65所示。

⑫ 勾选"投影"复选框，将"混合模式"更改为正常，"颜色"更改为白色，"不透明度"更改为100%，取消"使用全局光"复选框，将"角度"更改为90度，"距离"更改为0像素，"大小"更改为1像素，完成之后单击"确定"按钮，如图3.67所示。

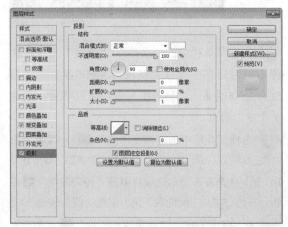

图3.67 设置投影

图3.64 绘制图形

图3.65 复制图层

⑩ 在"图层"面板中，选中"底座"图层，单击面板底部的"添加图层样式"🔲按钮，在菜单中选择"渐变叠加"命令。

⑪ 在弹出的对话框中将"渐变"更改为灰色（R：190，G：190，B：190）到灰色（R：243，G：243，B：243），如图3.66所示。

⑬ 选中"底座外壳"图层，按Ctrl+T组合键对其执行"自由变换"命令，将图形等比缩小，完成之后按Enter键确认，如图3.68所示。

图3.68 缩小图形

⑭ 在"图层"面板中，单击面板底部的"添加图层样式" **fx** 按钮，在菜单中选择"内发光"命令。

⑮ 在弹出的对话框中将"混合模式"更改为正常，"不透明度"更改为20%，"颜色"更改为黑色，"大小"更改为2像素，如图3.69所示。

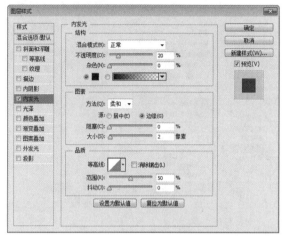

图3.69 设置内发光

⑯ 勾选"渐变叠加"复选框，将"渐变"更改为灰色（R：184，G：184，B：184）到灰色（R：234，G：237，B：239），如图3.70所示。

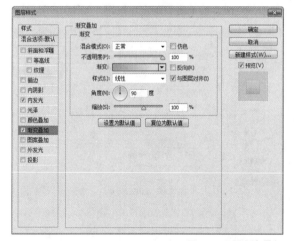

图3.70 设置渐变叠加

⑰ 勾选"投影"复选框，将"混合模式"更改为正常，"颜色"更改为白色，取消"使用全局光"复选框，将"角度"更改为90度，"距离"更改为0像素，"大小"更改为0像素，完成之后单击"确定"按钮，如图3.71所示。

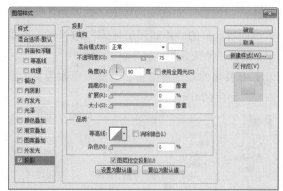

图3.71 设置投影

⑱ 选中"旋钮底座"图层，将其"填充"更改为青色（R：0，G：216，B：255），再按Ctrl+T组合键对其执行"自由变换"命令，将图形等比缩小，完成之后按Enter键确认，如图3.72所示。

图3.72 缩小图形

⑲ 在"图层"面板中，单击面板底部的"添加图层样式" **fx** 按钮，在菜单中选择"发光"命令。

⑳ 在弹出的对话框中将"混合模式"更改为正片叠底，"不透明度"更改为30%，"颜色"更改为黑色，"大小"更改为5像素，完成之后单击"确定"按钮，如图3.73所示。

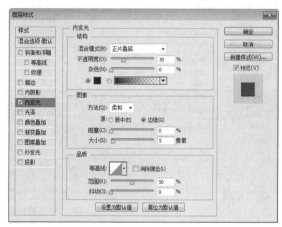

图3.73 设置内发光

㉑ 在"图层"面板中，选中"触摸面"图层，单击面板底部的"添加图层样式" *fx* 按钮，在菜单中选择"渐变叠加"命令。

㉒ 在弹出的对话框中将"渐变"更改为灰色系渐变，如图3.74所示。

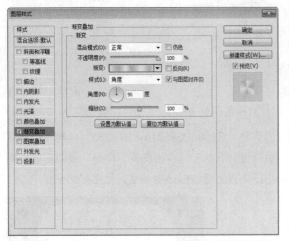

图3.74 设置渐变叠加

❓ 技巧与提示
此处灰色系渐变可参考下图中色标数量及位置。

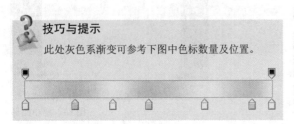

㉓ 勾选"描边"复选框，将"大小"更改为3像素，"位置"为内部，"填充类型"更改为渐变，"渐变"更改为灰色（R：208，G：208，B：208）到白色，如图3.75所示。

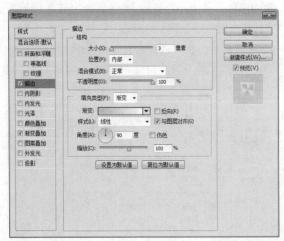

图3.75 设置描边

㉔ 勾选"外发光"复选框，将"混合模式"更改为正常，"不透明度"更改为40%，"颜色"更改为深青色（R：3，G：45，B：52），"大小"更改为5像素，完成之后单击"确定"按钮，如图3.76所示。

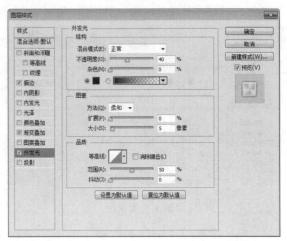

图3.76 设置外发光

㉕ 勾选"投影"复选框，将"不透明度"更改为60%，取消"使用全局光"复选框，将"角度"更改为90度，"距离"更改为10像素，"大小"更改为18像素，完成之后单击"确定"按钮，如图3.77所示。

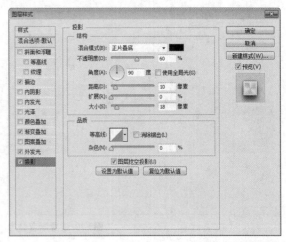

图3.77 设置投影

㉖ 选择工具箱中的"钢笔工具" ✎，在选项栏中单击"选择工具模式" 路径 ⬦ 按钮，在弹出的选项中选择"形状"，将"填充"更改为灰色（R：160，G：160，B：160），"描边"更改为无。

㉗ 在触摸面顶部位置绘制一个三角形图形，将生成一个"形状 1"图层，如图3.78所示。

图3.78 绘制图形

㉘ 在"图层"面板中，单击面板底部的"添加图层样式" *fx* 按钮，在菜单中选择"内阴影"命令。

㉙ 在弹出的对话框中将"距离"更改为1像素，"大小"更改为1像素，如图3.79所示。

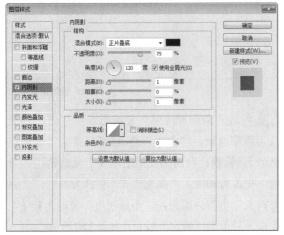

图3.79 设置内阴影

㉚ 选择工具箱中的"椭圆工具" ，在选项栏中单击"选择工具模式" 路径 按钮，在弹出的选项中选择"路径"，以图标中心为起点，按住Alt+Shift组合键绘制一个圆形路径，如图3.80所示。

㉛ 选择工具箱中的"横排文字工具" T，添加字符（Arial Bold），如图3.81所示。

图3.80 绘制路径　　图3.81 添加字符

㉜ 在"图层"面板中，单击面板底部的"添加图层样式" *fx* 按钮，在菜单中选择"渐变叠加"命令。

㉝ 在弹出的对话框中将"渐变"更改为青色（R：0，G：216，B：255）到灰色（R：100，G：103，B：104），"角度"更改为0度，完成之后单击"确定"按钮，如图3.82所示。

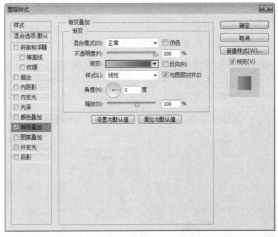

图3.82 设置渐变叠加

㉞ 勾选"投影"复选框，将"混合模式"更改为正常，"颜色"更改为白色，"不透明度"更改为100%，取消"使用全局光"复选框，将"角度"更改为90度，"距离"更改为1像素，"大小"更改为1像素，完成之后单击"确定"按钮，这样就完成了效果制作，最终效果如图3.83所示。

图3.83 最终效果

61

3.5.3 常见导航式图标设计

素材位置：素材文件\第3章\常见导航式图标
案例位置：案例文件\第3章\常见导航式图标设计.psd
视频位置：多媒体教学\3.5.3 常见导航式图标设计.avi
难易指数：★★☆☆☆

本例讲解常见导航式图标设计，此款导航栏图标具有不错的质感，整体效果十分出色，以纹理化的背景与直观的文字信息相结合，制作过程比较简单，最终效果如图3.84所示。

扫码看视频

图3.84 最终效果

01 执行菜单栏中的"文件"|"打开"命令，打开"背景.jpg"文件。

02 选择工具箱中的"圆角矩形工具" ▩ ，在选项栏中将"填充"更改为黑色，"描边"为无，"半径"为100像素，绘制一个圆角矩形，将生成一个"圆角矩形 1"图层，如图3.85所示。

图3.85 添加素材

03 在"图层"面板中，选中"圆角矩形 1"图层，将其拖至面板底部的"创建新图层" ▣ 按钮上，复制两个"拷贝"图层。

04 在"图层"面板中，选中"圆角矩形 1 拷

贝"图层，单击面板底部的"添加图层样式" *fx* 按钮，在菜单中选择"渐变叠加"命令。

05 在弹出的对话框中将"渐变"更改为深黄色（R：120，G：100，B：90）到黄色（R：243，G：240，B：237），完成之后单击"确定"按钮，如图3.86所示。

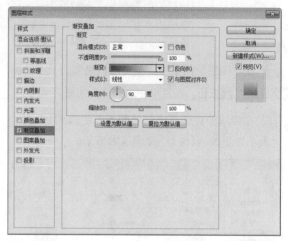

图3.86 设置渐变叠加

06 勾选"斜面和浮雕"复选框，将"方法"更改为雕刻清晰，"大小"更改为6像素，"软化"更改为4像素，取消"使用全局光"复选框，"角度"更改为90度，"高光模式"更改为叠加，"阴影模式"更改为柔光，"不透明度"更改为50%，完成之后单击"确定"按钮，如图3.87所示。

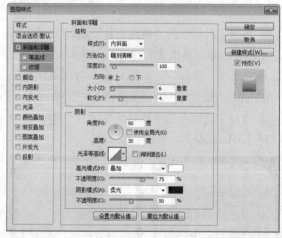

图3.87 设置斜面和浮雕

07 勾选"投影"复选框，将"不透明度"更改为60%，取消"使用全局光"复选框，将"角度"更改为90度，"距离"更改为5像素，"大小"更

改为5像素，完成之后单击"确定"按钮，如图
3.88所示。

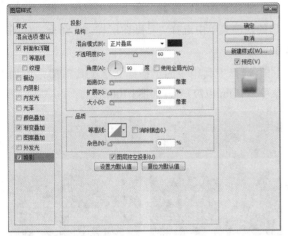

图3.88　设置投影

08 将"圆角矩形 1 拷贝 2"图层中图形"填充"
更改为白色，再选择工具箱中的"圆角矩形工
具" ，在图形上按住Alt键同时，绘制圆角矩形
路径，将部分图形减去，如图3.89所示。

09 按Ctrl+T组合键对图形执行"自由变换"命
令，将其等比缩小，完成之后按Enter键确认，如
图3.90所示。

　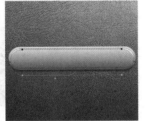

图3.89　缩小图形　　　**图3.90　减去图形**

> **技巧与提示**
>
> 　　为了达到完美的等比缩小目的，按住Alt+Shift组合
> 键缩小之后，还需要将圆角矩形高度等比缩小。

10 执行菜单栏中的"滤镜"|"模糊"|"高斯
模糊"命令，在弹出的对话框中将"半径"更改
为3像素，完成之后单击"确定"按钮，如图3.91
所示。

11 选中"圆角矩形 1"图层，将其"填充"更改
为深黄色（R：22，G：10，B：7），再按Ctrl+T
组合键对图形执行"自由变换"命令，将其等比缩

小，完成之后按Enter键确认，再将其向下稍微移
动，如图3.92所示。

图3.91　添加高斯模糊　　**图3.92　缩小图形**

12 执行菜单栏中的"滤镜"|"模糊"|"高斯模
糊"命令，在弹出的对话框中将"半径"更改为5像
素，完成之后单击"确定"按钮，如图3.93所示。

13 执行菜单栏中的"滤镜"|"模糊"|"动感模
糊"命令，在弹出的对话框中将"角度"更改为90
度，"距离"更改为50像素，设置完成之后单击
"确定"按钮，如图3.94所示。

图3.93　添加高斯模糊　　**图3.94　添加动感模糊**

14 执行菜单栏中的"文件"|"打开"命令，打
开"图示.psd"文件，将打开的素材拖入画布中并
适当缩小，如图3.95所示。

图3.95　添加素材

15 在"图层"面板中，选中"Web"图层，单击
面板底部的"添加图层样式" 按钮，在菜单中
选择"渐变叠加"命令。

16 在弹出的对话框中将"渐变"更改为深黄色
（R：76，G：63，B：55）到黄色（R：155，G：
135，B：123），完成之后单击"确定"按钮，如
图3.96所示。

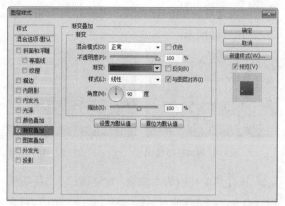

图3.96 设置渐变叠加

⑰ 勾选"内阴影"复选框,将"距离"更改为1像素,如图3.97所示。

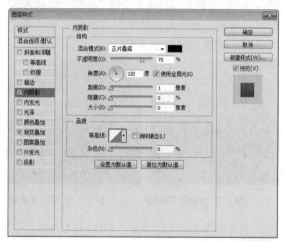

图3.97 设置内阴影

⑱ 勾选"投影"复选框,将"混合模式"更改为正常,"颜色"更改为白色,"距离"更改为1像素,完成之后单击"确定"按钮,如图3.98所示。

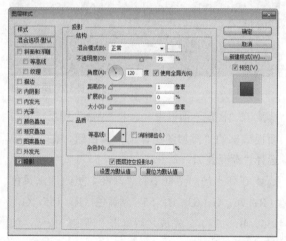

图3.98 设置投影

⑲ 在"Web"图层名称上单击鼠标右键,从弹出的快捷菜单中选择"拷贝图层样式"命令,同时选中其他几个图层,在其名称上单击鼠标右键,从弹出的快捷菜单中选择"粘贴图层样式"命令,如图3.99所示。

⑳ 选择工具箱中的"横排文字工具" **T**,添加文字(Humnst777),如图3.100所示。

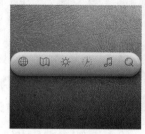 

图3.99 粘贴图层样式　　　　　图3.100 添加文字

㉑ 在"文字"图层名称上单击鼠标右键,从弹出的快捷菜单中选择"粘贴图层样式"命令,这样就完成了效果制作,最终效果如图3.101所示。

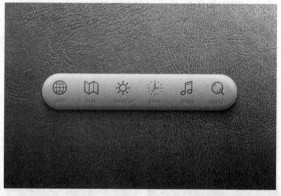

图3.101 最终效果

3.6 本章小结

本章首先对图标设计软件进行了分析,然后详细讲解了图标的常用格式及单位,并通过几个具体的实例,讲解了启动图标的制作及具有代表性图标的制作技巧,让读者轻松进入图标设计领域并快乐入门。

第 **4** 章

扁平化风格图标设计

---- 内容摘要 ----

本章主要讲解扁平化风格图标的设计。扁平化是最近非常火的智能界面设计方案，随着苹果公司首推，越来越多的公司跟随着这股扁平化风并应用在自己的设计方案中。本章详细解析了扁平化及设计使用，并通过大量实例讲解扁平化的设计方法。

---- 课堂学习目标 ----

● 扁平化风格及设计解析　　● 扁平化风格图标的设计方法

4.1 扁平化风格及设计解析

扁平化设计也叫简约设计、极简设计，它的核心就是去掉冗余的装饰效果，在摒弃高光、阴影等能造成透视感的效果，通过抽象、简化、符号化的设计元素来表现。界面上极简抽象、矩形色块、大字体、光滑、现代感十足，让你去意会这是个什么东西。其交互核心在于功能本身的使用，所以去掉了冗余的界面和交互。

作为手机领域的风向标的苹果手机最新推出的iOS使用了扁平化设计，随着iOS8的更新，以及更多苹果产品的出现，扁平化设计已经成为UI类设计的大方向。这段时间以来，扁平化设计一直是设计师之间的热门话题，现在已经形成一种风气，其他的智能系统也开始扁平化，例如，Windows、Mac OS、Android系统的设计已经往扁平化设计发展。扁平化尤其在如今的移动智能设备上应用广泛，如手机、平板，更少的按钮和选项让界面更加干净整齐，使用起来格外简洁、明了，扁平化可以更加简单直接地将信息和事物的工作方式展示出来，减少认知障碍的产生。

扁平化的流行不是偶然，它有自己的优点：降低移动设备的硬件需求，提高运行速度，延长电池使用寿命和待机时间，使用更加高效；简约而不简单，搭配一流的网格、色彩，让看久了拟物化的用户感觉焕然一新；突出内容主题，减弱各种渐变、阴影、高光等拟真实视觉效果对用户视线的干扰，信息传达更加简单、直观，缓解审美疲劳；设计更容易，开发更简单，扁平化设计更加简约，条理清晰，在适应不同屏幕尺寸方面更加容易设计修改，有更好的适当性。

扁平化虽然有很多优点，但对于不适应的人来说，缺点也是有的：因为在色彩和立体感上的缺失，用户化验度降低，特别是在一些非移动设备上，过于简单；由于设计简单，造成直观感缺乏，有时候需要学习才可以了解，造成一定的学习成本；简单的线条和色彩，造成传达的感情不丰富，甚至过于冷淡。

扁平化设计虽然简单，但也需要特别的技巧，否则整个设计会因为过于简单而缺少吸引力，甚至没有个性，不能给用户留下深刻的印象。扁平化设计可以遵循以下4大原则：拒绝使用特效、极简的几何元素、注重版式设计和颜色的多样性。图4.1所示为扁平化图标界面效果。

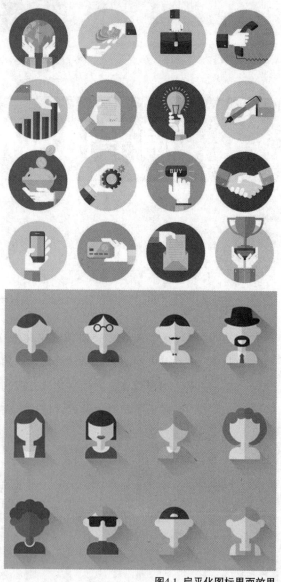

图4.1 扁平化图标界面效果

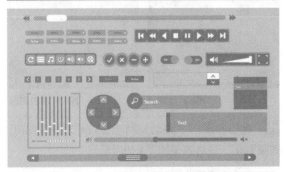

图4.1 扁平化图标界面效果（续）

4.2 系统调整图标

素材位置：无
案例位置：案例文件\第4章\系统调整图标.psd
视频位置：多媒体教学\4.2 系统调整图标.avi
难易指数：★☆☆☆☆

本例讲解系统调整图标制作，设置图标是UI设计中十分常见的一种图标，本例中图标具有直观的设置控制按钮，并且制作过程比较简单，最终

扫码看视频

效果如图4.2所示。

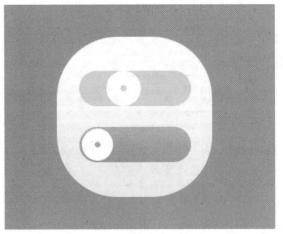

图4.2 最终效果

01 执行菜单栏中的"文件"|"新建"命令，在弹出的对话框中设置"宽度"为500像素，"高度"为400像素，"分辨率"为72像素/英寸，新建一个空白画布，将画布填充为浅紫色（R：185，G：154，B：200）。

02 选择工具箱中的"圆角矩形工具" ■，在选项栏中将"填充"更改为白色，"描边"为无，"半径"为80像素，按住Shift键绘制一个圆角矩形，此时将生成一个"圆角矩形1"图层，如图4.3所示。

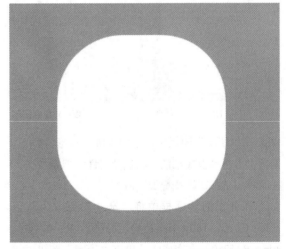

图4.3 绘制圆角矩形

03 在"图层"面板中，单击面板底部的"添加图层样式" *fx* 按钮，在菜单中选择"渐变叠加"命令，在弹出的对话框中将"渐变"更改为灰色

（R：250，G：250，B：250）到白色，完成之后单击"确定"按钮，如图4.4所示。

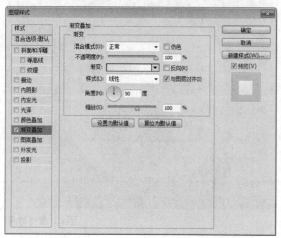

图4.4 设置渐变叠加

04 选择工具箱中的"圆角矩形工具" ，在选项栏中将"填充"更改为灰色（R：220，G：220，B：220），"描边"为无，"半径"为100像素，绘制一个圆角矩形，将生成一个"圆角矩形2"图层，如图4.5所示。

05 将圆角矩形向下移动复制一份，将生成一个"圆角矩形2拷贝"图层，如图4.6所示。

图4.5 绘制图形　　　　图4.6 复制图形

06 在"图层"面板中，选中"圆角矩形2拷贝"图层，单击面板底部的"添加图层样式" fx 按钮，在菜单中选择"渐变叠加"命令。

07 在弹出的对话框中将"渐变"更改为蓝色（R：0，G：180，B：254）到蓝色（R：0，G：206，B：250），完成之后单击"确定"按钮，如图4.7所示。

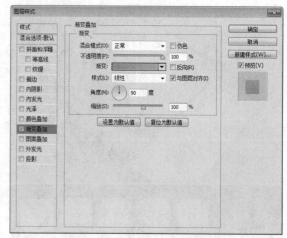

图4.7 设置渐变叠加

08 选择工具箱中的"椭圆工具" ，在选项栏中将"填充"更改为白色，"描边"为无，在上方圆角矩形位置，按住Shift键绘制一个圆形，将生成一个"椭圆1"图层，如图4.8所示。

09 按住Alt键同时，在圆形的中心位置绘制一个小圆形路径，将部分图形减去，如图4.9所示。

图4.8 绘制圆　　　　图4.9 减去图形

10 将小圆形向下移动复制一份，这样就完成了效果制作，最终效果如图4.10所示。

图4.10 最终效果

4.3 通信信息图标

素材位置：无
案例位置：案例文件\第4章\通信信息图标.psd
视频位置：多媒体教学\4.3 通信信息图标.avi
难易指数：★★☆☆☆

本例讲解通信信息图标制作，此款信息图标是以形象化的纸飞机为主视觉图形，制作过程简单，以简洁而实用的主视觉图形与圆形轮廓相结合，整体的视觉效果相当不错，最终效果如图4.11所示。

扫码看视频

图4.11 最终效果

01 执行菜单栏中的"文件"｜"新建"命令，在弹出的对话框中设置"宽度"为500像素，"高度"为400像素，"分辨率"为72像素/英寸，新建一个空白画布。

02 选择工具箱中的"椭圆工具" ●，在选项栏中将"填充"更改为蓝色（R：150；G：220；B：240），"描边"为无，按住Shift键绘制一个圆形，将生成一个"椭圆1"图层，如图4.12所示。

图4.12 绘制圆

03 选择工具箱中的"钢笔工具" ✎，在选项栏中单击"选择工具模式" 路径 ▾ 按钮，在弹出的选项中选择"形状"，将"填充"更改为白色，"描边"更改为无。

04 绘制一个三角形图形，以同样方法再次绘制数个三角形，将图形组合成一个完整的纸飞机图

像，如图4.13所示。

图4.13 绘制图形

05 在纸飞机底部位置绘制一个不规则图形制作阴影效果，这样就完成了效果制作，最终效果如图4.14所示。

图4.14 最终效果

4.4 雷达扫描图标

素材位置：无
案例位置：案例文件\第4章\雷达扫描图标.psd
视频位置：多媒体教学\4.4 雷达扫描图标.avi
难易指数：★☆☆☆☆

本例讲解雷达扫描图标制作，此款图标的特征十分明显，以直观的雷达样式图形与圆形相结合，整个图标表现出很强的可识别性与易用性，最终效果如图4.15所示。

扫码看视频

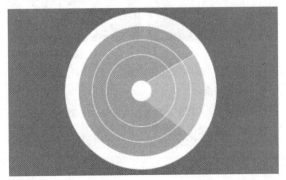

图4.15 最终效果

01 执行菜单栏中的"文件"|"新建"命令，在弹出的对话框中设置"宽度"为500像素，"高度"为400像素，"分辨率"为72像素/英寸，新建一个空白画布，将画布填充为蓝色（R：185，G：154，B：200）。

02 选择工具箱中的"椭圆工具" ●，在选项栏中将"填充"更改为蓝色（R：53，G：140，B：207），"描边"为无，按住Shift键绘制一个圆形，将生成一个"椭圆1"图层，如图4.16所示。

03 在"图层"面板中，选中"椭圆1"图层，将其拖至面板底部的"创建新图层" ▣ 按钮上，复制4个"拷贝"图层，分别将其图层名称更改为"中心""扫描线 2""扫描线""蓝底"及"轮廓"，如图4.17所示。

图4.16 绘制圆　　　　图4.17 复制图层

04 选中"蓝底"图层，将其"填充"更改为蓝色（R：55，G：198，B：255），再按Ctrl+T组合键对其执行"自由变换"命令，将图形等比缩小，完成之后按Enter键确认，如图4.18所示。

图4.18 缩小图形

技巧与提示

在对当前图层中图形进行编辑时，注意先将其上方图形所在图层暂时隐藏。

05 选中"扫描线"图层，将其"填充"更改为无，"描边"为白色，"宽度"为1像素，按Ctrl+T组合键对其执行"自由变换"命令，将图形等比缩小，完成之后按Enter键确认，以同样方法选中"扫描线 2"图层，以同样方法对其进行变形，如图4.19所示。

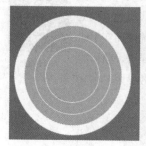

图4.19 将图形变形

06 选择工具箱中的"钢笔工具" ✐，在选项栏中单击"选择工具模式" 路径 按钮，在弹出的选项中选择"形状"，将"填充"更改为白色，"描边"更改为无。

07 在圆形靠右侧位置绘制一个三角形图形，将生成一个"形状 1"图层，将其移至"蓝底"图层上方，如图4.20所示。

08 执行菜单栏中的"图层"|"创建剪贴蒙版"命令，为当前图层创建剪贴蒙版，将部分图像隐藏，再将其图层"不透明度"更改为40%，如图4.21所示。

图4.20 绘制图形　　　图4.21 创建剪贴蒙版

09 选择工具箱中的"直线工具" ╱，在选项栏中将"填充"更改为白色，"描边"为无，"粗细"更改为1像素，沿三角形顶部边缘绘制一条线段，这样就完成了效果制作，最终效果如图4.22所示。

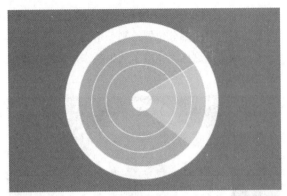

图4.22　最终效果

4.5　录像摄像图标

素材位置：无
案例位置：案例文件\第4章\录像摄像图标.psd
视频位置：多媒体教学\4.5　录像摄像图标.avi
难易指数：★★☆☆☆

本例讲解录像摄像图标制作，此款图标在制作过程中以录像机为原型，通过多个圆角矩形叠加制作出轮廓，再与录像机图形相结合，整个图标具有很强的主题特征，带来不错的可识别性及实用性，最终效果如图4.23所示。

扫码看视频

图4.23　最终效果

01　执行菜单栏中的"文件"|"新建"命令，在弹出的对话框中设置"宽度"为500像素，"高度"为400像素，"分辨率"为72像素/英寸，新建一个空白画布，将画布填充为深灰色（R：50，G：54，B：66）。

02　选择工具箱中的"圆角矩形工具"，在选项栏中将"填充"更改为白色，"描边"为无，

"半径"为80像素，按住Shift键绘制一个圆角矩形，此时将生成一个"圆角矩形1"图层，如图4.24所示。

03　以同样方法再次绘制一个红色（R：195，G：24，B：41），"描边"为无，"半径"为30像素的圆角矩形，此时将生成一个"圆角矩形2"图层，将其图层"不透明度"更改为50%，如图4.25所示。

图4.24　绘制圆角矩形　　　图4.25　更改不透明度

04　选择工具箱中的"圆角矩形工具"，在选项栏中将"填充"更改为白色，"描边"为无，"半径"为50像素，按住Shift键绘制一个圆角矩形，此时将生成一个"圆角矩形3"图层，如图4.26所示。

05　按Ctrl+T组合键对图形执行"自由变换"命令，当出现对话框以后，在选项栏中"旋转"后方的文本框中输入45，完成之后按Enter键确认，再根据下方图形适当等比缩小，如图4.27所示。

　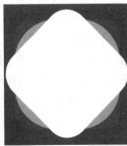

图4.26　绘制图形　　　图4.27　旋转图形

06　选择工具箱中的"圆角矩形工具"，在选项栏中将"填充"更改为红色（R：225，G：79，B：80），"描边"为无，"半径"为5像素，绘制一个圆角矩形，将生成一个"圆角矩形4"图层，如图4.28所示。

07　选择工具箱中的"椭圆工具"，按住Alt键

71

绘制一个圆形路径，如图4.29所示。

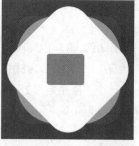 

图4.28 绘制图形　　　　　　图4.29 绘制路径

08 选择工具箱中的"圆角矩形工具" ⬜，按住Shift键绘制一个圆角矩形，将生成一个"圆角矩形4"图层，如图4.30所示。

09 按Ctrl+T组合键对图形执行"自由变换"命令，当出现对话框以后，在选项栏中"旋转"后方文本框中输入45，完成之后按Enter键确认，如图4.31所示。

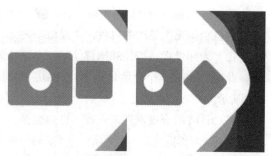

图4.30 绘制图形　　　　　　图4.31 旋转图形

10 选择工具箱中的"直接选择工具" ▶，选中图形右侧锚点将其删除，再将图形向左侧平移，如图4.32所示。

11 选择工具箱中的"椭圆工具" ⬭，在选项栏中将"填充"更改为红色（R：225，G：79，B：80），"描边"为无，在图形左侧按住Shift键绘制一个圆形，如图4.33所示。

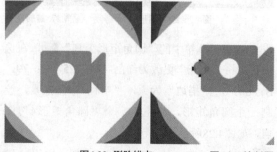

图4.32 删除锚点　　　　　　图4.33 绘制圆

12 选择工具箱中的"矩形工具" ⬛，按住Alt键同时在圆形右半部分位置绘制一个矩形路径，将部分图形减去，这样就完成了效果制作，最终效果如图4.34所示。

图4.34 最终效果

4.6 小雨伞图标

素材位置：无
案例位置：案例文件\第4章\小雨伞图标.psd
视频位置：多媒体教学\4.6 小雨伞图标.avi
难易指数：★★☆☆☆

本例讲解小雨伞图标制作，此款图标在制作过程中以大半圆角矩形为基础图形，以椭圆为辅助图形，将两者相结合，并绘制线条突出雨伞特征，整个制作过程比较简单，最终效果如图4.35所示。

扫码看视频

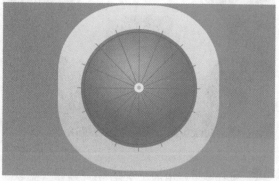

图4.35 最终效果

01 执行菜单栏中的"文字"|"新建"命令，在弹出的对话框中设置"宽度"为500像素，"高度"为400像素，"分辨率"为72像素/英寸，新建一个空白画布。

02 选择工具箱中的"渐变工具" ⬛，编辑浅红色（R：205，G：142，B：160）到浅紫色（R：165，G：143，B：207）的渐变，单击选项栏中的"线性渐变" 按钮，在画布中拖动填充渐变，如图4.36所示。

图4.36 填充渐变

03 选择工具箱中的"圆角矩形工具" ，在选项栏中将"填充"更改为黑色，"描边"为无，"半径"为120像素，绘制一个圆角矩形，将生成一个"圆角矩形1"图层，如图4.37所示。

图4.37 绘制圆角矩形

04 在"图层"面板中，单击面板底部的"添加图层样式" 按钮，在菜单中选择"渐变叠加"命令。

05 在弹出的对话框中将"渐变"更改为浅黄色（R：224，G：208，B：196）到浅黄色（R：250，G：240，B：230），完成之后单击"确定"按钮，如图4.38所示。

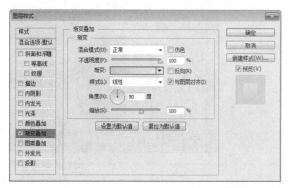

图4.38 设置渐变叠加

06 选择工具箱中的"椭圆工具" ，在选项栏中将"填充"更改为黑色，"描边"为无，在圆角矩形中间位置按住Shift键绘制一个圆形，将生成一个"椭圆1"图层，如图4.39所示。

07 在"图层"面板中，选中"椭圆1"图层，将其拖至面板底部的"创建新图层" 按钮上，复制一个"椭圆1拷贝"图层，如图4.40所示。

图4.39 绘制图形　　　　**图4.40 复制图层**

08 在"图层"面板中，选中"椭圆1"图层，单击面板底部的"添加图层样式" 按钮，在菜单中选择"渐变叠加"命令。

09 在弹出的对话框中将"渐变"更改为红色（R：252，G：164，B：146）到红色（R：230，G：65，B：65），"样式"为径向，完成之后单击"确定"按钮，如图4.41所示。

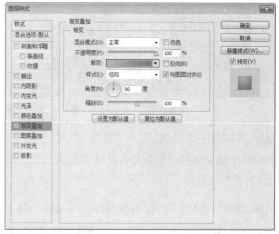

图4.41 添加渐变叠加

10 选中"椭圆1拷贝"图层，将"填充"更改为无，"描边"为红色（R：216，G：30，B：30），"宽度"为1点，再将其等比缩小，如图4.42所示。

图4.42 变换图形

图4.45 复制图层

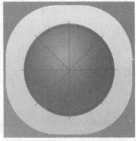

图4.46 旋转线段

⑪ 选择工具箱中的"直线工具" ✎，在选项栏中将"填充"更改为红色（R：230，G：65，B：65），"描边"为无，"粗细"更改为1像素，按住Shift键绘制一条线段，将生成一个"形状1"图层，如图4.43所示。

⑫ 在"图层"面板中，选中"形状1"图层，将其拖至面板底部的"创建新图层" ▣ 按钮上，复制一个"形状1拷贝"图层。

⑬ 按Ctrl+T组合键执行"自由变换"命令，单击鼠标右键，从弹出的快捷菜单中选择"旋转90度（顺时针）"命令，完成之后按Enter键确认，如图4.44所示。

⑰ 以同样方法将图层合并及复制，并旋转制作雨伞特征效果，如图4.47所示。

⑱ 选择工具箱中的"椭圆工具" ⬤，在选项栏中将"填充"更改为浅黄色（R：252，G：247，B：240），"描边"为无，在圆形的中心位置按住Shift键绘制一个圆形，将生成一个"椭圆2"图层，如图4.48所示。

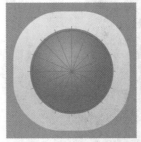

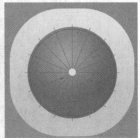

图4.47 复制图形   图4.48 绘制圆

⑲ 在"图层"面板中，选中"椭圆2"图层，将其拖至面板底部的"创建新图层" ▣ 按钮上，复制一个"椭圆2拷贝"图层。

⑳ 选中"椭圆2拷贝"图层，将其"填充"为黄色（R：224，G：188，B：138），再按Ctrl+T组合键对其执行"自由变换"命令，将图形等比缩小，完成之后按Enter键确认，如图4.49所示。

图4.43 绘制线段   图4.44 旋转线段

⑭ 同时选中"形状1"及"形状1拷贝"图层，按Ctrl+E组合键将图层合并，此时将生成一个"形状1拷贝"图层。

⑮ 将"形状1拷贝"图层拖至面板底部的"创建新图层" ▣ 按钮上，复制一个"形状1拷贝2"图层，如图4.45所示。

⑯ 按Ctrl+T组合键对复制的线段，执行"自由变换"命令，出现对话框后在选项栏中"旋转"后方的文本框中输入45，完成之后按Enter键确认，如图4.46所示。

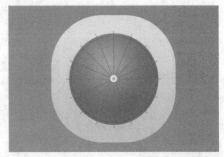

图4.49 最终效果

4.7 邮箱通信图标

素材位置：无
案例位置：案例文件\第4章\邮箱通信图标.psd
视频位置：多媒体教学\4.7 邮箱通信图标.avi
难易指数：★★☆☆☆

本例讲解邮箱通信图标制作，此款图标以简洁的邮件造型为主视觉，通过绘制彩色条纹边框图像，为圆角矩形添加装饰，即可完成整个图标制作，最终效果如图4.50所示。

扫码看视频

图4.50 最终效果

4.7.1 制作轮廓

①　执行菜单栏中的"文件"|"新建"命令，在弹出的对话框中设置"宽度"为500像素，"高度"为400像素，"分辨率"为72像素/英寸，新建一个空白画布，将画布填充为灰色（R：217，G：222，B：215）。

②　选择工具箱中的"圆角矩形工具" ，在选项栏中将"填充"更改为浅灰色（R：242，G：241，B：239），"描边"为无，"半径"为20像素，按住Shift键绘制一个圆角矩形，将生成一个"圆角矩形1"图层，如图4.51所示。

图4.51 绘制圆角矩形

③　选择工具箱中的"矩形工具" ，在选项栏中将"填充"更改为灰色（R：246，G：246，B：246），"描边"为无，按住Shift键绘制一个矩形，将生成一个"矩形1"图层。

④　按Ctrl+T组合键对矩形执行"自由变换"命令，出现对话框后在选项栏中"旋转"后方的文本框中输入45，完成之后按Enter键确认，如图4.52所示。

⑤　执行菜单栏中的"图层"|"创建剪贴蒙版"命令，为当前图层创建剪贴蒙版，将部分图形隐藏，如图4.53所示。

图4.52 绘制图形　　　图4.53 创建剪贴蒙版

⑥　选择工具箱中的"圆角矩形工具" ，以同样方法绘制一个相似圆角矩形，并为其创建剪贴蒙版，将生成一个"圆角矩形2"图层，如图4.54所示。

图4.54 绘制圆角矩形

⑦　在"图层"面板中，选中"圆角矩形2"图层，将其拖至面板底部的"创建新图层" 按钮上，复制一个"圆角矩形2拷贝"图层，如图4.55所示。

⑧　选中"圆角矩形 2"图层，将其"填充"更改为灰色（R：227，G：226，B：225），再选择工具箱中的"直接选择工具" ，向下拖动圆角矩形底部两个锚点将图形变形，如图4.56所示。

图4.55 复制图层　　　　图4.56 拖动锚点

4.7.2 制作细节图形

(01) 选择工具箱中的"矩形工具" ■，在选项栏中将"填充"更改为青色（R：211，G：230，B：138），"描边"为无，绘制一个细长矩形并适当旋转，将生成一个"矩形 2"图层，如图4.57所示。

(02) 按Ctrl+Alt+T组合键将矩形向右下角移动复制一份，如图4.58所示。

图4.57 绘制图形　　　　图4.58 变换复制

(03) 按住Ctrl+Alt+Shift组合键同时按T键多次，执行多重复制命令，将图形复制多份，将生成多个图层，如图4.59所示。

(04) 选中相隔一个图形所在图层，将其图形"填充"更改为红色（R：244，G：128，B：105），如图4.60所示。

图4.59 多重复制　　　　图4.60 更改颜色

(05) 以同样方法更改其他图形颜色，如图4.61所示。

(06) 同时选中所有和"矩形2"相关图层，按Ctrl+G组合键将其编组，将生成一个"组1"组，按Ctrl+E组合键将其合并，将生成一个"组1"图层，如图4.62所示。

图4.61 更改颜色　　　　图4.62 合并组

(07) 按住Ctrl键单击"圆角矩形 1"图层缩览图，将其载入选区，如图4.63所示。

(08) 选择工具箱中的"矩形选框工具" ▯，按住Alt键同时绘制一个矩形选区，如图4.64所示。

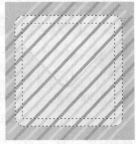

图4.63 载入选区　　　　图4.64 绘制选区

(09) 按Delete键将选区中图像删除，完成之后按Ctrl+D组合键将选区取消，如图4.65所示。

(10) 选择工具箱中的"横排文字工具" T，添加文字（Arial Bold），如图4.66所示。

图4.65 删除图像　　　　图4.66 添加文字

⑪ 选中"@"图层，将其图层混合模式设置为"正片叠底"，"不透明度"更改为50%，这样就完成了效果制作，最终效果如图4.67所示。

图4.67 最终效果

4.8 资讯图标

素材位置：无
案例位置：案例文件\第4章\资讯图标.psd
视频位置：多媒体教学\4.8 资讯图标.avi
难易指数：★★★☆☆

本例讲解资讯图标制作，本例的制作同其他扁平化图标相似，制作十分简单，在制作过程中以体现新闻及前沿信息为主，所以以蓝色作为图标主色调，最终效果如图4.68所示。

扫码看视频

图4.68 最终效果

4.8.1 制作纯色背景

① 执行菜单栏中的"文件"|"新建"命令，在弹出的对话框中设置"宽度"为600像素，"高度"为500像素，"分辨率"为72像素/英寸，新建一个空白画布，将画布填充为深蓝色（R：30，G：36，B：42），如图4.69所示。

② 选择工具箱中的"椭圆工具"，在选项栏中将"填充"更改为白色，"描边"为无，在画布中间位置按住Shift键绘制一个圆形，此时将生成一个"椭圆1"图层，选中"椭圆1"图层，将其拖至面板底部的"创建新图层"按钮上，复制一个"椭圆1拷贝"图层，如图4.70所示。

图4.69 新建画布

图4.70 复制图层

③ 在"图层"面板中，选中"椭圆1"图层，单击面板底部的"添加图层样式"按钮，在菜单中选择"渐变叠加"命令，在弹出的对话框中将"渐变"更改为蓝色（R：13，G：132，B：236）到蓝色（R：30，G：154，B：254），完成之后单击"确定"按钮，如图4.71所示。

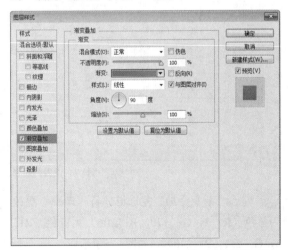

图4.71 设置渐变叠加

77

04 选中"椭圆 1 拷贝"图层，按Ctrl+T组合键对其执行"自由变换"命令，将图像等比缩小，完成之后按Enter键确认，如图4.72所示。

05 选择工具箱中的"直接选择工具" ，选中椭圆图形顶部锚点，按Delete键将其删除，如图4.73所示。

图4.72 缩小图形　　　　　图4.73 删除锚点

06 在"图层"面板中，选中"椭圆1拷贝"图层，单击面板底部的"添加图层样式" fx 按钮，在菜单中选择"内阴影"命令，在弹出的对话框中将"混合模式"更改为柔光，"颜色"更改为白色，取消"使用全局光"复选框，"角度"更改为90度，"距离"更改为1像素，"大小"更改为1像素，如图4.74所示。

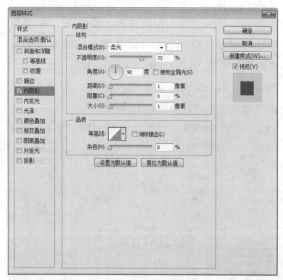

图4.74 设置内阴影

07 勾选"渐变叠加"复选框，将"渐变"更改为蓝色（R：3，G：170，B：206）到青色（R：5，G：211，B：248），如图4.75所示。

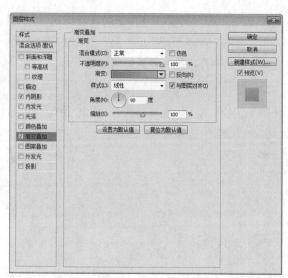

图4.75 设置渐变叠加

08 勾选"投影"复选框，将"不透明度"更改为50%，取消"使用全局光"复选框，"角度"更改为90度，"距离"更改为1像素，"大小"更改为1像素，完成之后单击"确定"按钮，如图4.76所示。

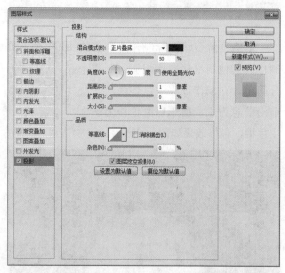

图4.76 设置投影

09 选择工具箱中的"矩形工具" ，在选项栏中将"填充"更改为灰色（R：225，G：234，B：240），"描边"为无，在半圆图形上方位置绘制一个矩形，此时将生成一个"矩形1"图层，将"矩形1"移至"椭圆1拷贝"图层下方，如图4.77所示。

图4.77 绘制图形

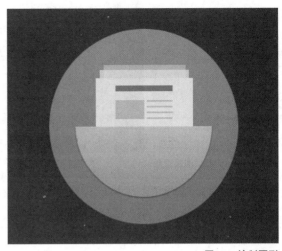

图4.81 绘制图形

⑩ 在"图层"面板中，选中"矩形1"图层，将其拖至面板底部的"创建新图层" ■ 按钮上，复制"矩形1拷贝"及"矩形1拷贝2"两个新的图层，如图4.78所示。

⑪ 选中"矩形1拷贝2"图层，将其图层"不透明度"更改为80%，按Ctrl+T组合键对其执行"自由变换"命令，将图形宽度缩小并向上移动，完成之后按Enter键确认，如图4.79所示。

图4.78 复制图层　　图4.79 变换图形

⑫ 选中"矩形1拷贝2"图层，将其图层"不透明度"更改为50%，以刚才同样的方法缩小图形宽度并向上移动，如图4.80所示。

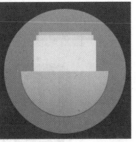

图4.80 变换图形

⑬ 选择工具箱中的"矩形工具" ■ ，在刚才绘制的矩形图形位置绘制数个灰色图形，如图4.81所示。

4.8.2 添加投影

① 选择工具箱中的"钢笔工具" ，在选项栏中单击"选择工具模式" 路径 按钮，在弹出的选项中选择"形状"，将"填充"更改为深蓝色（R：4，G：93，B：140），"描边"更改为无，在半圆图形右下角位置绘制一个不规则图形，此时将生成一个"形状1"图层，将"形状1"图层移至"椭圆1拷贝"图层下方，如图4.82所示。

图4.82 绘制图形

② 在"图层"面板中，选中"形状1"图层，单击面板底部的"添加图层蒙版" ■ 按钮，为其添加图层蒙版，如图4.83所示。

③ 按住Ctrl键单击"椭圆1"图层缩览图，将其载入选区，执行菜单栏中的"选择"|"反向"命令将选区反向，将选区填充为黑色，将部分图形隐藏，完成之后按Ctrl+D组合键将选区取消，如图4.84所示。

79

图4.83 添加图层蒙版　　　图4.84 隐藏图形

04 在"图层"面板中，选中"椭圆 1"图层，将其拖至面板底部的"创建新图层" 按钮上，复制一个"椭圆1拷贝2"图层，如图4.85所示。

05 选择工具箱中的"直接选择工具" ，选中椭圆图形左侧锚点，按Delete键将其删除，再将图形适当旋转，如图4.86所示。

图4.85 复制图层　　　图4.86 删除锚点

06 在"图层"面板中，选中"椭圆1拷贝2"图层，将其图层混合模式设置为"柔光"，"不透明度"更改为30%，这样就完成了效果制作，最终效果如图4.87所示。

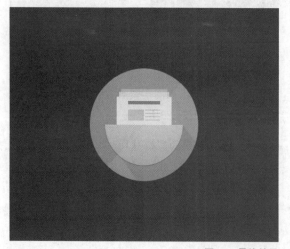

图4.87 最终效果

4.9 辅助手电图标

素材位置： 无
案例位置： 案例文件\第4章\辅助手电图标.psd
视频位置： 多媒体教学\4.9 辅助手电图标.avi
难易指数： ★★☆☆☆

本例讲解辅助手电图标制作，此款图标以灯泡图像为参照，以简洁直观的手法进行绘制，整个图标表现出完美的灯源特征，其制作过程比较简单，最终效果如图4.88所示。

扫码看视频

图4.88 最终效果

4.9.1 绘制主图形

01 执行菜单栏中的"文件"|"新建"命令，在弹出的对话框中设置"宽度"为500像素，"高度"为400像素，"分辨率"为72像素/英寸，新建一个空白画布。

02 选择工具箱中的"圆角矩形工具" ，在选项栏中将"填充"更改为黑色，"描边"为无，"半径"为20像素，按住Shift键绘制一个圆角矩形，将生成一个"圆角矩形1"图层，如图4.89所示。

图4.89 绘制圆角矩形

03　在"图层"面板中，单击面板底部的"添加图层样式" fx 按钮，在菜单中选择"渐变叠加"命令。

04　在弹出的对话框中将"渐变"更改为紫色（R：76，G：84，B：185）到紫色（R：120，G：117，B：228），完成之后单击"确定"按钮，如图4.90所示。

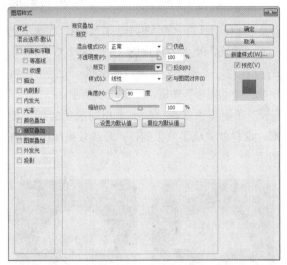

图4.90　设置渐变叠加

05　选择工具箱中的"椭圆工具" ，在选项栏中将"填充"更改为浅黄色（R：249，G：248，B：227），"描边"为无，按住Shift键绘制一个圆形，将生成一个"椭圆1"图层，如图4.91所示。

06　选择工具箱中的"直接选择工具" ，选中圆底部锚点将其删除，如图4.92所示。

图4.91　绘制图形　　　图4.92　删除锚点

07　选择工具箱中的"椭圆工具" ，再按住Shift键绘制一个黑色圆形，将其移至"椭圆1"图层下方，如图4.93所示。

图4.93　绘制圆

4.9.2　处理光效

01　在"图层"面板中，单击面板底部的"添加图层样式" fx 按钮，在菜单中选择"渐变叠加"命令。

02　在弹出的对话框中将"渐变"更改为黄色（R：252，G：251，B：176）到黄色（R：242，G：217，B：52），"样式"更改为径向，如图4.94所示。

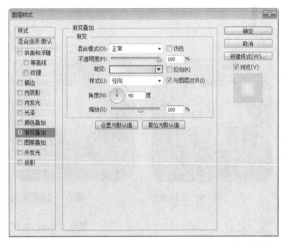

图4.94　设置渐变叠加

03　勾选"外发光"复选框，将"混合模式"更改为滤色，"不透明度"更改为30%，"颜色"更改为黄色（R：255，G：240，B：0），"大小"更改为10像素，完成之后单击"确定"按钮，如图4.95所示。

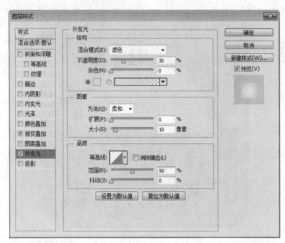

图4.95 设置外发光

04 选择工具箱中的"矩形工具" ，在选项栏中将"填充"更改为蓝色（R：68，G：73，B：177），"描边"为无，绘制一个矩形，将生成一个"矩形1"图层，如图4.96所示。

05 在"图层"面板中，选中"矩形1"图层，单击面板底部的"添加图层蒙版" 按钮，为其添加图层蒙版。

06 选择工具箱中的"渐变工具" ，编辑黑色到白色的渐变，单击选项栏中的"线性渐变" 按钮，在图形上拖动，将部分图形隐藏，如图4.97所示。

图4.96 绘制图形　　　　　图4.97 隐藏图形

07 选择工具箱中的"椭圆工具" ，在选项栏中将"填充"更改为黄色（R：251，G：247，B：162），"描边"为无，绘制一个椭圆图形，将生成一个"椭圆3"图层，如图4.98所示。

08 以刚才同样方法为其添加图层蒙版，将部分图形隐藏，如图4.99所示。

图4.98 绘制图形　　　　　图4.99 隐藏图形

09 选择工具箱中的"矩形工具" ，在选项栏中将"填充"更改为浅黄色（R：249，G：248，B：227），"描边"为无，再绘制一个矩形，将生成一个"矩形"图层，如图4.100所示。

10 在矩形顶部再绘制一个相同颜色的细长矩形，这样就完成了效果制作，最终效果如图4.101所示。

图4.100 绘制图形　　　　　图4.101 最终效果

4.10 天气启动图标及界面

素材位置：调用素材\第4章\天气启动图标及界面
案例位置：案例文件\第4章\天气启动图标.psd、天气界面制作.psd
视频位置：多媒体教学\4.10 天气启动图标及界面.avi
难易指数：★★★★☆

本例讲解生活天气启动图标及界面制作，此款天气图标制作十分简单，以直观的圆角矩形与圆形相结合，整个图标表现出十分简洁而实用的视觉效果，最终效果如图4.102所示。

扫码看视频

图4.102 最终效果

图4.102 最终效果（续）

4.10.1 启动图标制作

01 执行菜单栏中的"文件"|"新建"命令，在弹出的对话框中设置"宽度"为500像素，"高度"为400像素，"分辨率"为72像素/英寸，新建一个空白画布。

02 选择工具箱中的"圆角矩形工具" ，在选项栏中将"填充"更改为白色，"描边"为无，"半径"为80像素，按住Shift键绘制一个圆角矩形，此时将生成一个"圆角矩形1"图层，如图4.103所示。

图4.103 绘制圆角矩形

03 在"图层"面板中，单击面板底部的"添加图层样式" fx 按钮，在菜单中选择"渐变叠加"命令，在弹出的对话框中将"渐变"更改为蓝色（R：30，G：110，B：216）到蓝色（R：15，G：166，B：224），"角度"为130度，完成之后单击"确定"按钮，如图4.104所示。

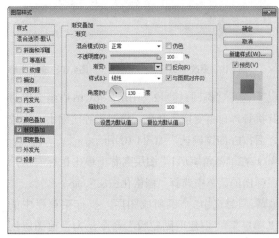

图4.104 设置渐变叠加

04 选择工具箱中的"椭圆工具" ，在选项栏中将"填充"更改为黄色（R：255，G：248，B：44），"描边"为无，在圆角矩形右下角位置，按住Shift键绘制一个圆形，将生成一个"椭圆 1"图层，如图4.105所示。

05 在"图层"面板中，选中"椭圆1"图层，将其拖至面板底部的"创建新图层" 按钮上，复制"椭圆1拷贝"及"椭圆1拷贝2"两个新图层，如图4.106所示。

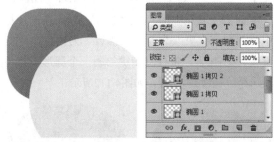

图4.105 绘制图形　　图4.106 复制图层

06 选中"椭圆1"图层，将其图层"不透明度"更改为30%，如图4.107所示。

07 选中"椭圆1拷贝"图层，将其图层"不透明度"更改为70%，再按Ctrl+T组合键对其执行"自由变换"命令，将图形等比缩小，完成之后按Enter键确认，如图4.108所示。

83

图4.107 更改不透明度

图4.108 缩小图形

⑧ 选中"椭圆1拷贝2"图层，按Ctrl+T组合键对其执行"自由变换"命令，将图形等比缩小，完成之后按Enter键确认，如图4.109所示。

⑨ 在"圆角矩形1"图层名称上单击鼠标右键，在弹出的菜单中选择"栅格化图层"命令。

⑩ 同时选中3个圆所成图层，执行菜单栏中的"图层"|"创建剪贴蒙版"命令，为当前图层创建剪贴蒙版，将部分图像隐藏，如图4.110所示。

图4.109 缩小图形

图4.110 创建剪贴蒙版

⑪ 选择工具箱中的"横排文字工具" T，添加文字（方正兰亭超细黑简体），如图4.111所示。

⑫ 选择工具箱中的"椭圆工具" ●，在选项栏中将"填充"更改为无，"描边"为白色，"宽度"为0.5像素，按住Shift键绘制一个圆形，将生成一个"椭圆2"图层，如图4.112所示。

图4.111 添加文字

图4.112 绘制图形

4.10.2 绘制界面背景

① 执行菜单栏中的"文件"|"新建"命令，在弹出的对话框中设置"宽度"为750像素，"高度"为1334像素，"分辨率"为72像素/英寸，新建一个空白画布，执行菜单栏中的"文件"|"打开"命令，打开"状态栏.psd"文件，将其拖至界面顶部，如图4.113所示。

② 选择工具箱中的"矩形工具" ■，在选项栏中将"填充"更改为黑色，"描边"为无，绘制一个矩形，将生成一个"矩形 1"图层，如图4.114所示。

图4.113 添加素材　　　　图4.114 绘制图形

③ 在"图层"面板中，单击面板底部的"添加图层样式" fx 按钮，在菜单中选择"渐变叠加"命令。

④ 在弹出的对话框中将"渐变"更改为深紫色（R：20，G：11，B：34）到浅红色（R：147，G：81，B：77），完成之后单击"确定"按钮，如图4.115所示。

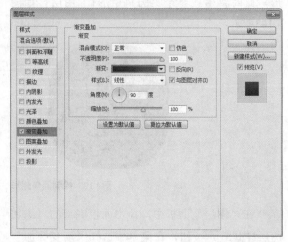
图4.115 设置渐变叠加

84

05 在"图层"面板中，选中"矩形1"图层，单击面板底部的"添加图层蒙版" 按钮，为其添加图层蒙版。

06 选择工具箱中的"渐变工具" ，编辑黑色到白色的渐变，单击选项栏中的"线性渐变" 按钮，在图形上拖动，将部分图形隐藏，如图4.116所示。

图4.116 隐藏图形

07 选择工具箱中的"椭圆工具" ，在选项栏中将"填充"更改为黄色（R：255，G：251，B：139），"描边"为无，绘制一个椭圆图形，将生成一个"椭圆1"图层，如图4.117所示。

08 执行菜单栏中的"滤镜"|"模糊"|"高斯模糊"命令，在弹出的对话框中将"半径"更改为60像素，完成之后单击"确定"按钮，如图4.118所示。

图4.117 绘制图形　　图4.118 添加高斯模糊

09 执行菜单栏中的"滤镜"|"模糊"|"动感模糊"命令，在弹出的对话框中将"角度"更改为0，"距离"更改为600像素，设置完成之后单击

"确定"按钮，如图4.119所示。

10 选中"椭圆 1"图层，将其图层混合模式设置为"叠加"，如图4.120所示。

图4.119 添加动感模糊　图4.120 设置图层混合模式

11 选择工具箱中的"画笔工具" ，在画布中单击鼠标右键，在弹出的面板中选择一种圆角笔触，将"大小"更改为500像素，"硬度"更改为0%，在选项栏中将"不透明度"更改为10%，如图4.121所示。

12 单击面板底部的"创建新图层" 按钮，新建一个"图层1"图层，在画布中间位置从左向右涂抹添加高光过渡效果，如图4.122所示。

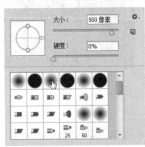

图4.121 设置笔触　　图4.122 添加高光

13 单击面板底部的"创建新图层" 按钮，新建一个"图层1"图层，将其填充为黑色。

14 执行菜单栏中的"滤镜"|"杂色"|"添加杂色"命令，在弹出的对话框中分别"高斯分布""复选"按钮及"单色"复选框，将"数量"更改为30%，完成之后单击"确定"按钮，如图4.123所示。

15 执行菜单栏中的"滤镜"|"模糊"|"高斯模糊"命令，在弹出的对话框中将"半径"更改为0.5像素，完成之后单击"确定"按钮，如图4.124所示。

图4.123 添加杂色　　　　图4.124 添加高斯模糊

⑯　执行菜单栏中的"图像"|"调整"|"色阶"命令，在弹出的对话框中将数值更改为（88，1.65，150），完成之后单击"确定"按钮，如图4.125所示。

⑰　执行菜单栏中的"图像"|"调整"|"色相/饱和度"命令，在弹出的对话框中勾选"着色"复选框，将数值更改为196，完成之后单击"确定"按钮，如图4.126所示。

图4.125 调整色阶　　　　图4.126 调整色相

⑱　在"图层"面板中，选中"图层1"图层，单击面板底部的"添加图层蒙版"按钮，为其图层添加图层蒙版，如图4.127所示。

⑲　选择工具箱中的"画笔工具"，在画布中单击鼠标右键，在弹出的面板中选择一种圆角笔触，将"大小"更改为250像素，"硬度"更改为0%，如图4.128所示。

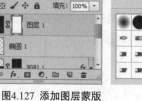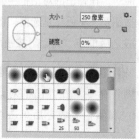

图4.127 添加图层蒙版　　　图4.128 设置笔触

4.10.3 制作界面细节

①　将前景色更改为黑色，在图像上部分区域涂抹将其隐藏，如图4.129所示。

②　选择工具箱中的"横排文字工具"T，添加文字（方正兰亭超细黑、方正兰亭细黑），如图4.130所示。

图4.129 隐藏图像　　　　图4.130 添加文字

技巧与提示

在隐藏图像时可不断地适当更改画笔不透明度，这样经过隐藏后的星星过渡效果更加自然。

③　选择工具箱中的"椭圆工具"，在选项栏中将"填充"更改为无，"描边"为白色，"宽度"为2像素，按住Shift键绘制一个小圆形，将小圆复制一份，如图4.131所示。

图4.131 绘制及复制图形

④　执行菜单栏中的"文件"|"打开"命令，打开"天气.psd"文件，将打开的素材拖入画布中部分文字旁边位置并适当缩小，如图4.132所示。

图4.132 添加素材

图4.135 多重复制　　　　图4.136 隐藏图形

⑩　选择工具箱中的"横排文字工具" T，添加文字，如图4.137所示。

图4.137 添加文字

⑤　选择工具箱中的"椭圆工具" ⬭，在选项栏中将"填充"更改为无，"描边"为白色，"宽度"为3像素，按住Shift键绘制一个小圆形，将生成一个"椭圆3"图层，如图4.133所示。

⑥　按Ctrl+Alt+T组合键将圆向右侧平移复制一份，如图4.134所示。

图4.133 绘制图形　　　　图4.134 变换复制

⑦　按住Ctrl+Alt+Shift组合键，同时按T键多次，执行多重复制命令，将图形复制多份，如图4.135所示。

⑧　在"图层"面板中，选中"椭圆3"图层，单击面板底部的"添加图层蒙版" ▣ 按钮，为其添加图层蒙版。

⑨　选择工具箱中的"渐变工具" ▬，编辑黑色到白色的渐变，单击选项栏中的"线性渐变" ▬ 按钮，在图形上拖动，将部分图形隐藏，如图4.136所示。

⑪　在"画笔"面板中，选择一个圆角笔触，将"大小"更改为20像素，"间距"更改为1000%，如图4.138所示。

⑫　勾选"形状动态"复选框，将"大小抖动"更改为100%，如图4.139所示。

图4.138 设置画笔笔尖形状　　　　图4.139 设置形状动态

87

⑬ 勾选"散布"复选框,将"散布"更改为1000%,如图4.140所示。

⑭ 勾选"平滑"复选框,如图4.141所示。

图4.140 设置散布   图4.141 勾选"平滑"

⑮ 单击面板底部的"创建新图层" 按钮,新建一个"图层2"图层,将前景色更改为白色,在适当位置单击添加图像,如图4.142所示。

⑯ 在"图层"面板中,单击面板底部的"添加图层样式" fx 按钮,在菜单中选择"外发光"命令。

⑰ 在弹出的对话框中将"大小"更改为35像素,完成之后单击"确定"按钮,如图4.143所示。

图4.142 添加图像   图4.143 添加外发光

⑱ 执行菜单栏中的"文件"|"打开"命令,打开"图标.psd"文件,将打开的素材拖入画布中并适当缩小,如图4.144所示。

⑲ 选择工具箱中的"横排文字工具" T,添加文字,如图4.145所示。

图4.144 添加素材   图4.145 添加文字

⑳ 选择工具箱中的"直线工具" /,在选项栏中将"填充"更改为无,"描边"为白色,"粗细"更改为3像素,在界面靠底部按住Shift键绘制一条线段,将生成一个"形状1"图层,如图4.146所示。

㉑ 选中"形状1"图层,将其图层"填充"更改为30%,如图4.147所示。

图4.146 绘制线段   图4.147 更改不透明度

㉒ 选择工具箱中的"椭圆工具" ,在选项栏中将"填充"更改为白色,"描边"为无,在线段右侧按住Shift键绘制一个圆形,将生成一个"椭圆4"图层,如图4.148所示。

㉓ 选中"椭圆4"图层,将其"填充"更改为无,"描边"为白色,"宽度"为2像素,再按Ctrl+T组合键对其执行"自由变换"命令,将图形等比放大,完成之后按Enter键确认,如图4.149所示。

图4.148　绘制图形

图4.149　放大图形

㉔ 选中"椭圆4拷贝"图层，将其图层"不透明度"更改为50%，如图4.150所示。

㉕ 在"图层"面板中，单击面板底部的"添加图层样式" 𝑓𝑥 按钮，在菜单中选择"外发光"命令。

㉖ 在弹出的对话框中将"不透明度"更改为100%，"大小"更改为20像素，完成之后单击"确定"按钮，这样就完成了效果制作，最终效果如图4.151所示。

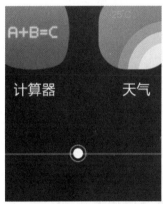
图4.150　更改图层不透明度

图4.151　最终效果

4.11　本章小结

本章首先对扁平化及设计概念进行了详细的剖析，然后通过大量的实例，让读者掌握扁平化风格图标的制作技巧。

4.12　课后习题

本章通过两个扁平风格的课后习题安排，供读者练习，以巩固前面所学习的内容，提高对扁平化风格图标设计的认知。

4.12.1　课后习题1——便签图标设计

素材位置：	无
案例位置：	案例文件\第4章\便签图标设计.psd
视频位置：	多媒体教学\4.12.1 课后习题1——便签图标设计.avi
难易指数：	★★☆☆☆

本例讲解便签图标设计制作，此款图标的配色及造型效果均十分简单，并且可识别性极强，通过简洁的表达，也十分完美地符合当下的图标流行趋势。最终效果如图4.152所示。

扫码看视频

图4.152　最终效果

步骤分解如图4.153所示。

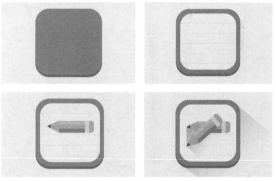
图4.153　步骤分解图

4.12.2　课后习题2——扁平相机图标

素材位置：	无
案例位置：	案例文件\第4章\扁平相机图标.psd
视频位置：	多媒体教学\4.12.2 课后习题2——扁平相机图标.avi
难易指数：	★★★☆☆

本例主要讲解扁平相机图标的制作，此款图标的外观清爽、简洁，彩

扫码看视频

虹条的装饰使这款深色系的镜头最终效果漂亮且沉稳。最终效果如图4.154所示。

步骤分解如图4.155所示。

图4.154 最终效果

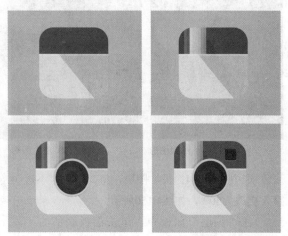

图4.155 步骤分解图

第 **5** 章

写实风格图标设计

───────── 内容摘要 ─────────

本章主要讲解写实风格图标的设计。写实即真实事物的设计再现，本章通过具体实例并详细解析了写实风格，让读者对写实图标设计有个深入的了解。

───────── 课堂学习目标 ─────────

- 写实风格及设计解析
- 写实钟表及影像器材图标的制作
- 写实电器、广播图标的制作
- 写实遥控图标及应用界面制作

5.1 写实风格及设计解析

所谓写实，最基本的解释是据事直书，真实地描绘事物，一般被定义为关于现实和实际而排斥理想主义，它是艺术创作，尤其是绘画、雕塑和文学、戏剧中常用的概念。更狭义地讲，属于造型艺术，尤其是绘画和雕塑的范畴。无论是面对真实存在的物体，还是想象出来的对象，总是在描述一个真实存在的物质而不是抽象的符号。这样的创作往往被统称为写实。写实是一种文学体裁，也可以是某些作者的写作风格。这类文学形式基本可以在现实中找到生活原型，但又不是生活的照搬。

而对于设计师而言，UI设计中的视觉风格渐渐向写实主义转变，因为计算机的运算能力越来越强，设计师加入了越来越多的写实细节，如色彩、3D效果、阴影、透明度，甚至一些简单的物理效果，用户界面中充满了各种应用图标，有些图标使用写实的方法，可以让用户一目了然，大大提高用户认识度。当然，有些时候写实的设计并不一定是原始的意思，可能是一种近似的表达，如我们看到眼睛图标它可能不代表眼睛，而是代表"查看"或"视图"；如看见齿轮也不一定代表的是"齿轮"，可能是"设置"，这些元素，用户在使用现在的智能手机或平板时经常遇到。

写实主义并不一定是照着原始物体通过设计将其完全描绘出来，有时候只需要将基本元素描绘即可，并将重点的部分表达出来就可以了，如我们经常看到用户界面上的主页按钮，通常会用一个小房子作为图标，但我们发现这个小房子并不是完全照现实中的房子设计，而是将能代表房子的重点元素绘制出来即可。

在写实创作中，细节太多或太少，都有可能造成用户看不懂的情况，所以要注意取舍。可以先在稿纸上绘制UI草图，用来确定哪些细节需要表达，哪些可以省略。当然，如果一个界面元素和生活的参照物相差太远，会很难辨认；另一方面如果太写实，有时候又会让人们无法知道你要表达的内容。随着苹果扁平化风格的流行，写实设计的要求越来越高，如何通过简洁的设计表现实体，又能完全被

识别，这是设计师功力的体现。写实风格的图标效果如图5.1所示。

图5.1 写实类图标效果

5.2 音娱电器图标

素材位置：素材文件\第5章\音娱电器图标
案例位置：案例文件\第5章\音娱电器图标.psd
视频位置：多媒体教学\5.2 音娱电器图标.avi
难易指数：★★☆☆☆

本例讲解音娱电器图标制作，本例的外观十分真实，以木板纹理作为主面板，通过绘制扬声器图像，制作一个完整的音娱电器图像，最终效果如图5.2所示。

扫码看视频

图5.2 最终效果

5.2.1 绘制主体轮廓

01 执行菜单栏中的"文件"|"新建"命令，在弹出的对话框中设置"宽度"为700像素，"高度"为550像素，"分辨率"为72像素/英寸，新建一个空白画布。

02 选择工具箱中的"圆角矩形工具" ⬛，在选项栏中将"填充"更改为任意颜色，"描边"为无，"半径"为100像素，按住Shift键绘制一个圆角矩形，将生成一个"圆角矩形1"图层，如图5.3所示。

03 执行菜单栏中的"文件"|"打开"命令，打开"木板.jpg"文件，将打开的素材拖入画布中并适当缩小，其图层名称将更改为"图层1"，如图5.4所示。

图5.3 绘制图形　　图5.4 添加素材

04 选中"图层1"图层，执行菜单栏中的"图层"|"创建剪贴蒙版"命令，为当前图层创建剪贴蒙版，将部分图像隐藏，如图5.5所示。

05 同时选中"图层1"及"圆角矩形1"图层，按Ctrl+E组合键将图层合并，此时将生成一个"图层1"图层，如图5.6所示。

图5.5 创建剪贴蒙版　　图5.6 合并图层

06 在"图层"面板中，单击面板底部的"添加图层样式" fx 按钮，在菜单中选择"斜面和浮雕"命令。

07 在弹出的对话框中将"大小"更改为3像素，"软化"更改为10像素，取消"使用全局光"复选框，"角度"更改为90度，"阴影模式"更改为叠加，如图5.7所示。

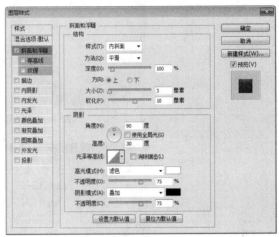

图5.7 设置斜面和浮雕

08 勾选"渐变叠加"复选框，将"混合模式"更改为柔光，"不透明度"更改为40%，"渐变"更改为黑色到白色，完成之后单击"确定"按钮，如图5.8所示。

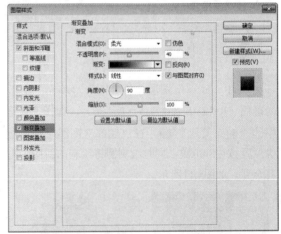

图5.8 设置渐变叠加

09 选择工具箱中的"椭圆工具" ⬛，在选项栏中将"填充"更改为白色，"描边"为无，按住Shift键绘制一个圆形，将生成一个"椭圆1"图层，如图5.9所示。

10 在"图层"面板中，选中"椭圆1"图层，将其拖至面板底部的"创建新图层" 按钮上，复制3个"拷贝"图层，从上至下分别将其图层名称更改为"高光""凸起""边缘"及"底部",如图5.10所示。

图5.9 绘制图形

图5.10 重命名图层

技巧与提示

在编辑当前图层时,为了方便观察效果,可先将其上方所有图层暂时隐藏。

⑪ 选中"底部"图层,将其图形"填充"更改为橙色(R:210,G:117,B:36),选择工具箱中的"椭圆工具" ⬤ ,在"底部"图层中图形边缘位置按住Shift键,同时绘制圆将绘制的新图形与其合并,如图5.11所示。

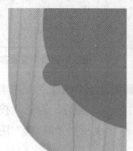 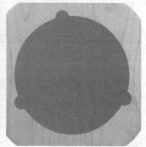

图5.11 绘制图形

⑫ 在"图层"面板中,选中"底部"图层,单击面板底部的"添加图层样式" **fx** 按钮,在菜单中选择"内阴影"命令。

⑬ 在弹出的对话框中将"混合模式"更改为叠加,取消"使用全局光"复选框,"角度"更改为90度,"距离"更改为1像素,"大小"更改为1像素,如图5.12所示。

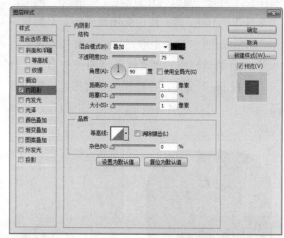

图5.12 设置内阴影

⑭ 勾选"投影"复选框,将"混合模式"更改为叠加,"颜色"更改为白色,"不透明度"更改为100%,取消"使用全局光"复选框,将"角度"更改为90度,"距离"更改为1像素,"大小"更改为1像素,完成之后单击"确定"按钮,如图5.13所示。

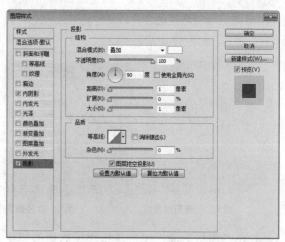

图5.13 设置投影

⑮ 选中"边缘"图层，将其图形"填充"更改为黄色（R：242，G：230，B：208），按Ctrl+T组合键对其执行"自由变换"命令，将图形等比缩小，完成之后按Enter键确认。

⑯ 选择工具箱中的"椭圆工具"，按住Alt键在刚才制作的缺口位置绘制路径，将部分图形减去，如图5.14所示。

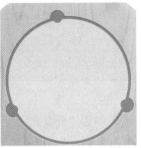

图5.14 减去图形

5.2.2 制作图标细节

① 选择工具箱中的"椭圆工具"，在选项栏中将"填充"更改为黑色，"描边"为无，在刚才制作的空缺位置按住Shift键绘制一个圆形，将生成一个"椭圆1"图层，如图5.15所示。

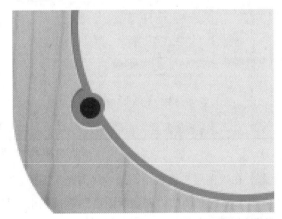

图5.15 绘制图形

② 在"图层"面板中，单击面板底部的"添加图层样式" fx 按钮，在菜单中选择"渐变叠加"命令。

③ 在弹出的对话框中将"渐变"更改为黄色（R：248，G：225，B：173）到黄色（R：26，G：176，B：91），如图5.16所示。

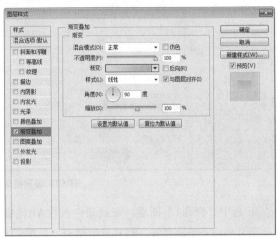

图5.16 设置渐变叠加

④ 勾选"斜面和浮雕"复选框，将"大小"更改为10像素，"光泽等高线"更改为锥形-反转，"阴影模式"中的"颜色"更改为黄色（R：130，G：63，B：5），如图5.17所示。

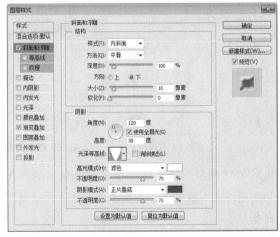

图5.17 设置斜面和浮雕

⑤ 勾选"投影"复选框，将"颜色"更改为深黄色（R：64，G：30，B：0），"距离"更改为1像素，"大小"更改为1像素，完成之后单击"确定"按钮，如图5.18所示。

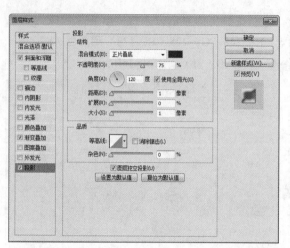

图5.18 设置投影

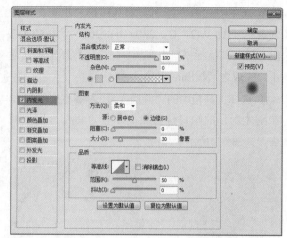

图5.21 设置内发光

06 选中"椭圆1"图层，在画布中按住Alt键拖动至其他两个空缺位置，将其复制两份，如图5.19所示。

07 选中"凸起"图层，将其"填充"更改为黄色（R：252，G：235，B：209），再按Ctrl+T组合键对其执行"自由变换"命令，将图形等比缩小，完成之后按Enter键确认，如图5.20所示。

10 勾选"外发光"复选框，将"混合模式"更改为正常，"不透明度"更改为50%，"颜色"更改为黄色（R：206，G：123，B：15），"大小"更改为3像素，完成之后单击"确定"按钮，如图5.22所示。

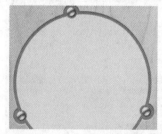

图5.19 复制图形   图5.20 缩小图形

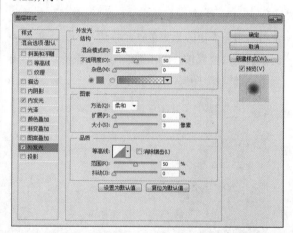

图5.22 设置外发光

08 在"图层"面板中，单击面板底部的"添加图层样式" *fx* 按钮，在菜单中选择"内发光"命令。

09 在弹出的对话框中将"混合模式"更改为正常，"不透明度"更改为100%，"颜色"更改为黄色（R：237，G：212，B：173），"大小"更改为30像素，如图5.21所示。

11 在"图层"面板中，选中"高光"图层，将其拖至面板底部的"创建新图层" 按钮上，复制3个"拷贝"图层，如图5.23所示。

12 分别将复制的图层名称更改为"内部""内部边缘"及"音盆"，如图5.24所示。

图5.23 复制图层　　　　　图5.24 更改名称

⑬ 选中"高光"图层，将"填充"更改为无，"描边"为白色，"宽度"为6像素，再将其等比缩小，如图5.25所示。

⑭ 执行菜单栏中的"滤镜"|"模糊"|"高斯模糊"命令，在弹出的对话框中将"半径"更改为6像素，完成之后单击"确定"按钮，如图5.26所示。

图5.25 变换图形　　　　　图5.26 添加高斯模糊

5.2.3 处理扬声器图像

① 选中"音盆"图层，将图形"填充"更改为深灰色（R：26，G：25，B：24），再按Ctrl+T组合键对其执行"自由变换"命令，将图形等比缩小，完成之后按Enter键确认，如图5.27所示。

② 选择工具箱中的"椭圆工具" ，在选项栏中将"填充"更改为白色，"描边"为无，绘制一个椭圆图形，将生成一个"椭圆2"图层，如图5.28所示。

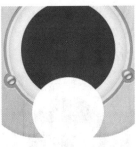

图5.27 缩小图形　　　　　图5.28 绘制图形

③ 执行菜单栏中的"滤镜"|"模糊"|"高斯模糊"命令，在弹出的对话框中将"半径"更改为25像素，完成之后单击"确定"按钮，如图5.29所示。

④ 执行菜单栏中的"图层"|"创建剪贴蒙版"命令，为当前图层创建剪贴蒙版，将部分图像隐藏，如图5.30所示。

图5.29 添加高斯模糊　　　　图5.30 创建剪贴蒙版

⑤ 在"图层"面板中，选中"椭圆2"图层，将其图层"填充"更改为30%，如图5.31所示。

⑥ 将图像向上移动复制一份，再将其图层"填充"更改为10%，如图5.32所示。

图5.31 更改不透明度　　　　图5.32 复制图像

⑦ 选中"内部边缘"图层，将图形"填充"更改为深灰色（R：20，G：20，B：20），再按Ctrl+T组合键对其执行"自由变换"命令，将图形等比缩小，完成之后按Enter键确认。

08 以同样方法选中"内部"图层，将其"填充"更改为任意颜色，再将其等比缩小，如图5.33所示。

图5.33 变换图形

09 在"图层"面板中，选中"内部"图层，单击面板底部的"添加图层样式" *fx* 按钮，在菜单中选择"渐变叠加"命令。

10 在弹出的对话框中将"渐变"更改为灰色（R：77，G：74，B：70）到灰色（R：26，G：25，B：24），"样式"更改为径向，完成之后单击"确定"按钮，如图5.34所示。

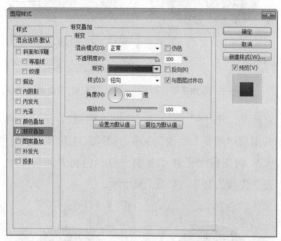

图5.34 设置渐变叠加

11 选择工具箱中的"椭圆工具" ，在选项栏中将"填充"更改为黑色，"描边"为无，在图标底部绘制一个椭圆图形，将生成一个"椭圆1"图层，如图5.35所示。

12 执行菜单栏中的"滤镜"|"模糊"|"高斯模糊"命令，在弹出的对话框中将"半径"更改为5像素，完成之后单击"确定"按钮，如图5.36所示。

图5.35 绘制图形　　图5.36 添加高斯模糊

13 执行菜单栏中的"滤镜"|"模糊"|"动感模糊"命令，在弹出的对话框中将"角度"更改为0度，"距离"更改为100像素，设置完成之后单击"确定"按钮，这样就完成了效果制作，最终效果如图5.37所示。

图5.37 最终效果

5.3 写实广播图标

素材位置：无
案例位置：案例文件\第5章\写实广播图标.psd
视频位置：多媒体教学\5.3 写实广播图标.avi
难易指数：★★★☆☆

本例讲解写实广播图标制作，本例中图标以富有科技感的屏幕显示与质感外壳相结合，整个图标表现出很强的视觉感受，最终效果如图5.38所示。

扫码看视频

图5.38 最终效果

5.3.1　绘制主体轮廓

01　执行菜单栏中的"文件"I"新建"命令，在弹出的对话框中设置"宽度"为700像素，"高度"为550像素，"分辨率"为72像素/英寸，新建一个空白画布。

02　选择工具箱中的"渐变工具" ▉，编辑蓝色（R：112，G：143，B：153）到蓝色（R：15，G：27，B：30）的渐变，单击选项栏中的"径向渐变" ▉ 按钮，在画布上拖动填充渐变，如图5.39所示。

图5.39 填充渐变

03　单击面板底部的"创建新图层" ▉ 按钮，新建一个"图层1"图层，将其填充为白色。

04　执行菜单栏中的"滤镜"I"杂色"I"添加杂色"命令，在弹出的对话框中分别勾选"高斯分布"复选按钮及"单色"复选框，将"数量"更改为3%，完成之后单击确定按钮，如图5.40所示。

05　在"图层"面板中，选中"图层1"图层，将其图层混合模式设置为"正片叠底"，如图5.41所示。

图5.40 添加杂色　　图5.41 设置图层混合模式

06　选择工具箱中的"圆角矩形工具" ▉，在选项栏中将"填充"更改为灰色（R：213，G：220，B：222），"描边"为无，"半径"为50像素，按住Shift键绘制一个圆角矩形，将生成一个"圆角矩形1"图层，如图5.42所示。

07　在"图层"面板中，选中"圆角矩形1"图层，将其拖至面板底部的"创建新图层" ▉ 按钮上，复制一个"圆角矩形1拷贝"图层，如图5.43所示。

图5.42 绘制图形　　　　　图5.43 复制图层

08　选中"圆角矩形1拷贝"图层，将其"填充"更改为黑色，再按Ctrl+T组合键对其执行"自由变换"命令，将图形等比缩小，完成之后按Enter键确认，如图5.44所示。

图5.44 缩小图形

09　在"图层"面板中，选中"圆角矩形1拷贝"图层，单击面板底部的"添加图层样式" ▉ 按钮，在菜单中选择"渐变叠加"命令。

10　在弹出的对话框中将"渐变"更改为灰色（R：240，G：241，B：242）到灰色（R：207，G：208，B：212）再到灰色（R：240，

G：241，B：242），将第2个灰色色标位置更改为30%，完成之后单击"确定"按钮，如图5.45所示。

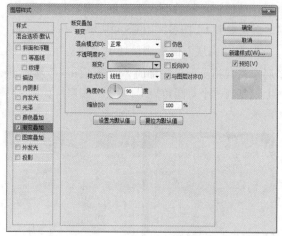

图5.45 设置渐变叠加

⑪ 选择工具箱中的"矩形工具"🔲，在选项栏中将"填充"更改为蓝色（R：97，G：111，B：115），"描边"为无，绘制一个矩形，将生成一个"矩形 1"图层，如图5.46所示。

⑫ 执行菜单栏中的"滤镜"|"模糊"|"高斯模糊"命令，在弹出的对话框中将"半径"更改为10像素，完成之后单击"确定"按钮，如图5.47所示。

图5.46 绘制图形　　图5.47 添加高斯模糊

⑬ 按住Ctrl键单击"圆角矩形2"图层缩览图，将其载入选区，执行菜单栏中的"选择"|"反向"命令将选区反向，如图5.48所示。

⑭ 将选区中图像删除，完成之后按Ctrl+D组合键将选区取消，如图5.49所示。

图5.48 载入选区　　图5.49 删除图像

⑮ 选择工具箱中的"圆角矩形工具"🔲，在选项栏中将"填充"更改为灰色（R：218，G：219，B：222），"描边"为无，"半径"为40像素，按住Shift键绘制一个圆角矩形，将生成一个"圆角矩形 2"图层，如图5.50所示。

图5.50 绘制图形

⑯ 在"图层"面板中，选中"矩形1"图层，单击面板底部的"添加图层蒙版"⬛按钮，为其图层添加图层蒙版，如图5.51所示。

⑰ 选择工具箱中的"画笔工具"🖌，在画布中单击鼠标右键，在弹出的面板中选择一种圆角笔触，将"大小"更改为130像素，"硬度"更改为0%，如图5.52所示。

 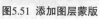 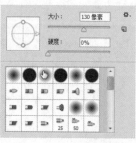

图5.51 添加图层蒙版　　图5.52 设置笔触

⑱ 将前景色更改为黑色，在图像上部分区域涂抹将其隐藏，如图5.53所示。

图5.53 隐藏图像

⑲ 选择工具箱中的"矩形工具"，在选项栏中将"填充"更改为色，"描边"为无，再绘制一个矩形，将生成一个"矩形"图层，如图5.54所示。

⑳ 执行菜单栏中的"滤镜"丨"杂色"丨"添加杂色"命令，在弹出的对话框中分别勾选"高斯分布"复选按钮及"单色"复选框，将"数量"更改为2%，完成之后单击"确定"按钮，如图5.55所示。

图5.54 绘制图形 　　图5.55 添加杂色

㉑ 执行菜单栏中的"图层"丨"创建剪贴蒙版"命令，为当前图层创建剪贴蒙版将部分图像隐藏，如图5.56所示。

㉒ 选择工具箱中的"直线工具"，在选项栏中将"填充"更改为灰色（R：196，G：197，B：199），"描边"为无，"粗细"更改为1像素，在两个图形之间按住Shift键绘制一条线段，将生成一个"形状1"图层，如图5.57所示。

图5.56 创建剪贴蒙版 　　图5.57 绘制直线

㉓ 在"图层"面板中，单击面板底部的"添加图层样式" fx 按钮，在菜单中选择"投影"命令。

㉔ 在弹出的对话框中将"混合模式"更改为正常，"颜色"更改为白色，取消"使用全局光"复选框，将"角度"更改为90度，"距离"更改为1像素，完成之后单击"确定"按钮，如图5.58所示。

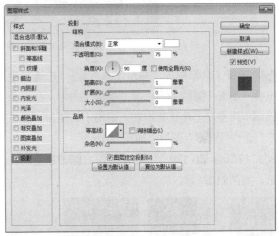

图5.58 设置投影

5.3.2 制作屏幕图像

① 选择工具箱中的"圆角矩形工具"，在选项栏中将"填充"更改为深蓝色（R：21，G：26，B：28），"描边"为黑色，"宽度"为2点，"半径"为35像素，按住Shift键绘制一个圆角矩形，将生成一个"圆角矩形 3"图层。

② 以同样方法再绘制一个深蓝色（R：21，G：35，B：43），"描边"为无的圆角矩形，将生成一个"圆角矩形 4"图层，如图5.59所示。

图5.59 绘制圆角矩形

图5.63 多重复制 　　　　图5.64 选中矩形

03　执行菜单栏中的"滤镜"|"模糊"|"高斯模糊"命令，在弹出的对话框中将"半径"更改为2像素，完成之后单击"确定"按钮，如图5.60所示。

08　按Ctrl+T组合键对选中的部分矩形，执行"自由变换"命令，增加图形高度，完成之后按Enter键确认，如图5.65所示。

图5.60 添加高斯模糊

图5.65 变换图形

04　选择工具箱中的"矩形工具" ，在选项栏中将"填充"更改为白色，"描边"为无，在深蓝色圆角矩形左下角位置绘制一个稍小的矩形，将生成一个"矩形3"图层，如图5.61所示。

05　按Ctrl+Alt+T组合键将矩形向右侧平移复制一份，如图5.62所示。

09　在"图层"面板中，单击面板底部的"添加图层样式" fx 按钮，在菜单中选择"渐变叠加"命令。

10　在弹出的对话框中将"渐变"更改为蓝色（R：0，G：162，B：255）到蓝色（R：0，G：162，B：255）再到蓝色（R：0，G：162，B：255），将第一个及第3个色标"不透明度"更改为0%，将中间色标"位置"更改为50%，"角度"更改为0度，"缩放"更改为80%，完成之后单击"确定"按钮，如图5.66所示。

图5.61 绘制图形 　　　　图5.62 变换复制

06　按住Ctrl+Alt+Shift组合键同时按T键多次，执行多重复制命令，将矩形复制多份，如图5.63所示。

07　选择工具箱中的"路径选择工具" ，每隔4个矩形，按住Shift键选中一个矩形，如图5.64所示。

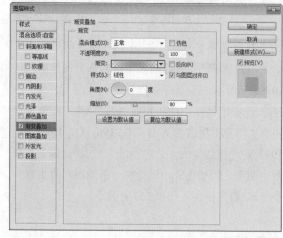

图5.66 设置渐变叠加

⑪ 选中"矩形3"图层，将其图层"填充"更改为0%，如图5.67所示。

图5.67 更改填充

⑫ 选择工具箱中的"横排文字工具" T，添加文字（System），如图5.68所示。

图5.68 添加文字

⑬ 在"图层"面板中，选中"AM"图层，单击面板底部的"添加图层样式" fx 按钮，在菜单中选择"渐变叠加"命令。

⑭ 在弹出的对话框中将"渐变"更改为蓝色（R：40，G：198，B：255）到蓝色（R：198，G：236，B：255），如图5.69所示。

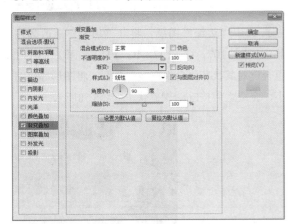

图5.69 设置渐变叠加

⑮ 勾选"外发光"复选框，将"混合模式"更改为正常，"不透明度"更改为50%，"颜色"更改为蓝色（R：0，G：192，B：255），"大小"更改为5像素，完成之后单击"确定"按钮，如图5.70所示。

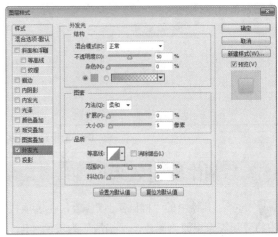

图5.70 设置外发光

⑯ 在"AM"图层名称上单击鼠标右键，从弹出的快捷菜单中选择"拷贝图层样式"命令，在"90.0MHZ"图层名称上单击鼠标右键，从弹出的快捷菜单中选择"粘贴图层样式"命令，如图5.71所示。

⑰ 选择工具箱中的"横排文字工具" T，添加字符（宋体），如图5.72所示。

图5.71 粘贴图层样式　　　　图5.72 添加字符

⑱ 在"图层"面板中，单击面板底部的"添加图层样式" fx 按钮，在菜单中选择"内阴影"命令。

⑲ 在弹出的对话框中将"距离"更改为1像素，"大小"更改为1像素，如图5.73所示。

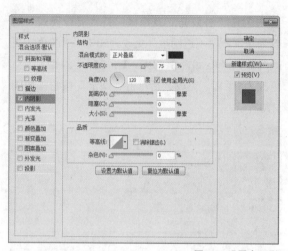

图5.73 设置内阴影

5.3.3 制作旋钮效果

01 选择工具箱中的"椭圆工具" ⬭ ，在选项栏中将"填充"更改为黑色，"描边"为灰色（R：134，G：134，B：134），按住Shift键绘制一个图形，将生成一个"椭圆1"图层，如图5.74所示。

02 在"图层"面板中，选中"椭圆1"图层，将其拖至面板底部的"创建新图层" 🔲 按钮上，复制两个"拷贝"图层，分别将图层名称更改为"质感""边缘"及"底部"，如图5.75所示。

图5.74 绘制图形

图5.75 复制图层

03 在"图层"面板中，选中"底部"图层，单击面板底部的"添加图层样式" 𝒇𝒙 按钮，在菜单中选择"渐变叠加"命令。

04 在弹出的对话框中将"渐变"更改为灰色（R：158，G：158，B：158）到灰色（R：255，G：253，B：250），如图5.76所示。

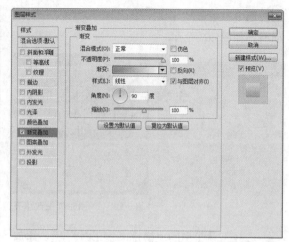

图5.76 设置渐变叠加

05 勾选"外发光"复选框，将"混合模式"更改为正常，"不透明度"更改为30%，"颜色"更改为深蓝色（R：31，G：46，B：50），"大小"更改为5像素，完成之后单击"确定"按钮，如图5.77所示。

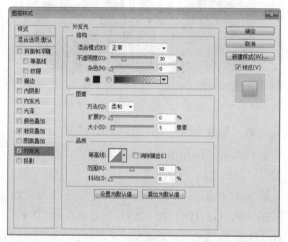

图5.77 设置外发光

06 选中"边缘"图层，将其"填充"更改为浅蓝色（R：107，G：127，B：141），再按Ctrl+T组合键对其执行"自由变换"命令，将图形等比缩小，完成之后按Enter键确认，如图5.78所示。

图5.78 缩小图形

07 在"图层"面板中，单击面板底部的"添加图层样式" *fx* 按钮，在菜单中选择"投影"命令。

08 在弹出的对话框中将"不透明度"更改为50%，取消"使用全局光"复选框，将"角度"更改为90度，"距离"更改为5像素，"大小"更改为5像素，完成之后单击"确定"按钮，如图5.79所示。

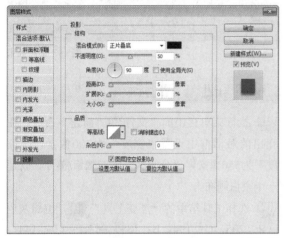

图5.79 设置投影

09 选中"边缘"图层，将其"填充"更改为黑色，再按Ctrl+T组合键对其执行"自由变换"命令，将图形等比缩小，完成之后按Enter键确认，如图5.80所示。

图5.80 缩小图形

10 在"图层"面板中，单击面板底部的"添加图层样式" *fx* 按钮，在菜单中选择"渐变叠加"命令。

11 在弹出的对话框中将"渐变"更改为灰蓝色系渐变，完成之后单击"确定"按钮，如图5.81所示。

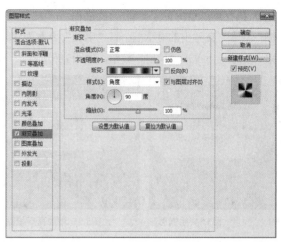

图5.81 设置渐变叠加

技巧与提示

在此处设置渐变时，可参考以下色标位置及数量。

12 同时选中"质感""边缘"及"底部"图层，按Ctrl+G组合键将其编组，将生成的组名称更改为"旋钮"。

13 选中"旋钮"组，将其拖至面板底部的"创建新图层"按钮上，复制一个"旋钮 拷贝"组，如图5.82所示。

14 将"旋钮 拷贝"组展开，双击"质感"图层样式名称，在弹出的对话框中将"角度"更改为0度，完成之后单击"确定"按钮，如图5.83所示。

图5.82 复制组　　图5.83 设置图层样式

15 选择工具箱中的"椭圆工具"，在选项栏中将"填充"更改为黑色，"描边"为无，在图标底部绘制一个椭圆图形，将生成一个"椭圆1"图层，如图5.84所示。

⑯ 执行菜单栏中的"滤镜"I"模糊"I"高斯模糊"命令，在弹出的对话框中将"半径"更改为5像素，完成之后单击"确定"按钮，如图5.85所示。

图5.84 绘制图形　　图5.85 添加高斯模糊

⑰ 执行菜单栏中的"滤镜"I"模糊"I"动感模糊"命令，在弹出的对话框中将"角度"更改为0度，"距离"更改为100像素，设置完成之后单击"确定"按钮，这样就完成了效果制作，最终效果如图5.86所示。

图5.86 最终效果

5.4 电器配件图标

素材位置：无
案例位置：案例文件\第5章\电器配件图标.psd
视频位置：多媒体教学\5.4 电器配件图标.avi
难易指数：★★☆☆☆

　　本例讲解电器配件图标制作，此款图标以突出插座的特征为制作重点，将插孔与整个底座造型完美相结合，整个图标表现出十分真实的视觉效果，最终效果如图5.87所示。

扫码看视频

图5.87 最终效果

5.4.1 制作主图标

① 执行菜单栏中的"文件"I"新建"命令，在弹出的对话框中设置"宽度"为700像素，"高度"为550像素，"分辨率"为72像素/英寸，新建一个空白画布。

② 选择工具箱中的"渐变工具"■，编辑灰色（R：205，G：194，B：185）到灰色（R：144，G：118，B：97）的渐变，单击选项栏中的"径向渐变"■按钮，在画布上拖动填充渐变，如图5.88所示。

图5.88 填充渐变

③ 选择工具箱中的"圆角矩形工具"■，在选项栏中将"填充"更改为白色，"描边"为无，"半径"为50像素，按住Shift键绘制一个圆角矩形，将生成一个"圆角矩形1"图层，如图5.89所示。

图5.89 绘制图形

04 在"图层"面板中，单击面板底部的"添加图层样式" *fx* 按钮，在菜单中选择"斜面和浮雕"命令。

05 在弹出的对话框中将"大小"更改为10像素，取消"使用全局光"复选框，"角度"更改为90度，"阴影模式"中的"颜色"更改为黄色（R：154，G：130，B：111），"不透明度"更改为10%，完成之后单击"确定"按钮，如图5.90所示。

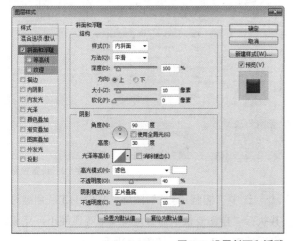

图5.90 设置斜面和浮雕

06 勾选"渐变叠加"复选框，将"渐变"更改为灰色（R：207，G：198，B：188）到浅灰色（R：248，G：245，B：241），完成之后单击"确定"按钮，如图5.91所示。

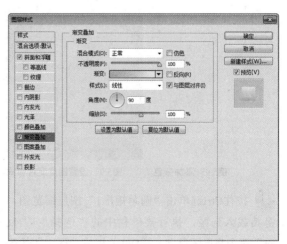

图5.91 设置渐变叠加

07 勾选"投影"复选框，将"不透明度"更改为20%，取消"使用全局光"复选框，将"角度"更改为90度，"距离"更改为5像素，"大小"更改为10像素，完成之后单击"确定"按钮，如图5.92所示。

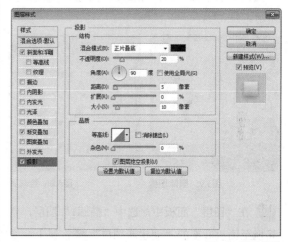

图5.92 设置投影

08 单击面板底部的"创建新图层" 按钮，新建一个"图层1"图层，将其填充为白色。

09 执行菜单栏中的"滤镜"|"杂色"|"添加杂色"命令，在弹出的对话框中分别勾选"高斯分布"复选按钮及"单色"复选框，将"数量"更改为10%，完成之后单击"确定"按钮，如图5.93所示。

10 在"图层"面板中，选中"图层1"图层，将其图层混合模式设置为"颜色加深"，如图5.94所示。

图5.93 添加杂色　　　图5.94 设置图层混合模式

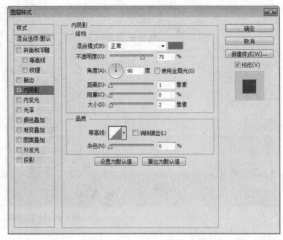

图5.97 设置内阴影

⑪　按住Ctrl键单击"圆角矩形1"图层缩览图，将其载入选区，执行菜单栏中的"选择"|"反向"命令将选区反向，按Delete键将选区中图像删除，完成之后按Ctrl+D组合键将选区取消，如图5.95所示。

⑫　选择工具箱中的"椭圆工具" ，在选项栏中将"填充"更改为灰色（R：221，G：217，B：212），"描边"为无，按住Shift键绘制一个圆形，将生成一个"椭圆1"图层，如图5.96所示。

⑯　勾选"投影"复选框，将"混合模式"更改为正常，"颜色"更改为白色，"不透明度"更改为100%，取消"使用全局光"复选框，将"角度"更改为90度，"距离"更改为1像素，"大小"更改为2像素，完成之后单击"确定"按钮，如图5.98所示。

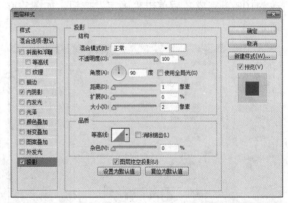

图5.98 设置投影

图5.95 删除图像　　　　图5.96 绘制圆

⑬　在"图层"面板中，选中"椭圆1"图层，将其拖至面板底部的"创建新图层" 按钮上，复制一个"椭圆1拷贝"图层。

⑭　在"图层"面板中，选中"椭圆1"单击面板底部的"添加图层样式" 按钮，在菜单中选择"内阴影"命令。

⑮　在弹出的对话框中将"混合模式"更改为正常，"颜色"为黄色（R：150，G：127，B：106），取消"使用全局光"复选框，"角度"更改为90度，"距离"更改为1像素，"大小"更改为2像素，如图5.97所示。

⑰　选中"椭圆1拷贝"图层，按Ctrl+T组合键对其执行"自由变换"命令，将图形等比缩小，完成之后按Enter键确认，如图5.99所示。

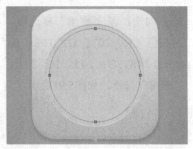

图5.99 缩小图形

18 在“图层”面板中，单击面板底部的“添加图层样式”fx按钮，在菜单中选择“渐变叠加”命令。

19 在弹出的对话框中将“渐变”更改为灰色（R：220，G：217，B：212）到灰色（R：246，G：246，B：246），如图5.100所示。

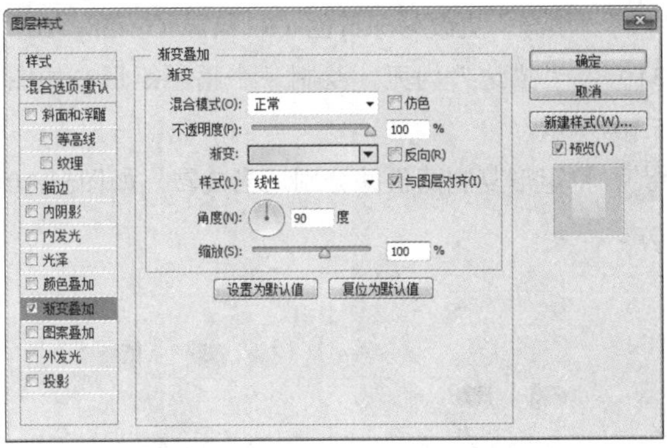

图5.100 设置渐变叠加

20 勾选“斜面和浮雕”复选框，将“大小”更改为3像素，取消“使用全局光”复选框，“角度”更改为90度，“高光模式”更改为正常，“不透明度”更改为100%，“阴影模式”中的“不透明度”更改为0%，如图5.101所示。

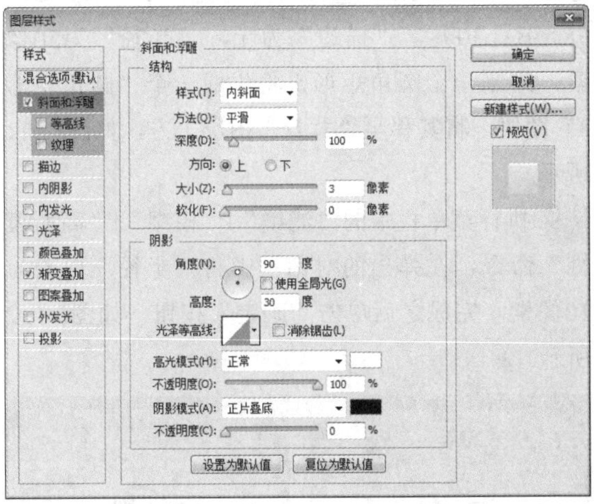

图5.101 设置斜面和浮雕

21 勾选“投影”复选框，将“混合模式”更改为正常，“颜色”更改为黄色（R：165，G：145，B：127），取消“使用全局光”复选框，将“角度”更改为90度，“距离”更改为3像素，“大小”更改为5像素，完成之后单击“确定”按钮，如图5.102所示。

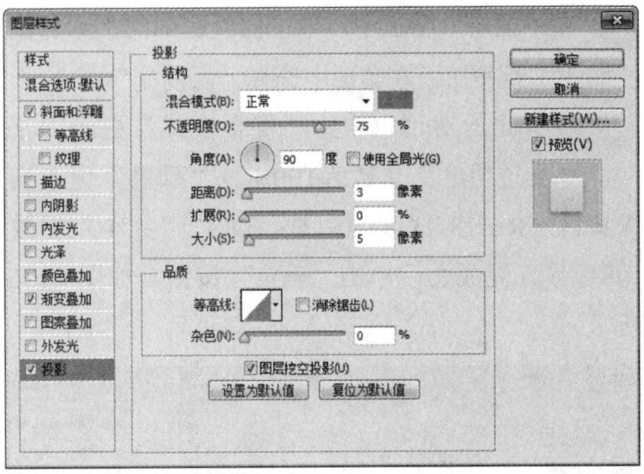

图5.102 设置投影

5.4.2 处理插孔效果

01 选择工具箱中的“圆角矩形工具”，在选项栏中将“填充”更改为深黄色（R：47，G：38，B：31），“描边”为无，“半径”为100像素，绘制一个圆角矩形，将生成一个“圆角矩形2”图层，如图5.103所示。

02 选择工具箱中的“直接选择工具”，选中圆角矩形右侧锚点将其删除，再同时选中两个锚点向左侧拖动缩短其宽度，如图5.104所示。

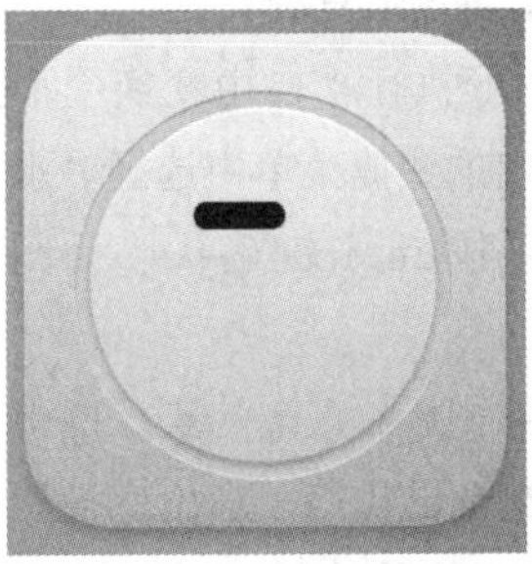

图5.103 绘制图形

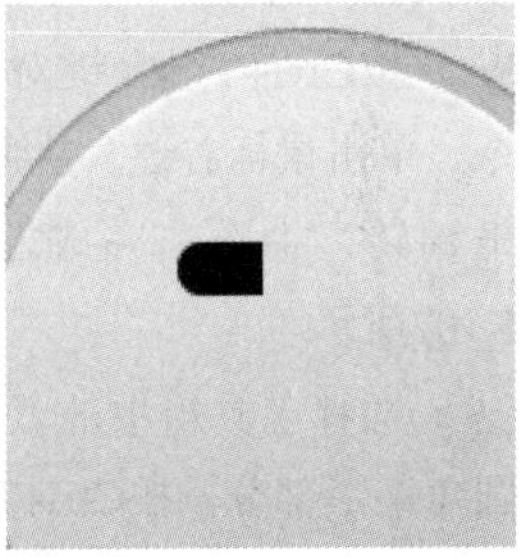

图5.104 缩短宽度

03 选择工具箱中的“矩形工具”，按住Shift键同时在图形右侧绘制一个矩形加选至当前图形中，如图5.105所示。

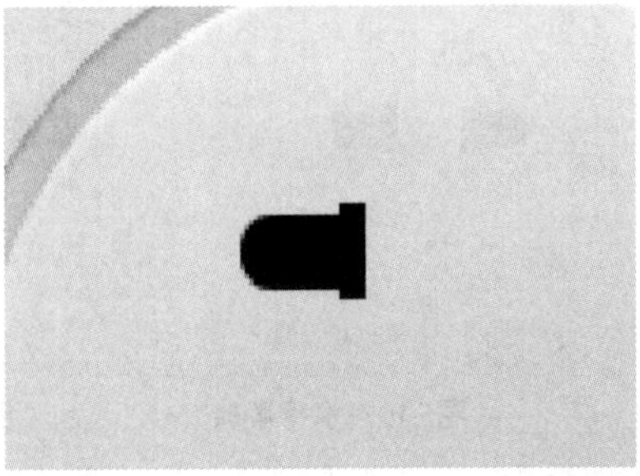

图5.105 绘制图形

04 在"图层"面板中，单击面板底部的"添加图层样式" **fx** 按钮，在菜单中选择"内发光"命令。

05 在弹出的对话框中将"混合模式"更改为正常，"不透明度"更改为100%，"颜色"更改为深黄色（R：18，G：10，B：3），"大小"更改为8像素，完成之后单击"确定"按钮，如图5.106所示。

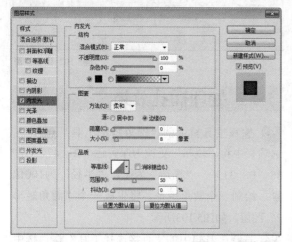

图5.106 设置内发光

06 选中"圆角矩形2"图层，在画布中按住Alt+Shift组合键向右侧拖动将图形复制。

07 按Ctrl+T组合键对图形执行"自由变换"命令，单击鼠标右键，从弹出的快捷菜单中选择"水平翻转"命令，完成之后按Enter键确认，如图5.107所示。

08 选择工具箱中的"路径选择工具" ▶ ，选中圆角矩形部分，按Ctrl+T组合键执行"自由变换"命令，单击鼠标右键，从弹出的快捷菜单中选择"水平翻转"命令，完成之后按Enter键确认，如图5.108所示。

图5.107 水平翻转　　　　图5.108 变换图形

技巧与提示

在对合并形状的图形进行变换时，假如只能选中其中一部分图形，可选择工具箱中的"路径选择工具" ▶ ，在另外一部分图形上单击即可，同时将其选中。

09 选择工具箱中的"矩形工具" ▣ ，在选项栏中将"填充"更改为深黄色（R：47，G：38，B：31），"描边"为无，绘制一个稍小矩形，如图5.109所示。

10 将矩形复制两份并分别适当旋转，如图5.110所示。

图5.109 绘制图形　　　　图5.110 复制图形

11 选择工具箱中的"圆角矩形工具" ▢ ，在选项栏中将"填充"更改为深黄色（R：47，G：38，B：30），"描边"为无，"半径"为50像素，绘制一个圆角矩形，将生成一个"圆角矩形3"图层，将其移至"背景"图层上方，如图5.111所示。

12 执行菜单栏中的"滤镜"|"模糊"|"高斯模糊"命令，在弹出的对话框中将"半径"更改为10像素，完成之后单击"确定"按钮，如图5.112所示。

图5.111 绘制图形　　　　图5.112 添加高斯模糊

13 执行菜单栏中的"滤镜"|"模糊"|"动感模

糊"命令,在弹出的对话框中将"角度"更改为90度,"距离"更改为80像素,设置完成之后单击"确定"按钮,如图5.113所示。

⑭ 选中"圆角矩形 3"图层,将其图层"不透明度"更改为50%,如图5.114所示。

图5.113 添加动感模糊　　图5.114 更改不透明度

⑮ 在"图层"面板中,选中"圆角矩形3"图层,单击面板底部的"添加图层蒙版"■按钮,为其图层添加图层蒙版,如图5.115所示。

⑯ 选择工具箱中的"画笔工具"✏,在画布中单击鼠标右键,在弹出的面板中选择一种圆角笔触,将"大小"更改为150像素,"硬度"更改为0%,如图5.116所示。

 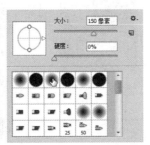

图5.115 添加图层蒙版　　图5.116 设置笔触

⑰ 将前景色更改为黑色,在图像上部分区域涂抹将其隐藏,如图5.117所示。

图5.117 隐藏图像

5.5 复古放映盘图标

素材位置: 无
案例位置: 案例文件\第5章\复古放映盘图标.psd
视频位置: 多媒体教学\5.5 复古放映盘图标.avi
难易指数: ★★☆☆☆

扫码看视频

本例讲解复古放映盘图标制作,此款图标在制作过程中以真实的电影放映盘为参照,通过几个圆形相结合,完美表现出放映盘的特征,富有质感的细节令整个图标更加出彩,最终效果如图5.118所示。

图5.118 最终效果

5.5.1 制作放映盘轮廓

① 执行菜单栏中的"文件"|"新建"命令,在弹出的对话框中设置"宽度"为700像素,"高度"为550像素,"分辨率"为72像素/英寸,新建一个空白画布。

② 选择工具箱中的"渐变工具"■,编辑蓝色(R: 205, G: 194, B: 185)到蓝色(R: 144, G: 118, B: 97)的渐变,单击选项栏中的"线性渐变"■按钮,在画布上拖动填充渐变,如图5.119所示。

图5.119 填充渐变

111

03 选择工具箱中的"椭圆工具" ⬭，在选项栏中将"填充"更改为黑色，"描边"为无，按住Shift键绘制一个圆形，将生成一个"椭圆1"图层，如图5.120所示。

04 在"图层"面板中，选中"椭圆1"图层，将其拖至面板底部的"创建新图层" 按钮上，复制3个"拷贝"图层，分别将其图层名称更改为"外壳""环线2""环线"及"放映盘"，如图5.121所示。

图5.120 绘制图形　　图5.121 复制图层

05 在"图层"面板中，选中"放映盘"图层，单击面板底部的"添加图层样式" fx 按钮，在菜单中选择"渐变叠加"命令。

06 在弹出的对话框中将"渐变"更改为灰色系渐变，"样式"更改为角度，完成之后单击确定按钮，如图5.122所示。

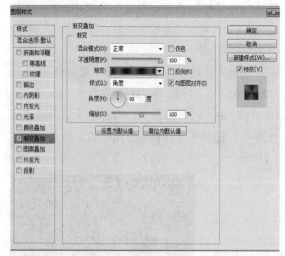

图5.122 设置渐变叠加

技巧与提示

此处灰色系渐变可参考以下色标数量及位置。

技巧与提示

在对"放映盘"图层进行编辑时，为了方便观察实际的绘制效果，可先将其上方所有图层暂时隐藏。

5.5.2 处理质感效果

01 单击面板底部的"创建新图层" 按钮，新建一个"图层1"图层，将图层填充为白色。

02 执行菜单栏中的"滤镜"|"杂色"|"添加杂色"命令，在弹出的对话框中分别勾选"高斯分布"复选按钮及"单色"复选框，将"数量"更改为400%，完成之后单击"确定"按钮，如图5.123所示。

图5.123 设置添加杂色

03 执行菜单栏中的"滤镜"|"模糊"|"径向模糊"命令，在弹出的对话框中分别勾选"旋转"及"最好"单选按钮，将"数量"更改为100，完成之后单击"确定"按钮，如图5.124所示。

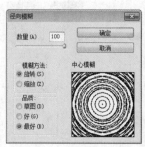

图5.124 设置径向模糊

04 按Ctrl+F组合键重复执行"径向模糊"命令，如图5.125所示。

05 执行菜单栏中的"滤镜"|"锐化"|"锐化"命令，再按Ctrl+F组合键数次重复执行"锐化"命令，如图5.126所示。

图5.125 重复模糊　　　　图5.126 锐化图像

06 选中"矩形1"图层，按Ctrl+T组合键对其执行"自由变换"命令，将图形等比缩小，完成之后按Enter键确认，如图5.127所示。

07 在"图层"面板中，选中"图层1"图层，将其图层混合模式设置为"叠加"，如图5.128所示。

 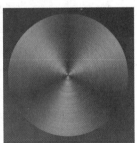

图5.127 缩小图像　　　　图5.128 设置图层混合模式

08 按住Ctrl键单击"放映盘"图层缩览图，将其载入选区，如图5.129所示。

09 执行菜单栏中的"选择"|"反向"命令将选区反向，按Delete键将选区中图像删除，完成之后按Ctrl+D组合键将选区取消，如图5.130所示。

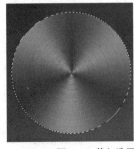 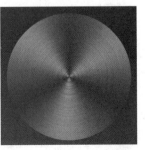

图5.129 载入选区　　　　图5.130 删除图像

10 选中"环线"图层，将"填充"更改为无，"描边"为灰色（R：98，G：98，B：98），"宽度"为2点。

11 按Ctrl+T组合键对其执行"自由变换"命令，将图形等比缩小，完成之后按Enter键确认，如图5.131所示。

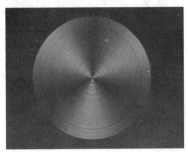

图5.131 缩小图形

12 在"图层"面板中，将其单击面板底部的"添加图层样式" *fx* 按钮，在菜单中选择"投影"命令。

13 在弹出的对话框中将"混合模式"更改为叠加，"颜色"更改为白色，"不透明度"更改为30%，"距离"更改为1像素，完成之后单击"确定"按钮，如图5.132所示。

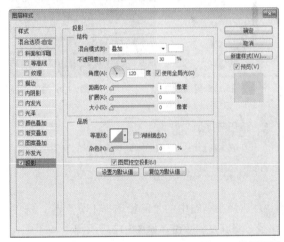

图5.132 设置投影

14 以同样方法选中"环线2"图层，更改为相同的描边效果并等比缩小，如图5.133所示。

15 在"环线"图层名称上单击鼠标右键，从弹出的快捷菜单中选择"拷贝图层样式"命令，在"环线2"图层名称上单击鼠标右键，从弹出的快捷菜单中选择"粘贴图层样式"命令，如图5.134所示。

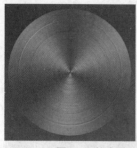

图5.133 缩小图形　　图5.134 粘贴图层样式

⑯ 在"图层"面板中，选中"外壳"图层，将其拖至面板底部的"创建新图层" 🔲 按钮上，复制两个"拷贝"图层，分别将其图层名称更改为"内部质感""托盘"，如图5.135所示。

⑰ 选中"外壳"图层，按Ctrl+T组合键对其执行"自由变换"命令，将图形等比放大，完成之后按Enter键确认，选择工具箱中的"椭圆工具" ⬭，按住Alt键同时绘制一个圆形路径，将部分图形减去，如图5.136所示。

图5.135 复制图层　　图5.136 绘制路径

技巧与提示

在放大图形时，可适当降低当前图形所在图层不透明度，这样更加容易观察放大的效果。

⑱ 选择工具箱中的"路径选择工具" ▶，选中路径，将其复制数份，如图5.137所示。

图5.137 复制路径

技巧与提示

假如在复制路径时不容易控制，可建立参考线进行辅助。

⑲ 在"图层"面板中，选中"外壳"图层，单击面板底部的"添加图层样式" fx 按钮，在菜单中选择"渐变叠加"命令。

⑳ 在弹出的对话框中将"渐变"更改为灰色系渐变，"样式"更改为角度，如图5.138所示。

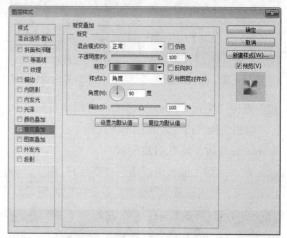

图5.138 设置渐变叠加

㉑ 勾选"描边"复选框，将"大小"更改为2像素，"位置"更改为内部，"填充类型"更改为渐变，"渐变"更改为灰色系渐变，"角度"为0度，如图5.139所示。

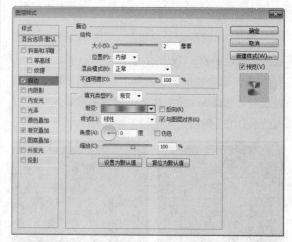

图5.139 设置描边

㉒ 勾选"内阴影"复选框，将"混合模式"更改为正常，"距离"更改为3像素，"大小"更改

为5像素，如图5.140所示。

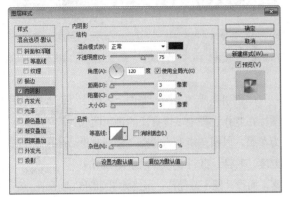

图5.140 设置内阴影

㉓ 勾选"内发光"复选框，将"混合模式"更改为正常，"不透明度"更改为100%，"颜色"为灰色（R：78，G：78，B：78），"大小"更改为5像素，如图5.141所示。

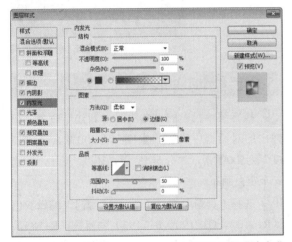

图5.141 设置内发光

㉔ 勾选"投影"复选框，将"大小"更改为40像素，完成之后单击"确定"按钮，如图5.142所示。

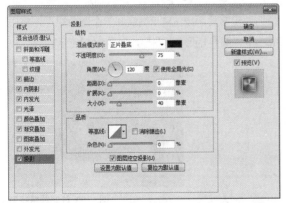

图5.142 设置投影

㉕ 选中"托盘"图层，将其"填充"更改为灰色（R：36，G：37，B：39），再按Ctrl+T组合键对其执行"自由变换"命令，将图形等比缩小，完成之后按Enter键确认，如图5.143所示。

㉖ 选中"内部质感"图层，将图形等比缩小，如图5.144所示。

图5.143 更改颜色   图5.144 缩小图形

㉗ 在"图层"面板中，选中"托盘"图层，单击面板底部的"添加图层样式" *fx* 按钮，在菜单中选择"内发光"命令。

㉘ 在弹出的对话框中将"混合模式"更改为正常，"不透明度"更改为100%，"颜色"更改为黑色，"大小"更改为10像素，如图5.145所示。

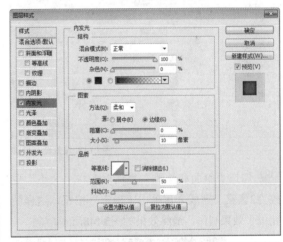

图5.145 设置内发光

㉙ 勾选"投影"复选框，将"混合模式"更改为正常，"颜色"更改为白色，"不透明度"更改为100%，取消"使用全局光"复选框，将"角度"更改为90度，"距离"更改为1像素，"大小"更改为1像素，完成之后单击"确定"按钮，如图5.146所示。

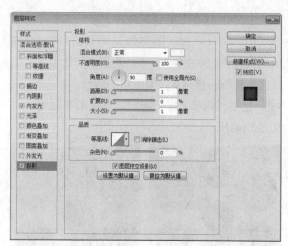

图5.146 设置投影

30 在"图层"面板中,选中"内部质感"图层,单击面板底部的"添加图层样式" *fx* 按钮,在菜单中选择"渐变叠加"命令。

31 在弹出的对话框中将"渐变"更改为灰色系渐变,"样式"更改为角度,如图5.147所示。

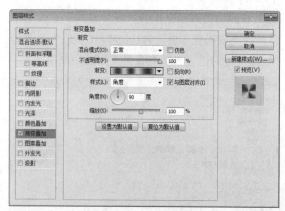

图5.147 设置渐变叠加

32 勾选"斜面和浮雕"复选框,将"大小"更改为2像素,完成之后单击"确定"按钮,这样就完成了效果制作,最终效果如图5.148所示。

图5.148 最终效果

5.6 典雅钟表图标

素材位置:无
案例位置:案例文件\第5章\典雅钟表图标.psd
视频位置:多媒体教学\5.6 典雅钟表图标.avi
难易指数:★★☆☆☆

本例讲典雅钟表图标制作,本例中图标在制作过程中,以真实的钟表图像为参照,以圆角矩形为轮廓,分别制作刻度、时针、分钟及秒针,整体细节丰富,而设计感十分简洁,最终效果如图5.149所示。

扫码看视频

图5.149 最终效果

5.6.1 绘制钟表轮廓

01 执行菜单栏中的"文件"|"新建"命令,在弹出的对话框中设置"宽度"为600像素,"高度"为500像素,"分辨率"为72像素/英寸,新建一个空白画布。

02 选择工具箱中的"渐变工具" ,编辑灰色(R:182,G:190,B:193)到蓝色(R:85,G:93,B:95)的渐变,单击选项栏中的"线性渐变" 按钮,在画布中从下至上拖动填充渐变。

03 选择工具箱中的"圆角矩形工具" ,在选项栏中将"填充"更改为黑色,"描边"为无,"半径"为50像素,按住Shift键绘制一个圆角矩形,将生成一个"圆角矩形 1"图层,如图5.150所示。

图5.150 绘制圆角矩形

04 在"图层"面板中，单击面板底部的"添加图层样式" **fx** 按钮，在菜单中选择"渐变叠加"命令。

05 在弹出的对话框中将"渐变"更改为灰色（R：218，G：220，B：219）到灰色（R：249，G：253，B：255），如图5.151所示。

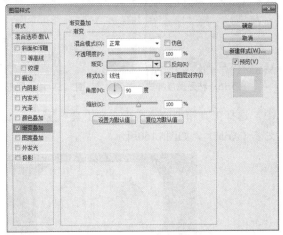

图5.151 设置渐变叠加

06 勾选"斜面和浮雕"复选框，在弹出的对话框中将"大小"更改为3像素，取消"使用全局光"复选框，"角度"更改为90度，"阴影模式"中的"不透明度"更改为30%，完成之后单击"确定"按钮，如图5.152所示。

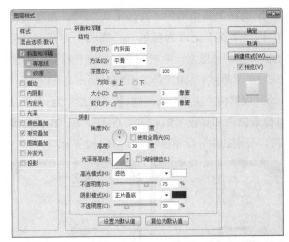

图5.152 设置斜面和浮雕

07 选择工具箱中的"椭圆工具" ，在选项栏中将"填充"更改为灰色（R：236，G：240，B：

243），"描边"为无，按住Shift键绘制一个圆形，将生成一个"椭圆1"图层，如图5.153所示。

08 在"图层"面板中，选中"椭圆1"图层，将其拖至面板底部的"创建新图层" 按钮上，复制一个"椭圆1拷贝"图层，如图5.154所示。

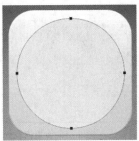

图5.153 绘制图形

图5.154 复制图层

09 在"图层"面板中，选中"椭圆1"图层，单击面板底部的"添加图层样式" **fx** 按钮，在菜单中选择"内阴影"命令。

10 在弹出的对话框中将"不透明度"更改为20%，取消"使用全局光"复选框，"角度"更改为90度，"距离"更改为8像素，"大小"更改为3像素，如图5.155所示。

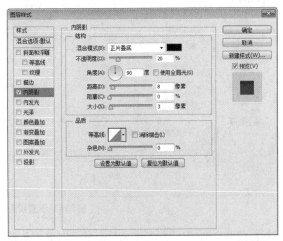

图5.155 设置内阴影

11 勾选"内发光"复选框，将"混合模式"更改为正常，"不透明度"更改为20%，"颜色"更改为黑色，"大小"更改为5像素，如图5.156所示。

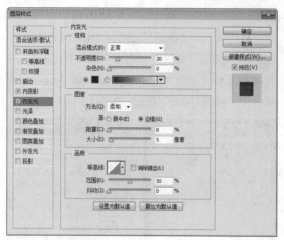

图5.156 设置内发光

⑫ 勾选"投影"复选框,将"混合模式"更改为正常,"颜色"更改为白色,"不透明度"更改为100%,取消"使用全局光"复选框,将"角度"更改为90度,"距离"更改为1像素,"大小"更改为1像素,完成之后单击"确定"按钮,如图5.157所示。

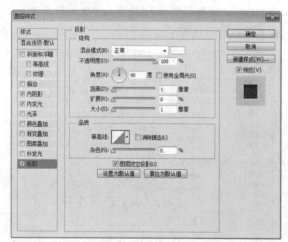

图5.157 设置投影

⑬ 在"椭圆1"图层名称上单击鼠标右键,从弹出的快捷菜单中选择"拷贝图层样式"命令,在"椭圆1拷贝"图层名称上单击鼠标右键,从弹出的快捷菜单中选择"粘贴图层样式"命令,如图5.158所示。

⑭ 选中"椭圆1拷贝"图层,按Ctrl+T组合键对其执行"自由变换"命令,将图形等比缩小,完成之后按Enter键确认。

⑮ 双击"椭圆1拷贝"图层样式名称,在弹出的

对话框中选中"内发光"复选框,将"大小"更改为2像素,完成之后单击"确定"按钮,如图5.159所示。

图5.158 粘贴图层样式　　图5.159 缩小图形

⑯ 选择工具箱中的"横排文字工具" T,添加文字(Arial),如图5.160所示。

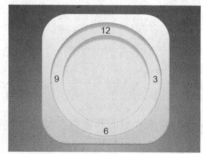

图5.160 添加文字

5.6.2 制作指针细节

① 选择工具箱中的"直线工具" /,在选项栏中将"填充"更改为黑色,"描边"为无,"粗细"更改为6像素,绘制一条线段制作时针,将生成一个"形状1"图层,如图5.161所示。

② 以同样方法再分别绘制1条"粗细"为3像素及1像素黑色和红色(R:230,G:0,B:18)的线段,分别制作分针和秒针,如图5.162所示。

图5.161 绘制时针　　图5.162 绘制分针和秒针

03 同时选中"时针""分针"及"秒针"图层,按Ctrl+G组合键将其编组,将生成一个"组1"组。

04 在"图层"面板中,单击面板底部的"添加图层样式" *fx* 按钮,在菜单中选择"投影"命令。

05 在弹出的对话框中将"不透明度"更改为50%,"距离"更改为5像素,"大小"更改为3像素,完成之后单击"确定"按钮,如图5.163所示。

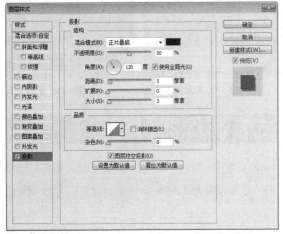

图5.163 设置投影

06 选择工具箱中的"椭圆工具" ⬭ ,在选项栏中将"填充"更改为任意显眼的颜色,"描边"为无,在表盘中心点按住Shift键绘制一个圆形,将生成一个"椭圆1"图层,如图5.164所示。

图5.164 绘制图形

07 在"图层"面板中,单击面板底部的"添加图层样式" *fx* 按钮,在菜单中选择"渐变叠加"命令。

08 在弹出的对话框中将"渐变"更改为白色到灰色(R:113,G:123,B:129),"样式"为径向,如图5.165所示。

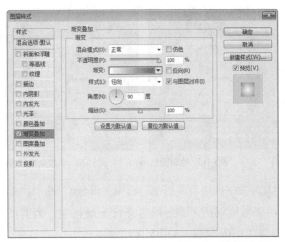

图5.165 设置渐变叠加

09 勾选"斜面和浮雕"复选框,将"大小"更改为2像素,"光泽等高线"更改为锥形-反转,"阴影模式"更改为叠加,如图5.166所示。

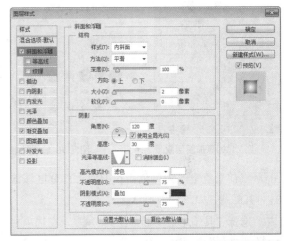

图5.166 设置斜面和浮雕

10 选择工具箱中的"钢笔工具" ✎ ,在选项栏中单击"选择工具模式" 路径 ⬍ 按钮,在弹出的选项中选择"形状",将"填充"更改为灰色(R:102,G:111,B:112),"描边"更改为无。

11 在图标底部位置绘制一个不规则图形,将生成一个"形状4"图层,将其移至"背景"图层上方,如图5.167所示。

12 执行菜单栏中的"滤镜"|"模糊"|"高斯模糊"命令,在弹出的对话框中将"半径"更改为2像素,完成之后单击"确定"按钮,如图5.168所示。

图5.167 绘制图形　　　　图5.168 添加高斯模糊

⑬ 在"图层"面板中，选中"形状4"图层，单击面板底部的"添加图层蒙版" ▣ 按钮，为其图层添加图层蒙版，如图5.169所示。

⑭ 选择工具箱中的"画笔工具" ✎，在画布中单击鼠标右键，在弹出的面板中选择一种圆角笔触，将"大小"更改为150像素，"硬度"更改为0%，如图5.170所示。

 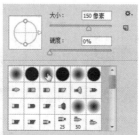

图5.169 添加图层蒙版　　　　图5.170 设置笔触

⑮ 将前景色更改为黑色，在图像上部分区域涂抹将其隐藏，如图5.171所示。

⑯ 选择工具箱中的"椭圆工具" ⬭，在选项栏中将"填充"更改为灰色（R：42，G：50，B：52），"描边"为无，在图标底部绘制一个椭圆，如图5.172所示。

图5.171 隐藏图像　　　　图5.172 绘制图形

⑰ 执行菜单栏中的"滤镜"|"模糊"|"高斯模糊"命令，在弹出的对话框中将"半径"更改为3像素，完成之后单击"确定"按钮，如图5.173所示。

⑱ 执行菜单栏中的"滤镜"|"模糊"|"动感模糊"命令，在弹出的对话框中将"角度"更改为0度，"距离"更改为100像素，设置完成之后单击"确定"按钮，这样就完成了效果制作，最终效果如图5.174所示。

图5.173 添加高斯模糊　　　　图5.174 最终效果

5.7 影像器材图标

素材位置：无
案例位置：案例文件\第5章\影像器材图标.psd
视频位置：多媒体教学\5.7 影像器材图标.avi
难易指数：★★★☆☆

　　本例讲解影像器材图标制作，此款图标十分真实，以经典的拍立得照相机为原型，通过绘制圆角矩形制作立体轮廓，并制作镜头图像及细节，完成整个图标制作，在制作过程中重点注意图标的细节表现，最终效果如图5.175所示。

扫码看视频

图5.175 最终效果

5.7.1 制作相机主体

① 执行菜单栏中的"文件"|"新建"命令，在弹出的对话框中设置"宽度"为700像素，"高度"为550像素，"分辨率"为72像素/英寸，新建一个空白画布。

② 选择工具箱中的"圆角矩形工具" ▢，在选

项栏中将"填充"更改为黑色，"描边"为无，"半径"为50像素，按住Shift键绘制一个圆角矩形，将生成一个"圆角矩形1"图层，如图5.176所示。

图5.176 绘制圆角矩形

03 在"图层"面板中，单击面板底部的"添加图层样式" *fx* 按钮，在菜单中选择"渐变叠加"命令。

04 在弹出的对话框中将"渐变"更改为灰色（R：212，G：207，B：203）到灰色（R：242，G：241，B：237），如图5.177所示。

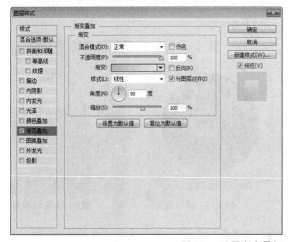

图5.177 设置渐变叠加

05 勾选"斜面和浮雕"复选框，将"大小"更改为8像素，取消"使用全局光"复选框，"角度"更改为90度，"阴影模式"中的"不透明度"更改为30%，完成之后单击"确定"按钮，如图5.178所示。

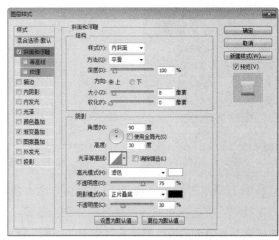

图5.178 设置斜面和浮雕

06 选择工具箱中的"矩形工具" ，在选项栏中将"填充"更改为青色（R：127，G：218，B：237），"描边"为无，绘制一个矩形，将生成一个"矩形1"图层，如图5.179所示。

07 将矩形复制3份，并分别更改其颜色，如图5.180所示。

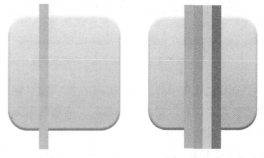

图5.179 绘制图形　　　图5.180 复制图形

❓ **技巧与提示**

在更改矩形颜色时可随意更改，尽量保持色彩的柔和艳丽即可，这样可以更好地表现彩条的特征。

08 在"图层"面板中，同时选中所有矩形所在图层，按Ctrl+G组合键将其编组，将生成一个"组1"组，单击"添加图层蒙版" 按钮，为其添加图层蒙版，如图5.181所示。

09 按住Ctrl键单击"矩形2"图层缩览图，将其载入选区，如图5.182所示。

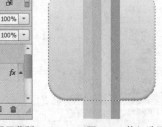

图5.181 添加图层蒙版　　图5.182 载入选区

⑩ 执行菜单栏中的"选择"|"反向"命令将选区反向，将选区填充为黑色将部分图形隐藏，完成之后按Ctrl+D组合键将选区取消，如图5.183所示。

⑪ 在"图层"面板中，选中"组1"组，将其图层混合模式设置为"叠加"，如图5.184所示。

图5.183 隐藏图形　　图5.184 设置图层混合模式

⑫ 选择工具箱中的"圆角矩形工具" ，在选项栏中将"填充"更改为白色，"描边"为无，绘制一个圆角矩形，将生成一个"圆角矩形2"图层，如图5.185所示。

⑬ 按住Alt键绘制一个圆角矩形路径，将部分图形减去，如图5.186所示。

图5.185 绘制圆角矩形　　图5.186 绘制路径

⑭ 执行菜单栏中的"滤镜"|"模糊"|"高斯模糊"命令，在弹出的对话框中将"半径"更改为5像素，完成之后单击"确定"按钮，如图5.187所示。

⑮ 在"图层"面板中，选中"圆角矩形2"组，将其图层混合模式设置为"叠加"，如图5.188所示。

图5.187 添加高斯模糊　　图5.188 设置图层混合模式

5.7.2 处理镜头图像

① 选择工具箱中的"椭圆工具" ，在选项栏中将"填充"更改为黑色，"描边"为无，按住Shift键绘制一个圆形，将生成一个"椭圆1"图层，如图5.189所示。

② 在"图层"面板中，选中"椭圆1"图层，将其拖至面板底部的"创建新图层" 按钮上，复制4个"拷贝"图层，分别将其图层名称更改为"核心""内圈""中圈""外圈"及"底座"，如图5.190所示。

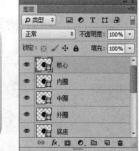

图5.189 绘制图形　　图5.190 复制图层

③ 在"图层"面板中，选中"底座"图层，单击面板底部的"添加图层样式" 按钮，在菜单中选择"渐变叠加"命令。

④ 在弹出的对话框中将"渐变"更改为灰色（R：97，G：102，B：106）到灰色（R：249，G：248，B：246），如图5.191所示。

图5.191 设置渐变叠加

05 勾选"斜面和浮雕"复选框,将"大小"更改为3像素,"软化"更改为3像素,取消"使用全局光"复选框,"角度"更改为90度,"阴影模式"中的"不透明度"更改为30%,如图5.192所示。

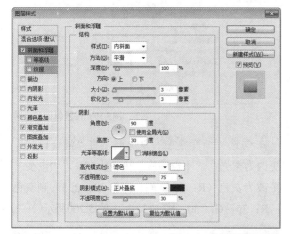

图5.192 设置斜面和浮雕

06 勾选"外发光"复选框,将"混合模式"更改为正常,"不透明度"更改为20%,"颜色"更改为黑色,"大小"更改为3像素,如图5.193所示。

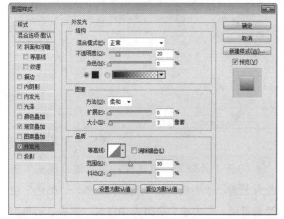

图5.193 设置外发光

07 勾选"投影"复选框,将"不透明度"更改为50%,取消"使用全局光"复选框,将"角度"更改为90度,"距离"更改为2像素,"大小"更改为3像素,完成之后单击"确定"按钮,如图5.194所示。

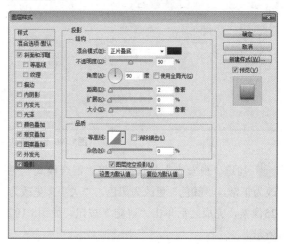

图5.194 设置投影

技巧与提示

在编辑当前图层时,为了方便观察效果,可先将其上方所有图层暂时隐藏。

08 选中"外圈"图层,将其"填充"更改为深灰色(R:25,G:30,B:32),再按Ctrl+T组合键对其执行"自由变换"命令,将图形等比缩小,完成之后按Enter键确认,如图5.195所示。

图5.195 缩小图形

09 在"图层"面板中,单击面板底部的"添加图层样式" *fx* 按钮,在菜单中选择"描边"命令,在弹出的对话框中将"大小"更改为5像素,"位置"更改为内部,"填充类型"更改为渐变,"渐变"更改为灰色(R:218,G:223,B:226)到灰色(R:94,G:100,B:105),如图5.196所示。

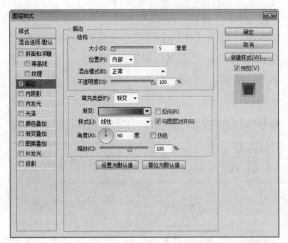

图5.196 设置描边

10 勾选"内发光"复选框，将"混合模式"更改为正常，"颜色"更改为黑色，"大小"更改为25像素，完成之后单击"确定"按钮，如图5.197所示。

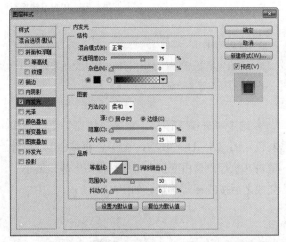

图5.197 设置内发光

11 选中"中圈"图层，将其"填充"更改为深灰色（R：25，G：30，B：32），再按Ctrl+T组合键对其执行"自由变换"命令，将图形等比缩小，完成之后按Enter键确认，如图5.198所示。

图5.198 等比缩小

12 在"图层"面板中，单击面板底部的"添加图层样式" fx 按钮，在菜单中选择"斜面和浮雕"命令。

13 在弹出的对话框中将"大小"更改为2像素，"软化"更改为3像素，取消"使用全局光"复选框，"角度"更改为90度，"高光模式"中的"不透明度"更改为10%，"阴影模式"中的"不透明度"更改为20%，如图5.199所示。

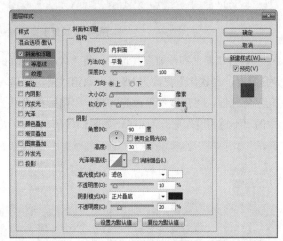

图5.199 设置斜面和浮雕

14 勾选"渐变叠加"复选框，将"混合模式"更改为柔光，"不透明度"更改为50%，"渐变"更改为灰色（R：233，G：230，B：225）到灰色（R：25，G：30，B：32），如图5.200所示。

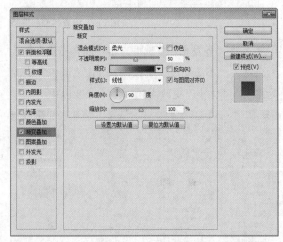

图5.200 设置渐变叠加

15 勾选"外发光"复选框，将"混合模式"更改为正常，"不透明度"更改为35%，"颜色"更改为黑色，"大小"更改为10像素，完成之后单击

"确定"按钮，如图5.201所示。

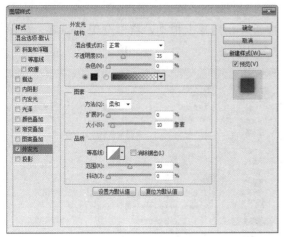

图5.201 设置外发光

16 选中"内圈"图层，将其"填充"更改为深灰色（R：21，G：25，B：27），再按Ctrl+T组合键对其执行"自由变换"命令，将其等比缩小，完成之后按Enter键确认，如图5.202所示。

17 在"图层"面板中，选中"内圈"图层，将其拖至面板底部的"创建新图层" 按钮上，复制两个"拷贝"图层，分别将其图层名称更改为"内圈顶部光""内圈 底部光"，如图5.203所示。

图5.202 缩小图形　　图5.203 复制图层

18 在"图层"面板中，选中"内圈"图层，单击面板底部的"添加图层样式" fx 按钮，在菜单中选择"投影"命令。

19 在弹出的对话框中将"混合模式"更改为叠加，"颜色"更改为白色，"不透明度"更改为100%，取消"使用全局光"复选框，将"角度"更改为90度，"距离"更改为1像素，"大小"更改为1像素，完成之后单击"确定"按钮，如图5.204所示。

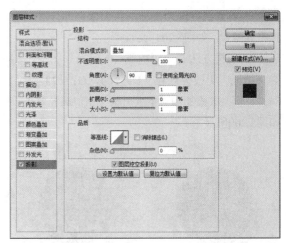

图5.204 设置投影

20 选中"内圈 底部光"图层，将其"填充"更改为蓝色（R：134，G：234，B：255），再按Ctrl+T组合键对其执行"自由变换"命令，将图形等比缩小，完成之后按Enter键确认，如图5.205所示。

图5.205 缩小图形

21 在"图层"面板中，选中"内圈 底部光"图层，单击面板底部的"添加图层蒙版" 按钮，为其图层添加图层蒙版，如图5.206所示。

22 选择工具箱中的"画笔工具" ，在画布中单击鼠标右键，在弹出的面板中选择一种圆角笔触，将"大小"更改为140像素，"硬度"更改为0%，如图5.207所示。

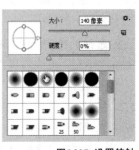

图5.206 添加图层蒙版　　图5.207 设置笔触

23 将前景色更改为黑色，在图像上部分区域涂抹将其隐藏，如图5.208所示。

24 以同样方法选中“内圈 顶部光”图层，将其“填充”更改为绿色（R：104，G：173，B：84），再为其添加图层蒙版后制作相似高光效果，如图5.209所示。

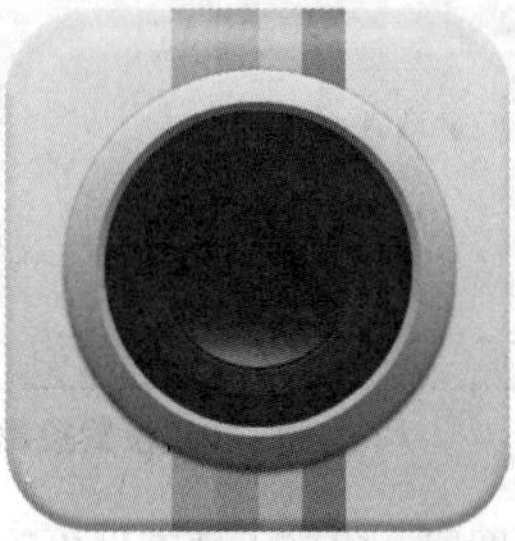

图5.208 隐藏图像

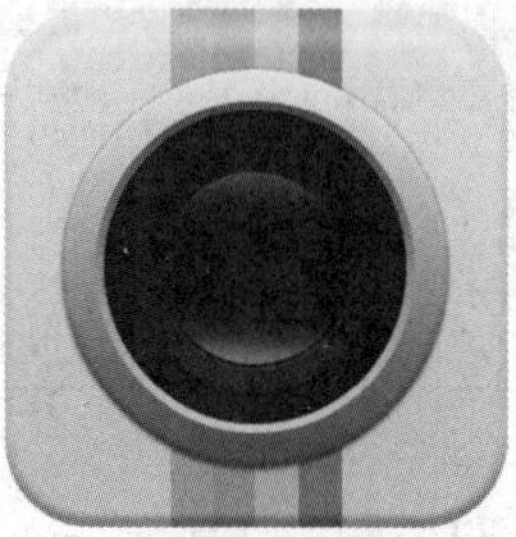

图5.209 制作高光

25 选中“核心”图层，按Ctrl+T组合键对其执行“自由变换”命令，将图形等比缩小，完成之后按Enter键确认，如图5.210所示。

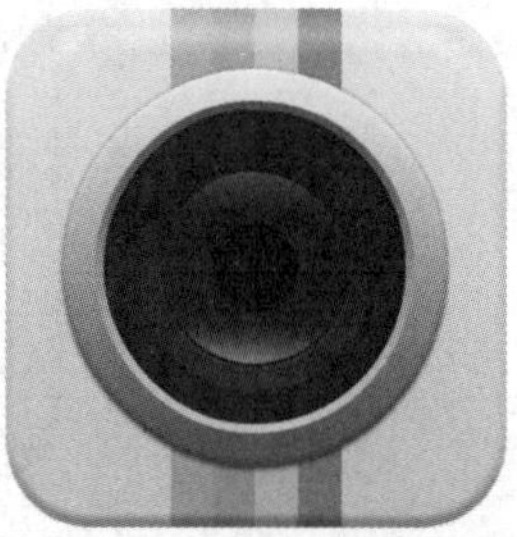

图5.210 等比缩小

26 在“图层”面板中，单击面板底部的“添加图层样式” fx 按钮，在菜单中选择“投影”命令。

27 在弹出的对话框中将“混合模式”更改为正常，“颜色”更改为蓝色（R：105，G：160，B：174），取消“使用全局光”复选框，将“角度”更改为90度，“距离”更改为1像素，“大小”更改为1像素，完成之后单击“确定”按钮，如图5.211所示。

28 选择工具箱中的“椭圆工具”，在选项栏中将“填充”更改为黑色，“描边”为无，绘制一个椭圆图形，将生成一个“椭圆1”图层，如图5.212所示。

29 在“图层”面板中，选中“椭圆1”图层，单击面板底部的“添加图层蒙版”按钮，为其添加图层蒙版。

30 选择工具箱中的“渐变工具”，编辑黑色到白色的渐变，单击选项栏中的“线性渐变”按钮，在图形上拖动，将部分图形隐藏，如图5.213所示。

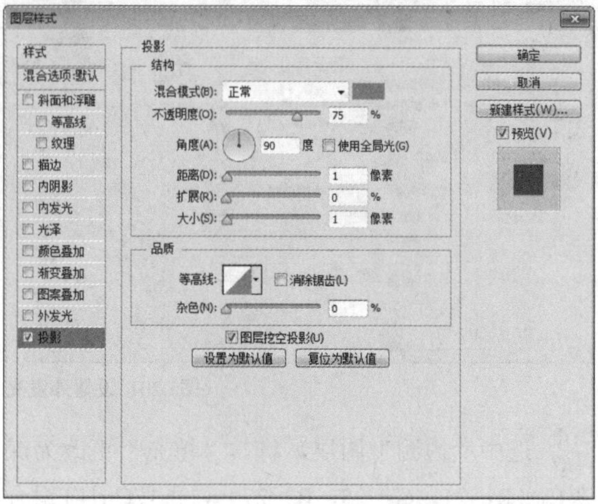

图5.211 设置投影

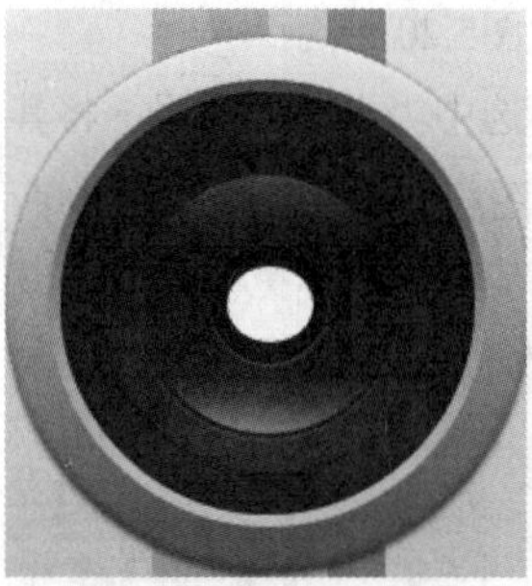

图5.212 绘制图形

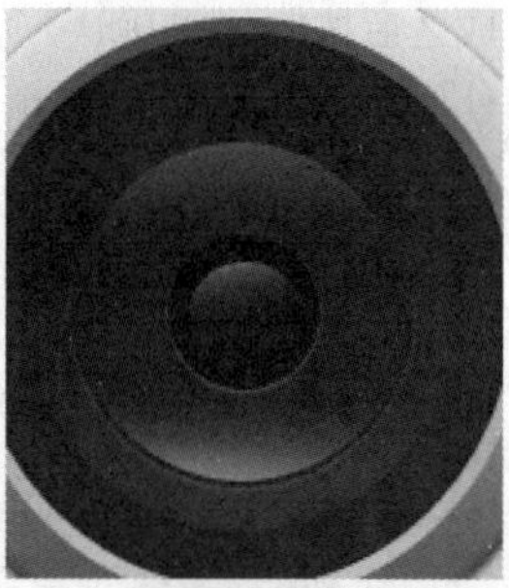

图5.213 隐藏图形

31 选择工具箱中的“画笔工具”，在画布中单击鼠标右键，在弹出的面板中选择一种圆角笔触，将“大小”更改为5像素，“硬度”更改为0%，如图5.214所示。

32 单击面板底部的“创建新图层”按钮，新建一个“图层1”图层。

33 将前景色更改为白色，在镜头内部位置单击添加高光效果，如图5.215所示。

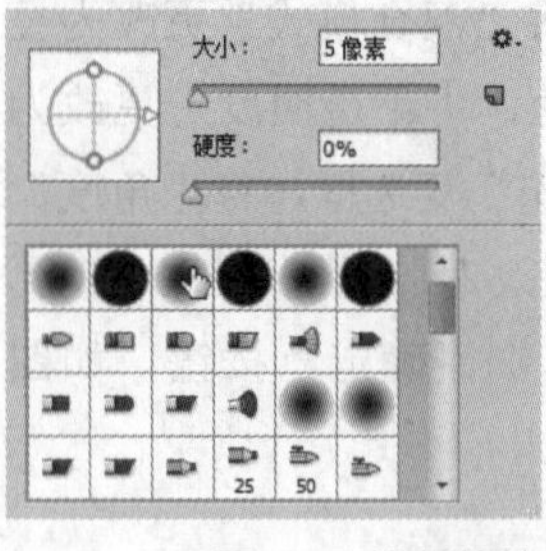

图5.214 设置笔触

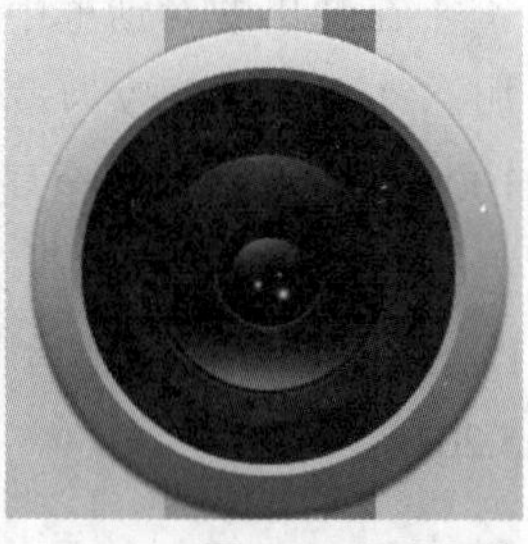

图5.215 添加图像

㉞ 选择工具箱中的"椭圆工具" ，在选项栏中将"填充"更改为白色，"描边"为无，绘制一个椭圆图形，将生成一个"椭圆2"图层，如图5.216所示。

㉟ 按住Ctrl键单击"椭圆2"图层缩览图，将其载入选区，如图5.217所示。

图5.216 绘制图形　　　　　图5.217 载入选区

㊱ 执行菜单栏中的"选择"|"反向"命令将选区反向，将选区填充为黑色，将部分图形隐藏，完成之后按Ctrl+D组合键将选区取消。

㊲ 选择工具箱中的"画笔工具" ，在画布中单击鼠标右键，在弹出的面板中选择一种圆角笔触，将"大小"更改为130像素，"硬度"更改为0%，如图5.218所示。

㊳ 将前景色更改为黑色，在图像上半部分区域涂抹将其隐藏，如图5.219所示。

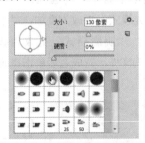 

图5.218 设置笔触　　　　　图5.219 隐藏图形

㊴ 选择工具箱中的"椭圆工具" ，在选项栏中将"填充"更改为黑色，"描边"为无，在图标底部绘制一个椭圆，将生成一个"椭圆3"图层，如图5.220所示。

㊵ 执行菜单栏中的"滤镜"|"模糊"|"高斯模糊"命令，在弹出的对话框中将"半径"更改为3像素，完成之后单击"确定"按钮，如图5.221所示。

图5.220 绘制椭圆　　　　　图5.221 添加高斯模糊

㊶ 执行菜单栏中的"滤镜"|"模糊"|"动感模糊"命令，在弹出的对话框中将"角度"更改为0度，"距离"更改为100像素，设置完成之后单击"确定"按钮，这样就完成了效果制作，最终效果如图5.222所示。

图5.222 最终效果

5.8 写实遥控图标及应用界面

素材位置：素材文件\第5章\写实遥控图标及应用界面
案例位置：案例文件\第5章\写实遥控图标.psd、写实遥控应用界面.psd
视频位置：多媒体教学\5.8 写实遥控图标及应用界面.avi
难易指数：★★★★☆

本例讲解写实遥控图标及应用界面制作，此款图标在制作过程中以十分直观的无线标识符号与物品图像相结合，整个图标具有十分出色的可识别性，在应用界面制作过程中以直观的操作界面完美表现出当前应用的特点，写实最终效果如图5.223所示。

扫码看视频

图5.223 最终效果

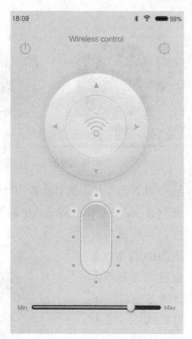

图5.223 最终效果（续）

5.8.1 制作遥控图标

01 执行菜单栏中的"文件"|"新建"命令，在弹出的对话框中设置"宽度"为600像素，"高度"为500像素，"分辨率"为72像素/英寸，新建一个空白画布。

02 选择工具箱中的"圆角矩形工具" ，在选项栏中将"填充"更改为黑色，"描边"为无，"半径"为50像素，按住Shift键绘制一个圆角矩形，将生成一个"圆角矩形1"图层，如图5.224所示。

图5.224 绘制圆角矩形

03 在"图层"面板中，单击面板底部的"添加图层样式" fx 按钮，在菜单中选择"渐变叠加"命令。

04 在弹出的对话框中将"渐变"更改为绿色（R：177，G：240，B：65）到绿色（R：43，G：123，B：0，"样式"更改为径向，"缩放"更改为150%，如图5.225所示。

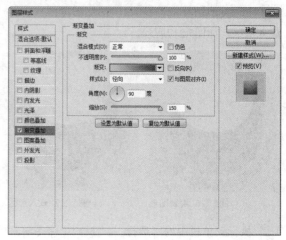

图5.225 设置渐变叠加

技巧与提示

在设置渐变叠加时，需要注意在当前图层样式对话框打开的情况下，在画布中按住鼠标左键，更改渐变颜色的位置。

05 勾选"斜面和浮雕"复选框，将"大小"更改为3像素，取消"使用全局光"复选框，"角度"更改为90度，"高光模式"更改为叠加，"不透明度"更改为100%，"阴影模式"更改为叠加，"不透明度"更改为50%，完成之后单击"确定"按钮，如图5.226所示。

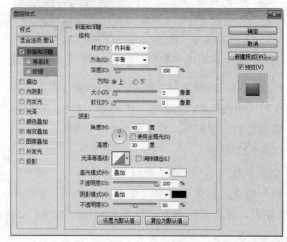

图5.226 设置斜面和浮雕

06 选择工具箱中的"圆角矩形工具" ，在选项栏中将"填充"更改为白色，"描边"为无，"半径"为100像素，绘制一个圆角矩形，将生成一个"圆角矩形2"图层，如图5.227所示。

图5.227 绘制图形

07 在"图层"面板中，选中"圆角矩形2"图层，将其拖至面板底部的"创建新图层" 按钮上，复制一个"圆角矩形2拷贝"图层。

08 在"图层"面板中，单击面板底部的"添加图层样式" fx 按钮，在菜单中选择"渐变叠加"命令。

09 在弹出的对话框中将"渐变"更改为浅蓝色（R：225，G：238，B：247）到蓝色（R：152，G：178，B：188）再到蓝色（R：225，G：238，B：247），将第一个蓝色色标"位置"更改为30%，第2个蓝色色标"位置"更改为50%，第3个蓝色色标"位置"更改为70%，"角度"更改为45度，如图5.228所示。

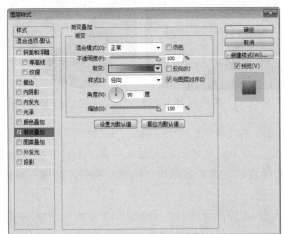

图5.228 设置渐变叠加

10 勾选"内阴影"复选框，将"混合模式"更改为正常，"颜色"为白色，"距离"更改为1像素，"大小"更改为2像素，如图5.229所示。

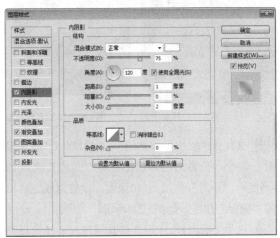

图5.229 设置内阴影

11 勾选"投影"复选框，"混合模式"更改为叠加，"不透明度"更改为50%，取消"使用全局光"复选框，将"角度"更改为90度，"距离"更改为3像素，"大小"更改为5像素，完成之后单击"确定"按钮，如图5.230所示。

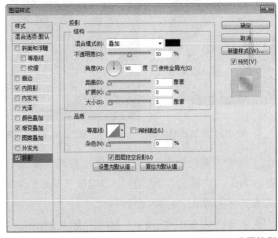

图5.230 设置投影

12 选择工具箱中的"椭圆工具" ，在选项栏中将"填充"更改为黑色，"描边"为无，绘制一个细长椭圆，将生成一个"椭圆1"图层，如图5.231所示。

13 执行菜单栏中的"滤镜"|"模糊"|"高斯模糊"命令，在弹出的对话框中将"半径"更改为3像素，完成之后单击"确定"按钮，如图5.232所示。

图5.231 绘制图形　　图5.232 添加高斯模糊

⑭ 执行菜单栏中的"滤镜"|"模糊"|"动感模糊"命令，在弹出的对话框中将"角度"更改为-45度，"距离"更改为170像素，设置完成之后单击"确定"按钮，如图5.233所示。

⑮ 选中"椭圆1"图层，将其图层混合模式设置为"叠加"。

⑯ 按住Ctrl键单击"矩形2"图层缩览图，将其载入选区，执行菜单栏中的"选择"|"反向"命令将选区反向，按Delete键将选区中图像删除，完成之后按Ctrl+D组合键将选区取消，如图5.234所示。

图5.233 添加动感模糊　　图5.234 删除图像

⑰ 选中"圆角矩形2拷贝"图层，将其"填充"更改为无，"描边"为白色，"宽度"为6.5点，再将其等比缩小，如图5.235所示。

⑱ 选中"圆角矩形2拷贝"图层，将其图层混合模式设置为"柔光"，如图5.236所示。

图5.235 缩小图形　　图5.236 设置图层混合模式

⑲ 在"图层"面板中，选中"圆角矩形2拷贝"图层，单击面板底部的"添加图层蒙版" 按钮，为其图层添加图层蒙版，如图5.237所示。

⑳ 选择工具箱中的"画笔工具"，在画布中单击鼠标右键，在弹出的面板中选择一种圆角笔触，将"大小"更改为100像素，"硬度"更改为0%，如图5.238所示。

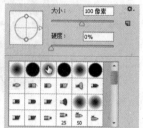

图5.237 添加图层蒙版　　图5.238 设置笔触

㉑ 将前景色更改为黑色，在图像上部分区域涂抹将其隐藏，如图5.239所示。

㉒ 选择工具箱中的"钢笔工具"，在选项栏中单击"选择工具模式" 路径 按钮，在弹出的选项中选择"形状"，将"填充"更改为绿色（R：26，G：100，B：0），"描边"更改为无。

㉓ 在图形底部位置绘制一个不规则图形，将生成一个"形状1"图层，将其移至"圆角矩形2"图层下方，如图5.240所示。

图5.239 隐藏图像　　图5.240 绘制图形

㉔ 执行菜单栏中的"滤镜"|"模糊"|"高斯模糊"命令，在弹出的对话框中将"半径"更改为2像素，完成之后单击"确定"按钮，如图5.241所示。

㉕ 执行菜单栏中的"滤镜"|"模糊"|"动感模糊"命令，在弹出的对话框中将"角度"更改为90度，"距离"更改为110像素，设置完成之后单击

"确定"按钮,如图5.242所示。

图5.241 添加高斯模糊

图5.242 添加动感模糊

㉖ 在"图层"面板中,选中"形状1"图层,单击面板底部的"添加图层蒙版" ◉ 按钮,为其图层添加图层蒙版,如图5.243所示。

㉗ 选择工具箱中的"画笔工具" ✎ ,在画布中单击鼠标右键,在弹出的面板中选择一种圆角笔触,将"大小"更改为100像素,"硬度"更改为0%,如图5.244所示。

图5.243 添加图层蒙版

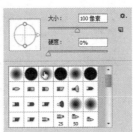
图5.244 设置笔触

㉘ 将前景色更改为黑色,在图像上部分区域涂抹将其隐藏,如图5.245所示。

㉙ 按住Ctrl键单击"矩形2"图层缩览图,将其载入选区,如图5.246所示。

图5.245 隐藏图形

图5.246 载入选区

㉚ 执行菜单栏中的"选择"|"反向"命令将选区反向,按Delete键将选区中图像删除,完成之后按Ctrl+D组合键将选区取消,如图5.247所示。

㉛ 选择工具箱中的"椭圆工具" ⬭ ,在选项栏中将"填充"更改为黑色,"描边"为无,按住Shift键绘制一个圆形,将生成一个"椭圆1"图层,如图5.248所示。

图5.247 删除图像

图5.248 绘制图形

㉜ 在"图层"面板中,单击面板底部的"添加图层样式" fx 按钮,在菜单中选择"渐变叠加"命令。

㉝ 在弹出的对话框中将"渐变"更改为蓝色(R:93,G:125,B:139)到白色,如图5.249所示。

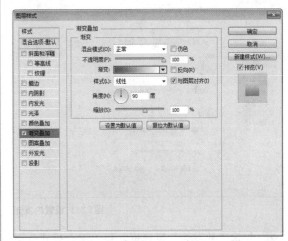
图5.249 设置渐变叠加

㉞ 勾选"斜面和浮雕"复选框,将"大小"更改为22像素,取消"使用全局光"复选框,"角度"更改为45度,"光泽等高线"更改为环形-双,"高光模式"中的"不透明度"更改为100%,"阴影模式"中的"颜色"更改为蓝色(R:93,G:125,B:139),"不透明度"更改为75%,如图5.250所示。

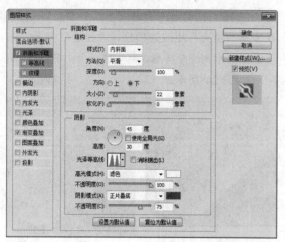

图5.250 设置斜面和浮雕

(35) 勾选"内发光"复选框，将"混合模式"更改为正常，"不透明度"更改为100%，"颜色"更改为蓝色（R：93，G：125，B：139），"大小"更改为5像素，如图5.251所示。

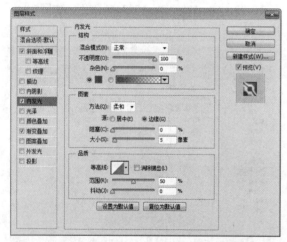

图5.251 设置内发光

(36) 勾选"外发光"复选框，将"混合模式"更改为正常，"颜色"更改为蓝色（R：34，G：64，B：77），"大小"更改为4像素，如图5.252所示。

(37) 勾选"投影"复选框，将"混合模式"更改为正常，"颜色"更改为白色，"不透明度"更改为100%，"距离"更改为2像素，"大小"更改为2像素，完成之后单击"确定"按钮，如图5.253所示。

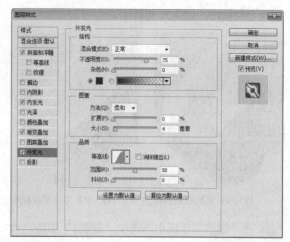

图5.252 设置外发光

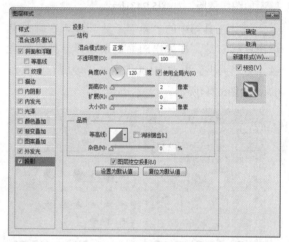

图5.253 设置投影

(38) 执行菜单栏中的"文件"|"打开"命令，打开"符号.psd"文件，将打开的素材拖入画布中图标左上角并适当缩小，如图5.254所示。

图5.254 添加素材

(39) 在"图层"面板中，单击面板底部的"添加图层样式"fx 按钮，在菜单中选择"渐变叠加"
命令。

㊵ 在弹出的对话框中将"渐变"更改为绿色
（R：44，G：115，B：0）到绿色（R：106，G：
197，B：24），如图5.255所示。

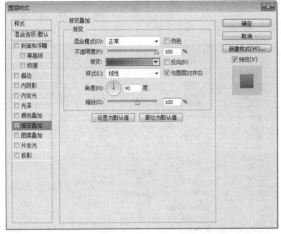

图5.255 设置渐变叠加

㊶ 勾选"内发光"复选框，将"混合模式"更改
为叠加，"不透明度"更改为40%，"颜色"更改
为黑色，"大小"更改为5像素，如图5.256所示。

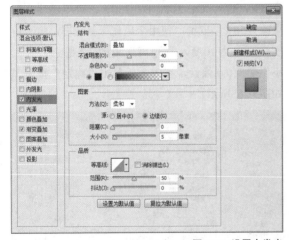

图5.256 设置内发光

㊷ 勾选"投影"复选框，将"混合模式"更改
为叠加，"颜色"更改为白色，取消"使用全局
光"复选框，将"角度"更改为90度，"距离"更
改为2像素，"大小"更改为1像素，完成之后单击
"确定"按钮，如图5.257所示。

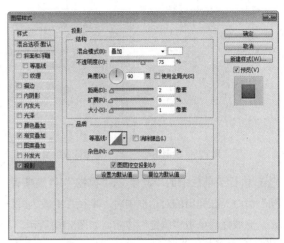

图5.257 添加投影

5.8.2 处理应用界面

㉑ 执行菜单栏中的"文件"｜"新建"命令，在
弹出的对话框中设置"宽度"为720像素，"高
度"为1280像素，"分辨率"为72像素/英寸，
新建一个空白画布，将画布填充为浅蓝色（R：
210，G：240，B：250）。

㉒ 执行菜单栏中的"文件"｜"打开"命令，打
开"状态栏.psd"文件，将打开的素材拖入画布中
靠顶部位置，如图5.258所示。

图5.258 添加素材

㉓ 选择工具箱中的"椭圆工具" ，在选项栏
中将"填充"更改为蓝色（R：200，G：233，B：
242），"描边"为无，按住Shift键绘制一个圆
形，将生成一个"椭圆1"图层，如图5.259所示。

㉔ 在"图层"面板中，选中"椭圆1"图层，将
其拖至面板底部的"创建新图层" 按钮上，复
制两个"拷贝"图层，分别将图层名称更改为"内
圈""外圈"，如图5.260所示。

图5.259 绘制图形

图5.260 复制图层

⑤ 执行菜单栏中的"滤镜"|"模糊"|"高斯模糊"命令,在弹出的对话框中将"半径"更改为5像素,完成之后单击"确定"按钮,如图5.261所示。

⑥ 选中"外圈"图层,将其"填充"更改为白色,再按Ctrl+T组合键对其执行"自由变换"命令,将图形等比缩小,完成之后按Enter键确认,如图5.262所示。

图5.261 添加高斯模糊

图5.262 缩小图像

⑦ 在"图层"面板中,单击面板底部的"添加图层样式"*fx*按钮,在菜单中选择"渐变叠加"命令。

⑧ 在弹出的对话框中将"渐变"更改为蓝色(R:217,G:237,B:238)到浅蓝色(R:246,G:251,B:254),如图5.263所示。

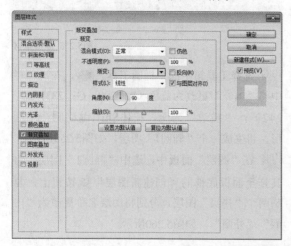

图5.263 设置渐变叠加

⑨ 勾选"斜面和浮雕"复选框,将"大小"更改为50像素,"软化"更改为16像素,取消"使用全局光"复选框,"角度"更改为90度,"高光模式"中的"不透明度"更改为100%,"阴影模式"中的"颜色"更改为蓝色(R:200,G:233,B:242),将"不透明度"更改为35%,如图5.264所示。

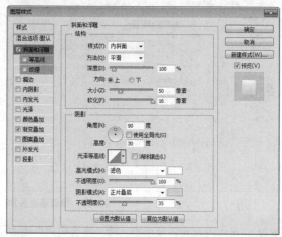

图5.264 设置斜面和浮雕

⑩ 勾选"投影"复选框,将"颜色"更改为蓝色(R:177,G:217,B:230),"不透明度"更改为50%,取消"使用全局光"复选框,将"角度"更改为90度,"距离"更改为5像素,"大小"更改为8像素,完成之后单击"确定"按钮,如图5.265所示。

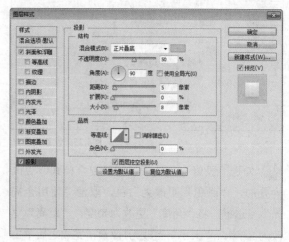

图5.265 设置投影

⑪ 选中"内圈"图层,将其"填充"更改为蓝色(R:230,G:247,B:249)按Ctrl+T组合键

对其执行"自由变换"命令，将图形等比缩小，完成之后按Enter键确认，如图5.266所示。

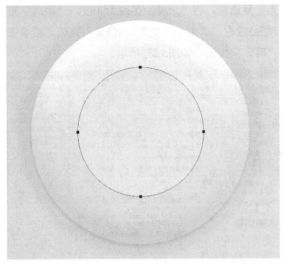

图5.266 缩小图像

⑫ 在"图层"面板中，单击面板底部的"添加图层样式" *fx* 按钮，在菜单中选择"描边"命令，在弹出的对话框中将"大小"更改为3像素，"颜色"更改为蓝色（R：203，G：228，B：232），如图5.267所示。

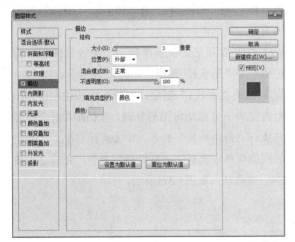

图5.267 添加描边

⑬ 勾选"内阴影"复选框，将"混合模式"更改为正常，"颜色"更改为白色，取消"使用全局光"复选框，"角度"更改为90度，"距离"更改为3像素，"大小"更改为2像素，如图5.268所示。

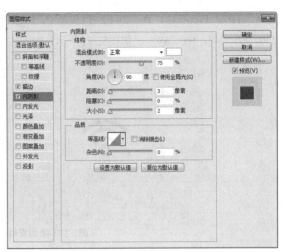

图5.268 设置内阴影

⑭ 勾选"投影"复选框，将"混合模式"更改为正常，"颜色"更改为白色，取消"使用全局光"复选框，将"角度"更改为90度，"距离"更改为5像素，"大小"更改为5像素，完成之后单击"确定"按钮，如图5.269所示。

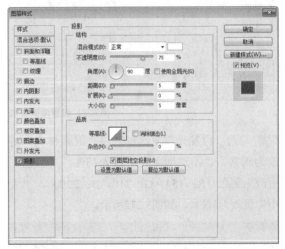

图5.269 设置投影

5.8.3 添加界面细节

① 执行菜单栏中的"文件"|"打开"命令，打开"符号2.psd"文件，将打开的素材拖入画布中并适当缩小，如图5.270所示。

② 在"图层"面板中，单击面板底部的"添加图层样式" *fx* 按钮，在菜单中选择"渐变叠加"命令。

③ 在弹出的对话框中将"渐变"更改为蓝色

（R：197，G：231，B：241）到浅蓝色（R：230，G：247，B：249），如图5.271所示。

图5.270 添加素材

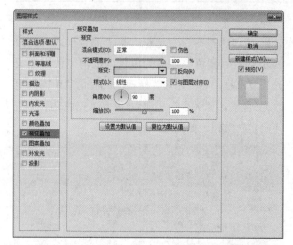

图5.271 设置渐变叠加

04 勾选"内发光"复选框，将"混合模式"更改为正常，"不透明度"更改为75%，"颜色"更改为蓝色（R：154，G：210，B：220），"大小"更改为5像素，如图5.272所示。

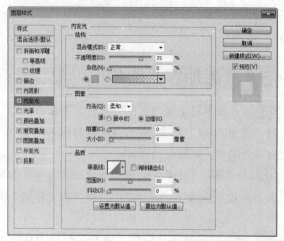

图5.272 设置内发光

05 勾选"投影"复选框，将"混合模式"更改为正常，"颜色"更改为白色，取消"使用全局光"复选框，将"角度"更改为90度，"距离"更改为5像素，"大小"更改为5像素，完成之后单击"确定"按钮，如图5.273所示。

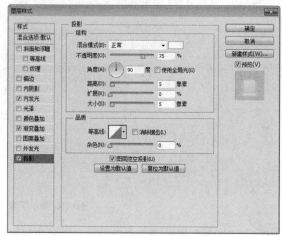

图5.273 设置投影

06 选择工具箱中的"钢笔工具"，在选项栏中单击"选择工具模式" 路径 按钮，在弹出的选项中选择"形状"，将"填充"更改为绿色（R：146，G：213，B：50），"描边"更改为无。

07 在圆靠顶部的位置绘制一个不规则图形，将生成一个"形状1"图层，如图5.274所示。

08 选中"形状1"图层，在画布中按住Alt+Shift组合键向下方拖动将图形复制，按Ctrl+T组合键对其执行"自由变换"命令，单击鼠标右键，从弹出的快捷菜单中选择"垂直翻转"命令，完成之后按Enter键确认，如图5.275所示。

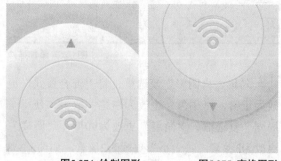

图5.274 绘制图形　　图5.275 变换图形

09 以同样方法将图形再复制两份并放在左右两侧位置，如图5.276所示。

图5.276 复制并变换图形

技巧与提示

将图形复制之后需要注意，使用"自由变换"命令对其执行旋转。

⑩ 在"图层"面板中，单击面板底部的"添加图层样式" *fx* 按钮，在菜单中选择"投影"命令。

⑪ 在弹出的对话框中将"混合模式"更改为正常，"颜色"更改为白色，"不透明度"更改为100%，取消"使用全局光"复选框，将"角度"更改为90度，"距离"更改为2像素，"大小"更改为2像素，完成之后单击"确定"按钮，如图5.277所示。

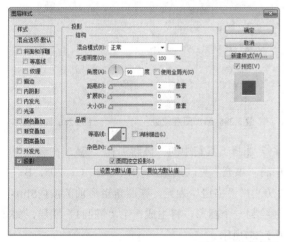

图5.277 设置投影

⑫ 在"形状1"图层名称上单击鼠标右键，从弹出的快捷菜单中选择"拷贝图层样式"命令，同时选中其他几个形状图层，在其图层名称上单击鼠标右键，从弹出的快捷菜单中选择"粘贴图层样式"命令，如图5.278所示。

⑬ 选择工具箱中的"横排文字工具" **T**，添加文字（方正兰亭黑），如图5.279所示。

图5.278 粘贴图层样式　　　　图5.279 添加文字

⑭ 执行菜单栏中的"文件"|"打开"命令，打开"形状和设置.psd"文件，将打开的素材拖入画布中并适当缩小，如图5.280所示。

⑮ 选择工具箱中的"圆角矩形工具" ⬜，在选项栏中将"填充"更改为白色，"描边"为无，"半径"为100像素，绘制一个圆角矩形，将生成一个"圆角矩形 1"图层，如图5.281所示。

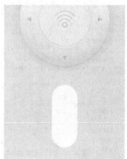

图5.280 添加素材　　　　图5.281 绘制图形

⑯ 在"图层"面板中，选中"圆角矩形1"图层，将其拖至面板底部的"创建新图层" 🔲 按钮上，复制一个"圆角矩形1拷贝"图层。

技巧与提示

界面在制作过程中需要考虑到版式布局，尽量保持整体的协调性，因此在制作过程中需要留意调整图形或者文字之间距离。

⑰ 在"图层"面板中，选中"圆角矩形1"图层，单击面板底部的"添加图层样式" *fx* 按钮，在菜单中选择"渐变叠加"命令。

⑱ 在弹出的对话框中将"渐变"更改为浅蓝色（R：220，G：247，B：254）到白色，如图5.282所示。

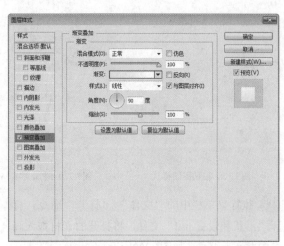

图5.282 设置渐变叠加

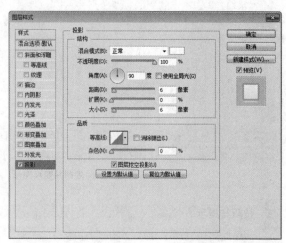

图5.284 设置投影

⑲ 勾选"描边"复选框，将"大小"更改为4像素，"颜色"更改为蓝色（R：155，G：205，B：220），如图5.283所示。

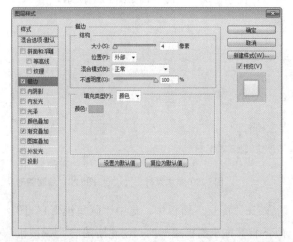

图5.283 设置描边

⑳ 勾选"投影"复选框，将"混合模式"更改为正常，"颜色"更改为白色，"不透明度"更改为100%，取消"使用全局光"复选框，将"角度"更改为90度，"距离"更改为6像素，"大小"更改为6像素，完成之后单击"确定"按钮，如图5.284所示。

㉑ 选中"圆角矩形1拷贝"图层，将其"填充"更改为蓝色（R：180，G：226，B：241），按Ctrl+T组合键对其执行"自由变换"命令，将图形等比缩小，完成之后按Enter键确认。

㉒ 在"图层"面板中，单击面板底部的"添加图层蒙版"[图] 按钮，为"圆角矩形1拷贝"图层添加图层蒙版，如图5.285所示。

㉓ 选择工具箱中的"渐变工具" [图]，编辑黑色到白色的渐变，单击选项栏中的"线性渐变" [图] 按钮，在图形上拖动，将部分图形隐藏，如图5.286所示。

图5.285 添加图层蒙版   图5.286 隐藏图形

㉔ 选择工具箱中的"椭圆工具" [图]，在选项栏中将"填充"更改为蓝色（R：155，G：205，B：220），"描边"为无，在圆角矩形顶部按住Shift键绘制一个圆形，将生成一个"椭圆1"图层，如图5.287所示。

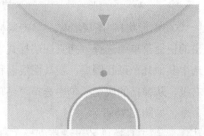

图5.287 绘制图形

㉕ 在"图层"面板中，单击面板底部的"添加图层样式"*fx*按钮，在菜单中选择"内阴影"命令。

㉖ 在弹出的对话框中将"混合模式"更改为叠加，"不透明度"更改为100%，取消"使用全局光"复选框，"角度"更改为90度，"距离"更改为1像素，"大小"更改为2像素，如图5.288所示。

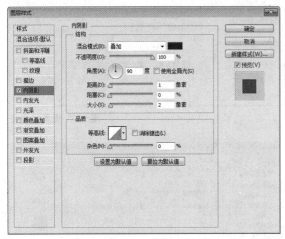

图5.288 设置内阴影

㉗ 勾选"投影"复选框，将"混合模式"更改为正常，"颜色"更改为白色，"不透明度"更改为100%，取消"使用全局光"复选框，将"角度"更改为90度，"距离"更改为2像素，"大小"更改为2像素，如图5.289所示。

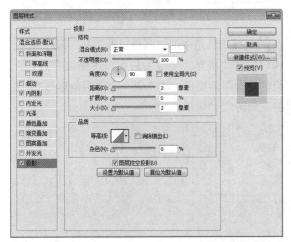

图5.289 设置投影

㉘ 勾选"外发光"复选框，将"混合模式"更改为线性减淡（添加），"不透明度"更改为100%，"颜色"更改为青色（R：0，G：252，B：255），"大小"更改为20像素，"范围"更改为100%，完成之后单击"确定"按钮，如图5.290所示。

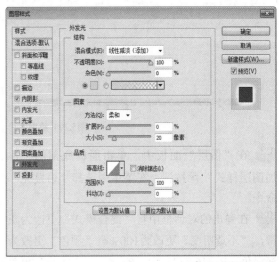

图5.290 设置外发光

㉙ 选中"椭圆1"图层，在画布中按住Alt键将图像复制数份，如图5.291所示。

㉚ 分别选中下半部分几个小椭圆所在图层，将在其图层名称中的"外发光"图层样式删除，如图5.292所示。

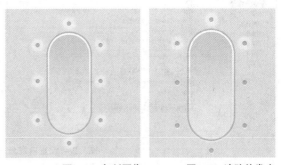

图5.291 复制图像   图5.292 清除外发光

5.8.4 制作调节条

① 选择工具箱中的"圆角矩形工具"，在选项栏中将"填充"更改为绿色（R：32，G：95，B：0），"描边"为无，"半径"为100像素，绘制一个圆角矩形，将生成一个"圆角矩形2"图层，如图5.293所示。

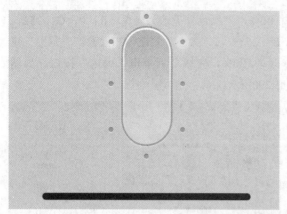

图5.293 绘制图形

如图5.296所示。

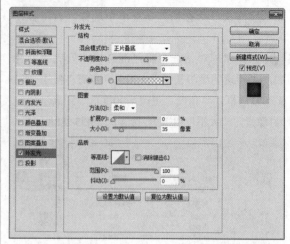

图5.295 设置外发光

02 在"图层"面板中，单击面板底部的"添加图层样式" *fx* 按钮，在菜单中选择"内发光"命令。

03 在弹出的对话框中将"混合模式"更改为正常，"不透明度"更改为100%，"颜色"更改为深绿色（R：16，G：40，B：4），"大小"更改为13像素，如图5.294所示。

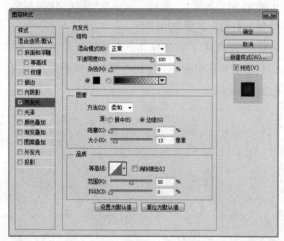

图5.294 设置内发光

04 勾选"外发光"复选框，将"不透明度"更改为75%，"颜色"更改为绿色（R：102，G：255，B：0），"大小"更改为35像素，如图5.295所示。

05 勾选"投影"复选框，将"混合模式"更改为正常，"颜色"更改为白色，"不透明度"更改为100%，取消"使用全局光"复选框，将"角度"更改为90度，"距离"更改为5像素，"大小"更改为5像素，完成之后单击"确定"按钮，

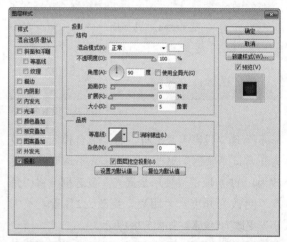

图5.296 设置投影

06 选择工具箱中的"圆角矩形工具" ▭ ，在选项栏中将"填充"更改为白色，"描边"为无，绘制一个圆角矩形，将生成一个"圆角矩形3"图层，如图5.297所示。

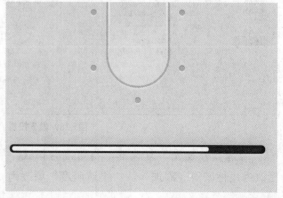

图5.297 绘制图形

07 在"图层"面板中，单击面板底部的"添加图层样式" *fx* 按钮，在菜单中选择"渐变叠加"命令。

08 在弹出的对话框中将"渐变"更改为绿色（R：43，G：123，B：0）到绿色（R：160，G：226，B：57），"缩放"更改为50%，完成之后单击"确定"按钮，如图5.298所示。

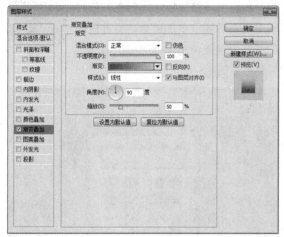

图5.298 设置渐变叠加

09 选择工具箱中的"椭圆工具" ，在选项栏中将"填充"更改为黑色，"描边"为无，按住Shift键绘制一个圆形，将生成一个"椭圆2"图层，如图5.299所示。

10 在"图层"面板中，选中"椭圆2"图层，将其拖至面板底部的"创建新图层" 按钮上，复制一个"椭圆2拷贝"图层。

11 在"图层"面板中，单击面板底部的"添加图层样式" *fx* 按钮，在菜单中选择"渐变叠加"命令。

12 在弹出的对话框中将"渐变"更改为绿色（R：237，G：250，B：217）到绿色（R：198，G：237，B：138），"角度"更改为−45度，完成之后单击"确定"按钮，如图5.300所示。

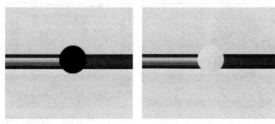

图5.299 绘制图形　　图5.300 添加渐变叠加

13 在"椭圆2拷贝"图层名称上单击鼠标右键，从弹出的快捷菜单中选择"拷贝图层样式"命令，在"椭圆2"图层名称上单击鼠标右键，从弹出的快捷菜单中选择"粘贴图层样式"命令。

14 双击"椭圆2"图层样式名称，在弹出的对话框中将"渐变"更改为绿色（R：43，G：123，B：0）到绿色（R：160，G：226，B：57）再到绿色（R：43，G：123，B：0），将中间色标"位置"更改为25%，"角度"更改为0度，完成之后单击"确定"按钮，如图5.301所示。

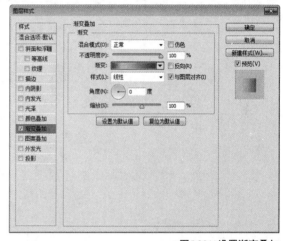

图5.301 设置渐变叠加

15 勾选"投影"复选框，将"颜色"更改为绿色（R：24，G：66，B：2），取消"使用全局光"复选框，将"角度"更改为90度，"距离"更改为2像素，"大小"更改为5像素，完成之后单击"确定"按钮，如图5.302所示。

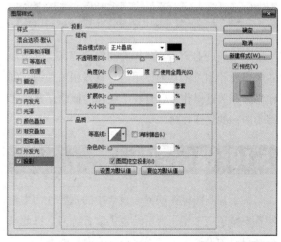

图5.302 设置投影

141

⑯ 选择工具箱中的"横排文字工具" **T**，添加文字（方正兰亭黑），这样就完成了效果制作，最终效果如图5.303所示。

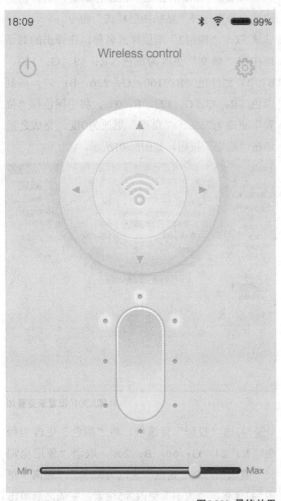

图5.303 最终效果

5.9 本章小结

本章通过七个写实图标的制作讲解，了解了写实风格设计相关工具的使用，对掌握相关知识、创作思路和关键操作步骤有一个整体的概念，熟悉了写实图标的设计技巧。

5.10 课后习题

鉴于写实图标在UI界面设计中的重要性，本章特意安排了三个精彩课后习题供读者练习，以此来提高自己的设计水平，强化自身的设计能力。

5.10.1 课后习题1——写实计算器

素材位置：无
案例位置：案例文件\第5章\写实计算器.psd
视频位置：多媒体教学\5.10.1 课后习题1——写实计算器.avi
难易指数：★★★☆☆

本例讲解写实计算器的制作，作为一款写实风格图标，本例在制作过程中需要对细节多加留意，通过极致的细节表现强调出图标的可识别性，最终效果如图5.304所示。

扫码看视频

图5.304 最终效果

步骤分解如图5.305所示。

图5.305 步骤分解图

5.10.2 课后习题2——写实开关图标

素材位置：无
案例位置：案例文件\第5章\写实开关图标.psd
视频位置：多媒体教学\5.10.2 课后习题2——写实开关图标.avi
难易指数：★★★☆☆

本例主要讲解写实开关图标的制作，在所有的图标设计中，最好在制作之初模拟绘制出一个草图样式，在脑海中产生所要绘制的图标轮廓，依

扫码看视频

据所要表达的风格进行绘制。本例的制作方法与其他图标制作十分相同，在拟物化的控件细节上需要多加留意，最终效果如图5.306所示。

图5.306　最终效果

步骤分解如图5.307所示。

图5.307　步骤分解图

5.10.3 课后习题3——写实钢琴图标

素材位置：无
案例位置：案例文件\第5章\写实钢琴图标.psd
视频位置：多媒体教学\5.10.3 课后习题3——写实钢琴图标.avi
难易指数：★★★☆☆

本例讲解钢琴图标的制作，本例中的图标以真实模拟的手法展示一款十分出色的钢琴图标，此款图标可以用作移动设备上的音乐图标或者App

扫码看视频

相关应用，它具有相当真实的外观和可识别性，最终效果如图5.308所示。

图5.308　最终效果

步骤分解如图5.309所示。

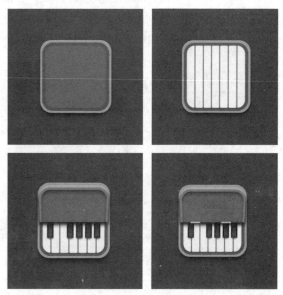

图5.309　步骤分解图

第6章

卡通涂鸦风格图标设计

---------- 内容摘要 ----------

本章主要讲解卡通涂鸦风格图标设计。卡通涂鸦风格以卡通为基础，以涂鸦为设计手法，将夸张、幽默、讽刺等技巧应用到图标设计中，达到别样的设计感受。

---------- 课堂学习目标 ----------

- 卡通涂鸦风格及设计解析
- 卡通图标设计
- 手绘图标设计
- 卡通涂鸦主题界面制作

6.1 卡通涂鸦风格及设计解析

要了解卡通涂鸦风格，首先要先了解卡通，卡通最早起源于欧洲，经过漫长的演变之后，现在的卡通风格其实就是平常我们所说的动漫画中的风格，它有别于写实的凝重，而更突出角色人物的外貌及性格特征。涂鸦则是指在墙壁上乱涂乱写出的图像或画作，风格比较随意，后来扩展到汽车、火车和站台等不同表现的画作。涂鸦内容包括很多，主要以变形英文字体为主，其次有3D写实、人物写实、各种场景写实、卡通人物等，配上艳丽的颜色，会让人产生强烈的视觉效果和宣传效果。

卡通涂鸦则是以涂鸦的乱写为根本，以卡通为主导的一种风格，多用于与儿童相关的绘画作品，或充满童趣的涂鸦作品中。以卡通夸张的笔法借以涂鸦的随意画法，达到或幽默、或讽刺、或通俗、或可爱的艺术表现效果。

卡通涂鸦风格在设计时要注意：一是适当合理的夸张，以充分彰显角色的特征；另外要大胆地运用色彩、卡通涂鸦的特点通常通过大胆的色彩表现出来，只有充分运用色彩，才能让角度"活"起来。卡通涂鸦风格的图标效果如图6.1所示。

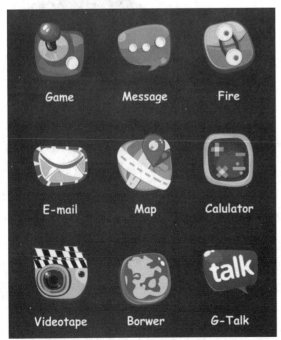

图6.1 卡通涂鸦图标效果

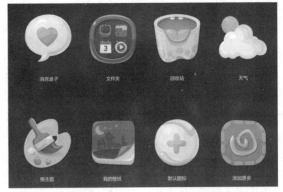

图6.1 卡通涂鸦图标效果（续）

6.2 手绘趣味旅行图标

素材位置：无
案例位置：案例文件\第6章\手绘趣味旅行图标.psd
视频位置：多媒体教学\6.2 手绘趣味旅行图标.avi
难易指数：★★★☆☆

本例讲解手绘趣味旅行图标制作，旅行图标的主题十分明显，以旅行的周边元素为主视觉，整个图标的表现形式一定要紧扣主题，最终效果如图6.2所示。

扫码看视频

图6.2 最终效果

6.2.1 图标轮廓制作

01 执行菜单栏中的"文件"|"新建"命令，在
弹出的对话框中设置"宽度"为600像素，"高
度"为500像素，"分辨率"为72像素/英寸，新建
一个空白画布。

02 选择工具箱中的"圆角矩形工具" ，在选
项栏中将"填充"更改为黑色，"描边"为无，
"半径"为60像素，按住Shift键绘制一个圆角矩
形，此时将生成一个"圆角矩形1"图层，如图6.3
所示。

图6.3 绘制圆角矩形

03 在"图层"面板中，单击面板底部的"添加图层
样式" fx 按钮，在菜单中选择"渐变叠加"命令。

04 在弹出的对话框中将"渐变"更改为青色
（R：62，G：202，B：205）到蓝色（R：13，
G：135，B：164）再到蓝色（R：0，G：50，B：
92），将第2个蓝色色标位置更改为50%，完成之
后单击"确定"按钮，如图6.4所示。

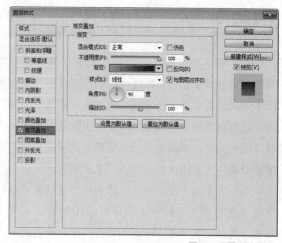

图6.4 设置渐变叠加

05 在"圆角矩形1"图层名称上单击鼠标右键，
在弹出的菜单中选择"栅格化图层"命令。

06 选择工具箱中的"椭圆工具" ，在选项栏
中将"填充"更改为黑色，"描边"为无，绘制一
个椭圆图形，将生成一个"椭圆1"图层，如图6.5
所示。

图6.5 绘制图形

07 以刚才同样方法为椭圆所在图层添加绿色
（R：93，G：255，B：180）到绿色（R：195，
G：247，B：177）的渐变，如图6.6所示。

图6.6 添加渐变叠加

08 选中"椭圆1"图层，执行菜单栏中的"图层"|"创建剪贴蒙版"命令，为当前图层创建剪贴蒙版，将部分图形隐藏，如图6.7所示。

图6.7 创建剪贴蒙版

09 选择工具箱中的"钢笔工具"，在选项栏中单击"选择工具模式" 路径 按钮，在弹出的选项中选择"形状"，将"填充"更改为黄色（R：255，G：255，B：88），"描边"更改为无。

10 在图标左下角位置绘制一个不规则图形，将生成一个"形状1"图层，将其移至"圆角矩形1"图层上方，如图6.8所示。

图6.8 绘制图形

11 以同样方法继续绘制一个不规则图形，并将其移至"圆角矩形1"图层上方，如图6.9所示。

图6.9 绘制图形

技巧与提示

将图层移至创建剪贴蒙版之后的图层之间位置可自动生成创建剪贴蒙版效果。

12 选择工具箱中的"椭圆工具"，在选项栏中将"填充"更改为黄色（R：255，G：255，B：88），"描边"为无，绘制一个椭圆图形，将生成一个"椭圆2"图层，将其移至"圆角矩形1"和"椭圆1"图层之间，如图6.10所示。

13 执行菜单栏中的"滤镜"|"模糊"|"高斯模糊"命令，在弹出的对话框中单击"栅格化"按钮，然后在弹出的对话框中将"半径"更改为35像素，完成之后单击"确定"按钮，如图6.11所示。

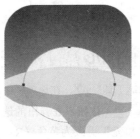

图6.10 绘制椭圆　　图6.11 添加高斯模糊

14 在"画笔"面板中，选择一个圆角笔触，将"大小"更改为10像素，"间距"为1000%，如图6.12所示。

15 勾选"形状动态"复选框，将"大小抖动"更改为100%，如图6.13所示。

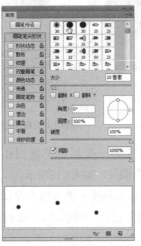

图6.12 设置画笔笔尖形状　　图6.13 设置形状动态

⑯ 单击面板底部的"创建新图层" ⬜ 按钮，在"圆角矩形1"图层上方新建一个"图层1"图层。

⑰ 将前景色更改为白色，在图标上半部分位置单击数次添加图像，如图6.14所示。

⑱ 选中"图层1"图层，将其图层混合模式设置为"柔光"，如图6.15所示。

图6.14 添加图像 图6.15 设置图层混合模式

6.2.2 绘制主视觉图形

① 选择工具箱中的"钢笔工具" ✒，在选项栏中单击"选择工具模式" 路径 ➡ 按钮，在弹出的选项中选择"形状"，将"填充"更改为黄色（R：255，G：255，B：88），"描边"更改为无。

② 在图标顶部位置绘制一个不规则图形，将生成一个"形状3"图层，在其图形下方再绘制一个深黄色（R：221，G：131，B：66）图形，将生成一个"形状4"图层，如图6.16所示。

图6.16 绘制图形

③ 在深黄色图形位置绘制一个黑色不规则图形，将生成一个"形状5"图层，如图6.17所示。

④ 选中"形状5"图层，将其图层混合模式设置为"柔光"，"不透明度"更改为50%，如图6.18所示。

图6.17 绘制图形 图6.18 设置图层属性

⑤ 在"图层"面板中，选中"形状5"图层，单击面板底部的"添加图层蒙版" ⬛ 按钮，为其添加图层蒙版，如图6.19所示。

⑥ 按住Ctrl键单击"形状4"图层缩览图，将其载入选区，如图6.20所示。

图6.19 添加图层蒙版 图6.20 载入选区

⑦ 执行菜单栏中的"选择"|"反向"命令将选区反向，将选区填充为黑色，将部分图形隐藏，完成之后按Ctrl+D组合键将选区取消，如图6.21所示。

图6.21 隐藏图形

⑧ 选择工具箱中的"钢笔工具" ✒，在选项栏中单击"选择工具模式" 路径 ➡ 按钮，在弹出的选项中选择"形状"，将"填充"更改为深黄色（R：201，G：196，B：140），"描边"更改为无。

⑨ 在图形左下角和位置绘制一个不规则图形制

作裤子细节图像,如图6.22所示。

⑩ 将图形向右侧平移复制,再按Ctrl+T组合键对其执行"自由变换"命令,单击鼠标右键,从弹出的快捷菜单中选择"水平翻转"命令,再适当旋转,完成之后按Enter键确认,如图6.23所示。

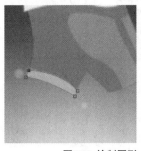 

图6.22 绘制图形 图6.23 复制图形

⑪ 使用"钢笔工具" ✐,继续绘制人物细节图像,如图6.24所示。

图6.24 绘制细节图像

⑫ 选择工具箱中的"横排文字工具" T,添加文字(方正兰亭细黑),这样就完成了效果制作,

最终效果如图6.25所示。

图6.25 最终效果

6.3 可爱场景化图标

素材位置: 无
案例位置: 案例文件\第6章\可爱场景化图标.psd
视频位置: 多媒体教学\6.3 可爱场景化图标.avi
难易指数: ★★★★☆

本例讲解可爱场景化图标制作,本例中图标以北极熊生活的场景为基础元素,将海面、冰块及浮冰整个元素相结合,完美表现出北极环境的特征,将其与北极熊形象相结合,完美呈现出最终图标效果,最终效果如图6.26所示。

扫码看视频

图6.26 最终效果

6.3.1 绘制图标轮廓

⓪① 执行菜单栏中的"文件"|"新建"命令，在弹出的对话框中设置"宽度"为600像素，"高度"为500像素，"分辨率"为72像素/英寸，新建一个空白画布。

⓪② 选择工具箱中的"渐变工具"■，编辑蓝色（R：0，G：100，B：165）到蓝色（R：0，G：34，B：54）的渐变，单击选项栏中的"径向渐变"■按钮，在画布中从中间向右下角拖动填充渐变，如图6.27所示。

图6.27 填充渐变

⓪③ 选择工具箱中的"圆角矩形工具"■，在选项栏中将"填充"更改为蓝色（R：7，G：104，B：170），"描边"为无，"半径"为60像素，按住Shift键绘制一个圆角矩形，此时将生成一个"圆角矩形1"图层，如图6.28所示。

图6.28 绘制圆角矩形

⓪④ 单击面板底部的"创建新图层"■按钮，新

建一个"图层1"图层，将其填充为白色。

⓪⑤ 按键盘上D键恢复默认前景色和背景色，执行菜单栏中的"滤镜"|"渲染"|"纤维"命令，在弹出的对话框中将"差异"更改为16，"强度"为5，完成之后单击"确定"按钮。如图6.29所示。

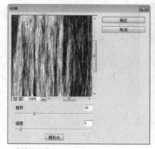

图6.29 设置纤维

⓪⑥ 选中"图层1"图层，按Ctrl+T组合键执行"自由变换"命令，单击鼠标右键，从弹出的快捷菜单中选择"旋转90度（顺时针）"命令，再将图像等比缩小，完成之后按Enter键确认，如图6.30所示。

⓪⑦ 在"图层"面板中，选中"图层1"图层，将其图层混合模式设置为"柔光"，"不透明度"更改为40%，如图6.31所示。

图6.30 缩小图像　　图6.31 设置图层混合模式

⓪⑧ 选中"图层 1"图层，执行菜单栏中的"图层"|"创建剪贴蒙版"命令，为当前图层创建剪贴蒙版将部分图像隐藏，如图6.32所示。

图6.32 创建剪贴蒙版

09 同时选中"图层1"及"圆角矩形1"图层，按Ctrl+E组合键将图层合并，此时将生成一个"图层1"图层。如图6.33所示。

10 选中"图层1"图层，将其拖至面板底部的"创建新图层"按钮上，复制一个"图层1拷贝"图层，如图6.34所示。

图6.33 合并图层　　　　图6.34 复制图层

11 单击面板底部的"创建新图层"按钮，新建一个"图层 2"图层，将其填充为白色。

12 在"图层"面板中，选中"图层2"图层，执行菜单栏中的"图层"|"创建剪贴蒙版"命令，为当前图层创建剪贴蒙版，将部分图像隐藏，再将其图层混合模式设置为"柔光"，如图6.35所示。

图6.35 设置图层混合模式

13 同时选中"图层2"及"图层1拷贝"图层，按Ctrl+E组合键将图层合并，此时将生成一个"图层 2"图层，如图6.36所示。

14 选中"图层2"图层，按Ctrl+T组合键对其执行"自由变换"命令，将图像高度缩小，完成之后按Enter键确认，如图6.37所示。

图6.36 合并图层　　　　图6.37 缩小高度

15 按住Ctrl键单击"矩形2"图层缩览图，将其载入选区，执行菜单栏中的"选择"|"反向"命令将选区反向，如图6.38所示。

16 按Delete键将选区中图像删除，完成之后按Ctrl+D组合键将选区取消，如图6.39所示。

图6.38 载入选区　　　　图6.39 删除图像

6.3.2 处理高光细节

01 选择工具箱中的"矩形工具"，在选项栏中将"填充"更改为白色，"描边"为无，在图标左下角绘制一个矩形，将生成一个"矩形 1"图层，将其移至"图层2"下方，如图6.40所示。

02 执行菜单栏中的"滤镜"|"模糊"|"高斯模糊"命令，在弹出的对话框中将"半径"更改为10像素，完成之后单击"确定"按钮，如图6.41所示。

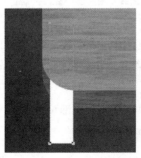

图6.40 绘制图形　　　　图6.41 添加高斯模糊

03 执行菜单栏中的"图层"I"创建剪贴蒙版"命令，为当前图层创建剪贴蒙版，将部分图像隐藏，将其图层混合模式设置为"柔光"，如图6.42所示。

04 选中"矩形1"图层，在画布中按住Alt+Shift组合键向右侧拖动将图像复制，如图6.43所示。

图6.42 创建剪贴蒙版　　　　图6.43 复制图像

05 在"画笔"面板中，选择一个圆角笔触，将"大小"更改为6像素，"间距"更改为1000%，如图6.44所示。

06 勾选"形状动态"复选框，将"大小抖动"更改为100%，如图6.45所示。

图6.44 设置画笔笔尖形状　　图6.45 设置形状动态

07 单击面板底部的"创建新图层" 按钮，新建一个"图层3"图层，将其移至"图层1"图层上方。

08 将前景色更改为白色，在图标底部位置单击多次添加亮点图像，如图6.46所示。

09 在"图层"面板中，选中"图层3"图层，将其图层混合模式设置为"叠加"，如图6.47所示。

图6.46 添加图像　　　　　图6.47 创建剪贴蒙版

10 在"图层"面板中，选中"图层2"图层，单击面板底部的"添加图层样式" fx 按钮，在菜单中选择"渐变叠加"命令。

11 在弹出的对话框中将"不透明度"更改为50%，"渐变"更改为白色到白色，将第2个色标"不透明度"更改为0%，"缩放"更改为50%，如图6.48所示。

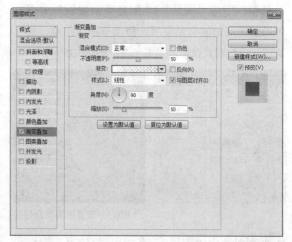

图6.48 设置渐变叠加

12 勾选"投影"复选框，将"混合模式"更改为正常，"颜色"更改为蓝色（R：194，G：240，B：255），"不透明度"更改为100%，取消"使用全局光"复选框，将"角度"更改为90度，"距离"更改为2像素，"大小"更改为1像素，完成之后单击"确定"按钮，如图6.49所示。

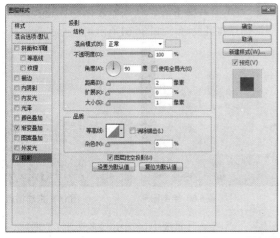

图6.49 设置投影

6.3.3 绘制冰块图形

01 选择工具箱中的"钢笔工具" ✍，在选项栏中单击"选择工具模式" 路径 ⬚ 按钮，在弹出的选项中选择"形状"，将"填充"更改为蓝色（R：154，G：224，B：241），"描边"更改为无。

02 在位置绘制一个不规则图形，将生成一个"形状1"图层，如图6.50所示。

03 执行菜单栏中的"图层"|"创建剪贴蒙版"命令，为当前图层创建剪贴蒙版，将部分图形隐藏，如图6.51所示。

图6.50 绘制图形　　图6.51 创建剪贴蒙版

04 在画布中按住Alt+Shift组合键向右侧拖动将图形复制，将生成一个"形状1拷贝"图层，如图6.52所示。

05 选择工具箱中的"直接选择工具" ▸，拖动"形状1拷贝"图层中图形锚点将其变形，如图6.53所示。

图6.52 复制图形　　　图6.53 将图形变形

06 选择工具箱中的"钢笔工具" ✍，在选项栏中单击"选择工具模式" 路径 ⬚ 按钮，在弹出的选项中选择"形状"，将"填充"更改为蓝色（R：198，G：233，B：244），"描边"更改为无。

07 在两个图形之间靠左侧位置绘制一个不规则图形，将生成一个"形状2"图层，如图6.54所示。

08 在"图层"面板中，按住Ctrl键单击"形状1"图层缩览图，将其载入选区，再单击面板底部的"添加图层蒙版" ▢ 按钮，将选区外图形隐藏，完成之后按Ctrl+D组合键将选区取消，如图6.55所示。

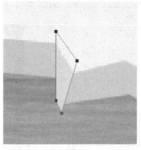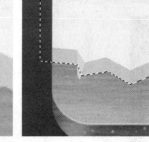

图6.54 绘制图形　　　图6.55 隐藏图形

09 以同样方法在其他位置绘制数个相似图形，并将不需要的部分隐藏，如图6.56所示。

图6.56 绘制图形

⑩ 选择工具箱中的"钢笔工具" ✐，在选项栏中单击"选择工具模式" 路径 ÷ 按钮，在弹出的选项中选择"形状"，将"填充"更改为黑色，"描边"更改为无。

⑪ 在刚才绘制的图形下方位置绘制一个不规则图形制作倒影图形，将生成一个"形状5"图层，将其移至"图层2"图层上方，如图6.57所示。

⑫ 选中"形状5"图层，将其图层混合模式设置为"柔光"，"不透明度"更改为70%，如图6.58所示。

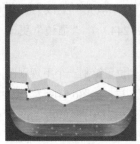 

图6.57 绘制图形　　　图6.58 设置图层混合模式

⑬ 执行菜单栏中的"滤镜"|"模糊"|"高斯模糊"命令，在弹出的对话框中将"半径"更改为2像素，完成之后单击"确定"按钮，如图6.59所示。

图6.59 添加高斯模糊

⑭ 选择工具箱中的"多边形工具" ⬡，将"填充"更改为浅蓝色（R：241，G：249，B：251），"描边"更改为无，单击 ✿ 按钮，在弹出的面板中，将"边"更改为7，绘制一个多边形，如图6.60所示。

⑮ 选择工具箱中的"直接选择工具" ▷，拖动图形锚点将其变形，如图6.61所示。

图6.60 绘制图形　　　图6.61 拖动锚点

⑯ 在"图层"面板中，选中"多边形1"图层，将其拖至面板底部的"创建新图层" ⬚ 按钮上，复制一个"多边形1拷贝"图层，将其移至"多边形1"图层下方，如图6.62所示。

⑰ 将"多边形1拷贝"图层中图形"填充"更改为蓝色（R：158，G：216，B：230），在画布中将其向下移动，如图6.63所示。

图6.62 复制图层　　　图6.63 移动图形

⑱ 选择工具箱中的"直接选择工具" ▷，拖动"多边形1拷贝"图层中图形锚点将其变形，如图6.64所示。

⑲ 选择工具箱中的"钢笔工具" ✐，在选项栏中单击"选择工具模式" 路径 ÷ 按钮，在弹出的选项中选择"形状"，将"填充"更改为浅蓝色（R：222，G：241，B：246），"描边"更改为无。

⑳ 在两个图形之间靠左侧位置绘制一个不规则图形，如图6.65所示。

图6.64 拖动锚点　　　　图6.65 绘制图形

㉑ 以同样方法在右侧位置绘制一个相似图形制作出厚度效果，如图6.66所示。

㉒ 在图形底部再次绘制一个不规则图形，将生成一个"形状8"图层，如图6.67所示。

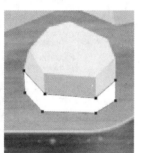

图6.66 制作厚度　　　　图6.67 绘制图形

㉓ 执行菜单栏中的"滤镜"|"模糊"|"高斯模糊"命令，在弹出的对话框中将"半径"更改为2像素，完成之后单击"确定"按钮，如图6.68所示。

㉔ 选中"图层1"图层，将其图层混合模式设置为"柔光"，"不透明度"更改为70%，如图6.69所示。

图6.68 添加高斯模糊　　图6.69 设置图层混合模式

㉕ 同时选中所有和浮冰相关图层，按Ctrl+G组合键将其编组，将生成的组名称更改为"浮冰"，如图6.70所示。

㉖ 单击面板底部的"创建新图层" ⬛ 按钮，新建一个"图层1"图层，将前景色更改为蓝色（R：114，G：207，B：231），背景色更改为白色，执行菜单栏中的"滤镜"|"渲染"|"云彩"命令，如图6.71所示。

图6.70 将图层编组　　　图6.71 添加云彩

㉗ 选中"图层4"图层，按Ctrl+T组合键对其执行"自由变换"命令，将图像等比缩小，完成之后按Enter键确认，如图6.72所示。

图6.72 等比缩小

㉘ 将"图层4"图层混合模式设置为"正片叠底"，如图6.73所示。

图6.73 设置图层混合模式

㉙ 按住Ctrl键单击"图层 1"图层缩览图，将其载入选区，执行菜单栏中的"选择"|"反向"命令将选区反向，如图6.74所示。

30 按Delete键将选区中图像删除，完成之后按Ctrl+D组合键将选区取消，如图6.75所示。

图6.74 载入选区　　　　图6.75 删除图像

31 将"形状1拷贝"图层中图形载入选区，将选区反向之后以同样方法将不需要的图像部分删除，如图6.76所示。

图6.76 删除图像

6.3.4 绘制主视觉动物

01 选择工具箱中的"钢笔工具" ，在选项栏中单击"选择工具模式" 路径 按钮，在弹出的选项中选择"形状"，将"填充"更改为浅黄色（R：250，G：246，B：220），"描边"更改为无。

02 绘制一个北极熊图形，将生成一个"形状9"图层，如图6.77所示。

图6.77 绘制图形

03 在"图层"面板中，单击面板底部的"添

加图层样式" fx 按钮，在菜单中选择"斜面和浮雕"命令。

04 勾选"斜面与浮雕"复选框，在弹出的对话框中将"大小"更改为18像素，"高光模式"中更改为正常，"阴影模式"中的"颜色"更改为棕色（R：104，G：63，B：15），"不透明度"更改为20%，完成之后单击"确定"按钮，如图6.78所示。

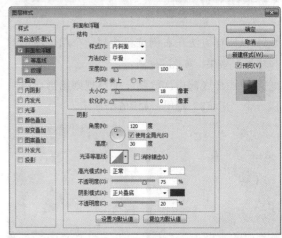

图6.78 设置斜面和浮雕

05 单击面板底部的"创建新图层" 按钮，新建一个"图层5"图层。

06 执行菜单栏中的"滤镜"|"杂色"|"添加杂色"命令，在弹出的对话框中分别勾选"高斯分布"复选按钮及"单色"复选框，将"数量"更改为3%，完成之后单击"确定"按钮，如图6.79所示。

图6.79 设置添加杂色

07 在"图层"面板中，选中"图层5"图层，将其图层混合模式设置为"正片叠底"，如图6.80所示。

08 执行菜单栏中的"图层"|"创建剪贴蒙版"命令，为当前图层创建剪贴蒙版，将部分图像隐

藏，如图6.81所示。

图6.80 设置图层混合模式　　图6.81 创建剪贴蒙版

⑨　选择工具箱中的"钢笔工具"，在选项栏中单击"选择工具模式" 路径 按钮，在弹出的选项中选择"形状"，将"填充"更改为棕色（R：104，G：63，B：15），"描边"更改为无。

⑩　在北极熊头部位置绘制一个不规则图形制作眉毛，以同样方法绘制眼睛和嘴巴图形，如图6.82所示。

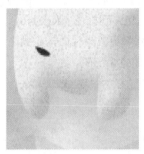

图6.82 绘制图形

⑪　选择工具箱中的"钢笔工具"，在左侧脚部位置绘制一个深蓝色（R：24，G：70，B：90）不规则图形，如图6.83所示。

⑫　执行菜单栏中的"滤镜"|"模糊"|"高斯模糊"命令，在弹出的对话框中将"半径"更改为5像素，将其图层"不透明度"更改为50%，完成之后单击"确定"按钮，如图6.84所示。

图6.83 绘制图形　　图6.84 添加高斯模糊

⑬　以同样方法在其他两个脚部位置绘制图形并添加高斯模糊制作阴影效果，如图6.85所示。

⑭　选择工具箱中的"钢笔工具"，在背部绘制一个白色不规则图形，如图6.86所示。

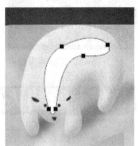

图6.85 制作阴影　　图6.86 绘制图形

⑮　执行菜单栏中的"滤镜"|"模糊"|"高斯模糊"命令，在弹出的对话框中将"半径"更改为10像素，完成之后单击"确定"按钮，如图6.87所示。

⑯　选择工具箱中的"圆角矩形工具"，在选项栏中将"填充"更改为青色（R：0，G：216，B：255），"描边"为无，"半径"为60像素，绘制一个圆角矩形，将生成一个"圆角矩形1"图层，如图6.88所示。

图6.87 添加高斯模糊　　图6.88 绘制图形

⑰　执行菜单栏中的"滤镜"|"模糊"|"高斯模糊"命令，在弹出的对话框中将"半径"更改为10像素，完成之后单击"确定"按钮，如图6.89所示。

⑱　在"图层"面板中，选中"圆角矩形1"图层，将其图层混合模式设置为"柔光"，这样就完成了效果制作，最终效果如图6.90所示。

图6.89 添加高斯模糊

图6.90 最终效果

6.4 卡通猪头像图标

素材位置：无
案例位置：案例文件\第6章\卡通猪头像图标.psd
视频位置：多媒体教学\6.4 卡通猪头像图标.avi
难易指数：★★★☆☆

本例讲解卡通猪头像图标制作，此款图标的制作以猪头形象为主视觉，使用放射形图像作为衬托，猪头形象表现出很强的幽默感，整体效果十分不错，最终效果如图6.91所示。

扫码看视频

图6.91 最终效果

6.4.1 制作放射轮廓

① 执行菜单栏中的"文件"|"新建"命令，在弹出的对话框中设置"宽度"为600像素，"高度"为500像素，"分辨率"为72像素/英寸，新建一个空白画布。

② 选择工具箱中的"圆角矩形工具"，在选项栏中将"填充"更改为黑色，"描边"为无，"半径"为40像素，按住Shift键绘制一个圆角矩形，此时将生成一个"圆角矩形1"图层，如图

6.92所示。

图6.92 绘制圆角矩形

③ 在"图层"面板中，单击面板底部的"添加图层样式" fx 按钮，在菜单中选择"渐变叠加"命令。

④ 在弹出的对话框中将"渐变"更改为橙色（R：249，G：198，B：55）到橙色（R：246，G：134，B：9），"样式"更改为径向，完成之后单击"确定"按钮，如图6.93所示。

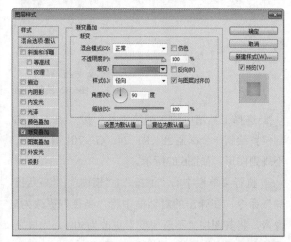

图6.93 设置渐变叠加

⑤ 选择工具箱中的"矩形工具"，在选项栏中将"填充"更改为黑色，"描边"为无，绘制一个矩形，将生成一个"矩形1"图层，如图6.94所示。

⑥ 选择工具箱中的"路径选择工具"，选中矩形，按Ctrl+Alt+T组合键将矩形向右侧平移复制一份，如图6.95所示。

图6.94　绘制图形　　　　　图6.95　变换复制

07　按住Ctrl+Alt+Shift组合键同时按T键多次，执行多重复制命令，将图形复制多份，如图6.96所示。

08　将图形更改为白色，执行菜单栏中的"滤镜"|"扭曲"|"极坐标"命令，在弹出的对话框中勾选"平面坐标到极坐标"单选按钮，完成之后单击"确定"按钮，再将图形等比缩小，如图6.97所示。

图6.96　多重复制　　　　　图6.97　将图像变形

09　选择工具箱中的"多边形套索工具"，在图像底部位置绘制一个不规则选区，以选中部分图像，如图6.98所示。

10　按Delete键将选区中图像删除，完成之后按Ctrl+D组合键将选区取消，如图6.99所示。

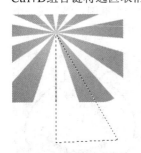

图6.98　绘制选区　　　　　图6.99　删除图像

11　选择工具箱中的"多边形套索工具"，在图像底部位置绘制一个不规则选区，以选中部分图像，如图6.100所示。

12　按Ctrl+T组合键对其执行"自由变换"命令，

当出现变形框以后，将中心点移至顶部位置，将图像适当旋转，完成之后按Enter键确认，如图6.101所示。

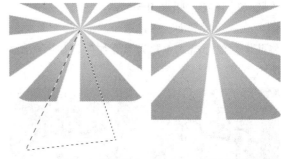

图6.100　绘制选区　　　　　图6.101　旋转图像

6.4.2　绘制主视觉图像

01　选择工具箱中的"椭圆工具"，在选项栏中将"填充"更改为绿色（R：110，G：223，B：72），"描边"为深绿色（R：5，G：17，B：0），"宽度"为3点，绘制一个椭圆图形，将生成一个"椭圆1"图层，如图6.102所示。

02　选择工具箱中的"直接选择工具"，拖动椭圆锚点将其变形，如图6.103所示。

图6.102　绘制椭圆　　　　　图6.103　拖动锚点

03　按住Shift键同时在图形左上角绘制一个椭圆，加选至图形中，如图6.104所示。

04　选择工具箱中的"路径选择工具"，选中椭圆，将其向右侧移动复制一份，如图6.105所示。

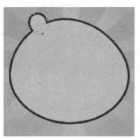

图6.104　绘制椭圆　　　　　图6.105　复制图形

159

05 选择工具箱中的"椭圆工具" ⬭ ，在选项栏中将"填充"更改为黑色，"描边"为无，在刚才绘制的耳朵图形位置绘制一个椭圆，将生成一个"椭圆2"图层，如图6.106所示。

06 在"图层"面板中，选中"椭圆2"图层，将其图层混合模式设置为"叠加"，如图6.107所示。

图6.106 绘制图形　　图6.107 设置图层混合模式

07 将椭圆向右侧移动复制一份，如图6.108所示。

08 选择工具箱中的"椭圆工具" ⬭ ，再次绘制一个稍大的椭圆，并以同样方法为其设置图层混合模式，如图6.109所示。

图6.108 复制图形　　图6.109 设置图层混合模式

09 选中"椭圆2"图层，将其移至"椭圆1"图层上方，执行菜单栏中的"图层"|"创建剪贴蒙版"命令，为当前图层创建剪贴蒙版，将部分图像隐藏，再将其图层"不透明度"更改为50%，如图6.110所示。

图6.110 创建剪贴蒙版

10 选择工具箱中的"椭圆工具" ⬭ ，绘制一个"填充"为白色，"描边"为绿色（R：34，G：99，B：9），"宽度"为2点的椭圆，再绘制一个"填充"为黑色、"描边"为无的小椭圆，将生成"椭圆4"及"椭圆5"两个新图层，如图6.111所示。

11 将两个圆向右侧移动复制，再选中"椭圆5"图层，在画布中将图形适当移动，如图6.112所示。

图6.111 绘制图形　　　　图6.112 复制图形

12 选择工具箱中的"钢笔工具" ✐ ，在选项栏中单击"选择工具模式" 路径 ⬍ 按钮，在弹出的选项中选择"形状"，将"填充"更改为绿色（R：17，G：48，B：14），"描边"更改为深绿色（R：7，G：30，B：4），"宽度"为2点。

13 绘制一个弧形图形，将生成一个"形状1"图层，如图6.113所示。

14 选择工具箱中的"椭圆工具" ⬭ ，在选项栏中将"填充"更改为绿色（R：164，G：234，B：0），"描边"为绿色（R：53，G：133，B：0），"宽度"为2点，绘制一个椭圆，将生成一个"椭圆6"图层，如图6.114所示。

图6.113 绘制图形　　　　图6.114 绘制椭圆

15 以同样方法在椭圆位置绘制一个深绿色（R：17，G：48，B：14）椭圆，将其向右侧移动复制一份，如图6.115所示。

⑯ 选择工具箱中的"圆角矩形工具" ▣ ，在选项栏中将"填充"更改为白色，"描边"为绿色（R：53，G：133，B：0），"半径"为50像素，绘制一个圆角矩形，将生成一个"圆角矩形2"图层，如图6.116所示。

图6.115　绘制椭圆　　　图6.116　绘制圆角矩形

⑰ 将圆角矩形复制三份，并适当旋转，如图6.117所示。

图6.117　复制圆角矩形

⑱ 选择工具箱中的"画笔工具" ✏ ，在画布中单击鼠标右键，在弹出的面板中选择一种圆角笔触，将"大小"更改为5像素，"硬度"更改为100%，如图6.118所示。

⑲ 将前景色更改为绿色（R：34，G：100，B：10），在脸部位置单击添加斑点图像，如图6.119所示。

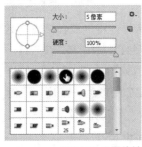 

图6.118　设置笔触　　　图6.119　添加图像

⑳ 选择工具箱中的"椭圆工具" ⬭ ，在选项栏中将"填充"更改为绿色（R：5，G：17，B：0），"描边"为无，在猪头底部绘制一个椭圆，将生成一个"椭圆8"图层，将其移至"背景"图层上方，如图6.120所示。

㉑ 在"图层"面板中，选中"椭圆8"图层，将其图层"填充"更改为20%，这样就完成了效果制作，最终效果如图6.121所示。

图6.120　绘制椭圆　　　图6.121　最终效果

6.5 英雄动物图标

素材位置：素材文件\第6章\英雄动物图标
案例位置：案例文件\第6章\英雄动物图标.psd
视频位置：多媒体教学\6.5 英雄动物图标.avi
难易指数：★★☆☆☆

本例讲解制作英雄动物图标制作，此款图标具有出色的视觉效果，以主体动物角色作为主视觉，同时将绿色边框与之搭配，整个图标十分形象，最终效果如图6.122所示。

扫码看视频

图6.122　最终效果

6.5.1 制作质感轮廓

01 执行菜单栏中的"文件"|"新建"命令,在弹出的对话框中设置"宽度"为600像素,"高度"为450像素,"分辨率"为72像素/英寸,新建一个空白画布。

02 选择工具箱中的"圆角矩形工具" ,在选项栏中将"填充"更改为绿色(R:28,G:63,B:46),"描边"为无,"半径"为像素,按住Shift键绘制一个圆角矩形,此时将生成一个"圆角矩形1"图层,如图6.123所示。

03 在"图层"面板中,选中"圆角矩形1"图层,将其拖至面板底部的"创建新图层" 按钮上,复制一个"圆角矩形1拷贝"图层。如图6.124所示。

图6.123 绘制圆角矩形   图6.124 复制图层

04 将"圆角矩形1拷贝"图层中图形"填充"更改为无,"描边"为绿色(R:97,G:136,B:50),"宽度"为30点,如图6.125所示。

05 在"图层"面板中,选中"圆角矩形1拷贝"图层,将其拖至面板底部的"创建新图层" 按钮上,复制一个"圆角矩形1拷贝2"图层。如图6.126所示。

图6.125 添加描边   图6.126 复制图层

06 将"圆角矩形1拷贝2"图层中图形"填充"更改为无,"描边"为绿色(R:171,G:233,

B:39),"宽度"为6点,如图6.127所示。

07 执行菜单栏中的"滤镜"|"模糊"|"高斯模糊"命令,在弹出的对话框中单击"栅格化"按钮,然后在弹出的对话框中将"半径"更改为5像素,完成之后单击"确定"按钮,如图6.128所示。

图6.127 绘制图形   图6.128 添加高斯模糊

08 在"图层"面板中,选中"圆角矩形1拷贝"图层,单击面板底部的"添加图层样式" fx 按钮,在菜单中选择"内发光"命令,在弹出的对话框中将"混合模式"更改为叠加,"不透明度"更改为100%,"颜色"更改为白色,"大小"更改为10像素,如图6.129所示。

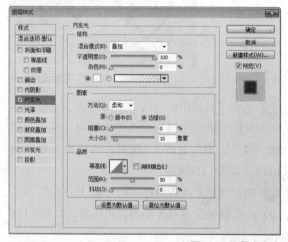

图6.129 设置内发光

09 勾选"内阴影"复选框,将"混合模式"更改为正常,"颜色"为深绿色(R:26,G:44,B:6),"不透明度"更改为100%,取消"使用全局光"复选框,"角度"更改为−90度,"距离"更改为3像素,"大小"更改为7像素,完成之后单击"确定"按钮,如图6.130所示。

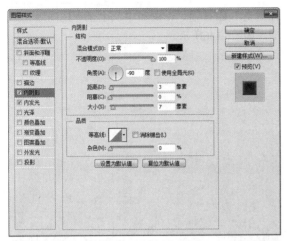

图6.130 设置内阴影

6.5.2 添加主体视觉图像

⓵ 执行菜单栏中的"文件"|"打开"命令，打开"动物.psd"文件，将打开的素材拖入界面中并适当缩小，如图6.131所示。

⓶ 在"图层"面板中，单击面板底部的"添加图层样式"*fx*按钮，在菜单中选择"投影"命令。

⓷ 在弹出的对话框中将"混合模式"更改为正常，"颜色"更改为深绿色（R：28，G：63，B：46），"不透明度"更改为100%，"距离"更改为3像素，"大小"更改为10像素，完成之后单击"确定"按钮，如图6.132所示。

图6.131 添加素材　　图6.132 添加投影

⓸ 在"画笔"面板中，选择一个圆角笔触，将"大小"更改为10像素，"间距"为1000%，如图6.133所示。

⓹ 勾选"形状动态"复选框，将"大小抖动"更改为100%，如图6.134所示。

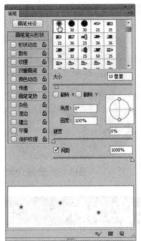

图6.133 设置画笔笔尖形状　　图6.134 设置形状动态

⓺ 勾选"散布"复选框，将"散布"更改为1000%，如图6.135所示。

⓻ 勾选"平滑"复选框，如图6.136所示。

图6.135 设置散布　　图6.136 勾选"平滑"

⓼ 单击面板底部的"创建新图层"按钮，新建一个"图层1"图层。

⓽ 将前景色更改为绿色（R：148，G：235，B：5），在图标适当位置单击或涂抹，添加图像，如图6.137所示。

⑩ 在"图层"面板中，单击面板底部的"添加图层样式"*fx*按钮，在菜单中选择"外发光"命令。

⑪ 在弹出的对话框中将"混合模式"更改为线性减淡（添加），"不透明度"为35%，"颜色"更改为绿色（R：132，G：255，B：0），"大小"更改为10像素，完成之后单击"确定"按钮，这样就

完成了效果制作，最终效果如图6.138所示。

图6.137 添加图像　　图6.138 最终效果

6.6 绿巨人头像图标

素材位置：素材文件\第6章\绿巨人头像图标
案例位置：案例文件\第6章\绿巨人头像图标.psd
视频位置：多媒体教学\6.6 绿巨人头像图标.avi
难易指数：★★☆☆☆

本例讲解绿巨人头像图标制作，此款图标以绿巨人为主视觉，通过特殊效果处理，制作出具有超强立体视觉效果的图像，最终效果如图6.139所示。

扫码看视频

图6.139 最终效果

6.6.1 制作立体边框

01 执行菜单栏中的"文件"|"新建"命令，在弹出的对话框中设置"宽度"为700像素，"高度"为500像素，"分辨率"为72像素/英寸，新建一个空白画布。

02 选择工具箱中的"渐变工具" ■，编辑绿色（R：204，G：235，B：214）到绿色（R：90，G：134，B：104）的渐变，单击选项栏中的"线

性渐变" ■按钮，在画布中从上至下拖动填充渐变，如图6.140所示。

图6.140 填充渐变

03 选择工具箱中的"圆角矩形工具" ■，在选项栏中将"填充"更改为浅蓝色（R：220，G：235，B：244），"描边"为无，"半径"为60像素，按住Shift键绘制一个圆角矩形，将生成一个"圆角矩形 1"图层，如图6.141所示。

04 在"图层"面板中，选中"圆角矩形1"图层，将其拖至面板底部的"创建新图层" ■按钮上，复制一个"圆角矩形1拷贝"图层。

05 选中"圆角矩形1拷贝"图层，将其"填充"更改为黑色，再按Ctrl+T组合键对其执行"自由变换"命令，将图形等比缩小，完成之后按Enter键确认，如图6.142所示。

图6.141 绘制图形　　图6.142 缩小图形

06 执行菜单栏中的"文件"|"打开"命令，打开"绿巨人.jpg"文件，将打开的素材拖入画布并分别单击选项栏中"垂直居中对齐" ■按钮及"水平居中对齐" ■按钮，其图层名称将更改为"图层1"，如图6.143所示。

图6.143 添加素材

6.6.2 处理图像特效

01　执行菜单栏中"滤镜"|"风格化"|"凸出"命令，在弹出的对话框中分别勾选"块""随机"单选按钮及"立方体正面"复选框，将"大小"更改为10像素，"深度"为50，完成之后单击"确定"按钮，如图6.144所示。

02　执行菜单栏中的"图层"|"创建剪贴蒙版"命令，为当前图层创建剪贴蒙版，将部分图像隐藏。

03　按Ctrl+T组合键对其执行"自由变换"命令，将图像等比缩小，完成之后按Enter键确认，如图6.145所示。

图6.144 添加凸出效果　　图6.145 等比缩小

04　同时选中"图层1"及"圆角矩形1拷贝"图层，按Ctrl+E组合键将图层合并，此时将生成一个"图层 1"图层。

05　在"图层"面板中，单击面板底部的"添加图层样式"fx按钮，在菜单中选择"内阴影"命令。

06　在弹出的对话框中将"混合模式"更改为正

常，"颜色"更改为白色，"不透明度"更改为100%，取消"使用全局光"复选框，"角度"更改为90度，"距离"更改为1像素，"阻塞"更改为100%，"大小"更改为1像素，如图6.146所示。

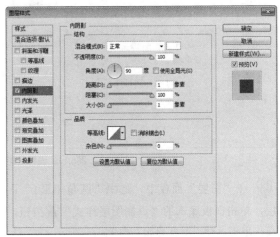

图6.146 设置内阴影

07　勾选"内发光"复选框，将"混合模式"更改为正常，"颜色"更改为绿色（R：22，G：53，B：31），"大小"更改为20素，完成之后单击"确定"按钮，如图6.147所示。

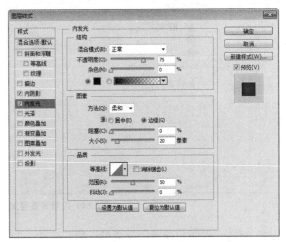

图6.147 设置内发光

08　勾选"投影"复选框，将"混合模式"更改为正常，"颜色"更改为白色，"不透明度"更改为100%，取消"使用全局光"复选框，将"角度"更改为90度，"距离"更改为2像素，"大小"更改为2像素，完成之后单击"确定"按钮，如图6.148所示。

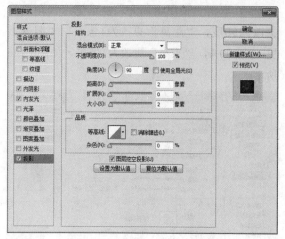

图6.148 设置投影

⑨ 在"图层"面板中，选中"圆角矩形1"图层，单击面板底部的"添加图层样式" *fx* 按钮，在菜单中选择"渐变叠加"命令。

⑩ 在弹出的对话框中将"混合模式"更改为柔光，"渐变"更改为黑色到白色，如图6.149所示。

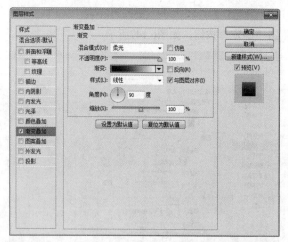

图6.149 设置渐变叠加

⑪ 勾选"斜面和浮雕"复选框，将"大小"更改为3像素，取消"使用全局光"复选框，"角度"更改为90度，"高光模式"中的"不透明度"更改为100%，"阴影模式"更改为绿色（R：17，G：61，B：30），完成之后单击"确定"按钮，如图6.150所示。

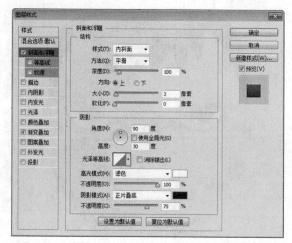

图6.150 设置斜面和浮雕

⑫ 同时选中"图层1"及"圆角矩形1"图层，按Ctrl+G组合键将其编组，将生成一个"组 1"组。选中"组1"组，将其拖至面板底部的"创建新图层" 按钮上，复制一个"组1拷贝"组，按Ctrl+E组合键将其合并，将生成一个"组1拷贝"图层，如图6.151所示。

⑬ 按Ctrl+T组合键对图像执行"自由变换"命令，单击鼠标右键，从弹出的快捷菜单中选择"垂直翻转"命令，完成之后按Enter键确认，将图像与原图像对齐，如图6.152所示。

 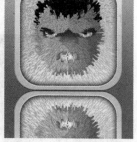

图6.151 合并组　　**图6.152 变换图像**

⑭ 在"图层"面板中，选中"组 1 拷贝"图层，单击面板底部的"添加图层蒙版" 按钮，为其添加图层蒙版。

⑮ 选择工具箱中的"渐变工具" ，编辑黑色到白色的渐变，单击选项栏中的"线性渐变" 按钮，在图像上拖动将部分图像隐藏，如图6.153所示。

图6.153 隐藏图像

⑯ 选择工具箱中的"椭圆工具" ⬭，在选项栏中将"填充"更改为深绿色（R：3，G：26，B：10），"描边"为无，在图标底部绘制一个椭圆图形，将生成一个"椭圆1"图层，将其移至"背景"图层上方，如图6.154所示。

⑰ 执行菜单栏中的"滤镜"|"模糊"|"高斯模糊"命令，在弹出的对话框中将"半径"更改为3像素，完成之后单击"确定"按钮，如图6.155所示。

图6.154 绘制图形　　　图6.155 添加高斯模糊

⑱ 执行菜单栏中的"滤镜"|"模糊"|"动感模糊"命令，在弹出的对话框中将"角度"更改为0度，"距离"更改为80像素，设置完成之后单击"确定"按钮，这样就完成了效果制作，最终效果如图6.156所示。

图6.156 最终效果

6.7 大嘴启动图标及主题界面

素材位置：素材文件\第6章\大嘴启动图标及主题界面
案例位置：案例文件\第6章\大嘴太阳图标.psd、大嘴太阳主题界面.psd
视频位置：多媒体教学\6.7 大嘴启动图标及主题界面.avi
难易指数：★★★★☆

本例讲解大嘴启动图标及主题界面制作，图标的制作以太阳为主视觉原型，通过夸张的手法完美表现出卡通的特征，同时与星空底部轮廓相结合，整个图标十分统一，主题界面在制作过程中以可爱的主题视觉图像为主，将整个图像通过形象的瓶子视觉手法完美表现，最终效果如图6.157所示。

扫码看视频

图6.157 最终效果

6.7.1 绘制启动图标

① 执行菜单栏中的"文件"|"新建"命令，在弹出的对话框中设置"宽度"为700像素，"高度"为500像素，"分辨率"为72像素/英寸，新建一个空白画布。

② 选择工具箱中的"圆角矩形工具" ▢，在选项栏中将"填充"更改为黑色，"描边"为无，"半径"为50像素，按住Shift键绘制一个圆角矩形，此时将生成一个"圆角矩形1"图层，如图6.158所示。

图6.158 绘制圆角矩形

03 在"图层"面板中，单击面板底部的"添加图层样式" *fx* 按钮，在菜单中选择"渐变叠加"命令。

04 在弹出的对话框中将"渐变"更改为蓝色（R：0，G：204，B：255）到蓝色（R：24，G：139，B：194），"样式"为径向，完成之后单击"确定"按钮，如图6.159所示。

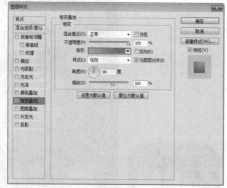

图6.159 设置渐变叠加

05 执行菜单栏中的"文件"|"打开"命令，打开"太阳.psd"文件，将打开的素材拖入画布中并适当缩小，如图6.160所示。

图6.160 添加素材

06 选择工具箱中的"矩形工具" ▢，在选项栏中将"填充"更改为红色（R：1921，G：28，B：63），"描边"为无，在图标靠下半部分位置绘制一个矩形，将生成一个"矩形1"图层，如图6.161所示。

图6.161 绘制图形

07 在"图层"面板中，选中"矩形1"图层，单击面板底部的"添加图层蒙版" ▣ 按钮，为其图层添加图层蒙版。

08 选择工具箱中的"画笔工具" ✒，在画布中单击鼠标右键，在弹出的面板中选择一种圆角笔触，将"大小"更改为150像素，"硬度"更改为0%，如图6.162所示。

09 将前景色更改为黑色，在图形上部分区域涂抹将其隐藏，如图6.163所示。

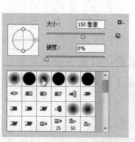

图6.162 设置笔触   图6.163 隐藏图像

10 按住Ctrl键单击"圆角矩形 1"图层缩览图，将其载入选区，执行菜单栏中的"选择"|"反向"命令将选区反向，如图6.164所示。

11 将选区填充为黑色，将部分图形隐藏，完成之后按Ctrl+D组合键将选区取消，如图6.165所示。

图6.164 载入选区

图6.165 隐藏图形

⑫ 按住Ctrl键单击"太阳"图层缩览图，将其载入选区，执行菜单栏中的"选择"|"修改"|"羽化"命令，在弹出的对话框中将"羽化半径"更改为30像素，完成之后单击"确定"按钮，如图6.166所示。

⑬ 单击"矩形1"图层缩览图，将选区填充为黑色，将部分图形隐藏，如图6.167所示。

图6.166 载入选区

图6.167 隐藏图形

⑭ 在"图层"面板中，选中"太阳"图层，单击面板底部的"添加图层样式" fx 按钮，在菜单中选择"外发光"命令。

⑮ 在弹出的对话框中将"混合模式"更改为颜色减淡，"不透明度"更改为30%，"颜色"更改为白色，"大小"更改为30像素，完成之后单击"确定"按钮，如图6.168所示。

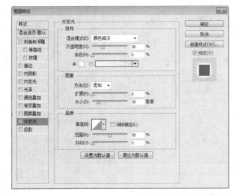
图6.168 设置外发光

⑯ 在"画笔"面板中，选择一个圆角笔触，将"大小"更改为6像素，"硬度"为0%，"间距"为1000%，如图6.169所示。

⑰ 勾选"形状动态"复选框，将"大小抖动"更改为100%，如图6.170所示。

图6.169 设置画笔笔尖形状

图6.170 设置形状动态

⑱ 勾选"散布"复选框，将"散布"更改为1000%，如图6.171所示。

⑲ 勾选"平滑"复选框，如图6.172所示。

图6.171 设置散布

图6.172 勾选平滑

⑳ 单击面板底部的"创建新图层" 按钮，在"太阳"图层下方新建一个"图层1"图层。

㉑ 将前景色更改为白色，在太阳图像位置单击数次添加图像，如图6.173所示。

㉒ 在"图层"面板中，选中"图层1"图层，将其图层混合模式设置为"叠加"，如图6.174所示。

图6.173 添加图像   图6.174 设置图层混合模式

6.7.2 制作主题界面背景

(01) 执行菜单栏中的"文件"|"新建"命令，在弹出的对话框中设置"宽度"为750像素，"高度"为1334像素，"分辨率"为72像素/英寸，新建一个空白画布。

(02) 选择工具箱中的"渐变工具" ，编辑红色（R：128，G：10，B：14）到红色（R：67，G：4，B：3）的渐变，单击选项栏中的"径向渐变" 按钮，在画布中拖动填充渐变，如图6.175所示。

(03) 执行菜单栏中的"文件"|"打开"命令，打开"状态栏.psd"文件，将打开的素材拖入画布中顶部并适当缩小，如图6.176所示。

图6.175 填充渐变   图6.176 添加素材

(04) 选择工具箱中的"椭圆工具" ，在选项栏中将"填充"更改为红色（R：106，G：2，B：7），"描边"为无，按住Shift键绘制一个圆形，将生成一个"椭圆1"图层，如图6.177所示。

(05) 在"图层"面板中，选中"椭圆1"图层，将其图层"填充"更改为0%，再拖至面板底部的"创建新图层" 按钮上，复制一个"椭圆1拷贝"图层。

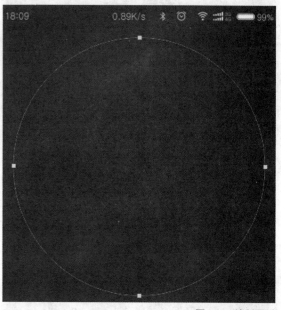

图6.177 绘制图形

(06) 在"图层"面板中，选中"椭圆1"图层，单击面板底部的"添加图层样式" 按钮，在菜单中选择"外发光"命令。

(07) 在弹出的对话框中将"混合模式"更改为柔光，"不透明度"更改为16%，"颜色"更改为白色，"大小"更改为80像素，完成之后单击"确定"按钮，如图6.178所示。

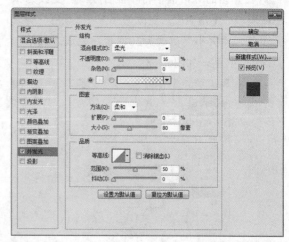

图6.178 设置外发光

(08) 在"图层"面板中，选中"椭圆1拷贝"图层，单击面板底部的"添加图层样式" *fx* 按钮，在菜单中选择"内发光"命令。

⑨ 在弹出的对话框中将"混合模式"更改为线性减淡（添加），"不透明度"更改为10%，"颜色"更改为白色，"大小"更改为60像素，完成之后单击"确定"按钮，如图6.179所示。

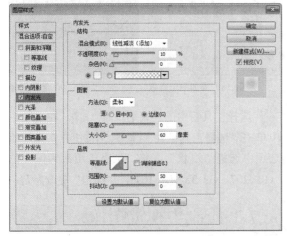

图6.179 设置内发光

⑩ 选中"椭圆1拷贝"图层，按Ctrl+T组合键对其执行"自由变换"命令，将图形等比缩小，完成之后按Enter键确认，如图6.180所示。

图6.180 缩小图形

⑪ 在"图层"面板中，选中"椭圆1拷贝"图层，将其拖至面板底部的"创建新图层" 按钮上，复制一个"椭圆1拷贝2"图层。

⑫ 双击"椭圆1拷贝2"图层样式名称，在弹出的对话框中将"混合模式"更改为正常，"不透明度"更改为20%，完成之后单击"确定"按钮，如图6.181所示。

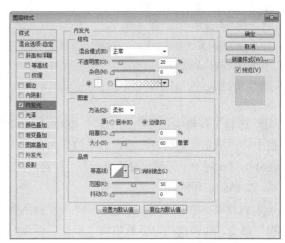

图6.181 设置内发光

⑬ 在"图层"面板中，选中"椭圆1拷贝2"图层，在其图层名称上单击鼠标右键，从弹出的快捷菜单中选择"栅格化图层样式"命令，再单击面板底部的"添加图层蒙版" 按钮，为其图层添加图层蒙版，如图6.182所示。

⑭ 选择工具箱中的"画笔工具" ，在画布中单击鼠标右键，在弹出的面板中选择一种圆角笔触，将"大小"更改为250像素，"硬度"更改为0%，如图6.183所示。

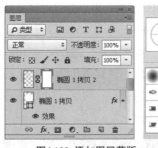 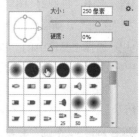

图6.182 添加图层蒙版　　　图6.183 设置笔触

⑮ 将前景色更改为黑色，在图像上部分区域涂抹将其隐藏，如图6.184所示。

图6.184 隐藏图像

技巧与提示

　　图像的外发光是一个自然过渡的过程，因此在隐藏图像尽可能不断更改画笔大小及不透明度，这样经过调整后的发光效果更加自然。

⑯　选择工具箱中的"椭圆工具" ⬭，在选项栏中将"填充"更改为白色，"描边"为无，按住Shift键绘制一个圆形，将生成一个"椭圆2"图层，如图6.185所示。

⑰　执行菜单栏中的"滤镜"|"模糊"|"高斯模糊"命令，在弹出的对话框中将"半径"更改为60像素，完成之后单击"确定"按钮，如图6.186所示。

图6.185 绘制图形　　　　图6.186 添加高斯模糊

⑱　选中"椭圆2"图层，将其图层混合模式设置为"柔光"，如图6.187所示。

⑲　选择工具箱中的"椭圆工具" ⬭，在选项栏中将"填充"更改为白色，"描边"为无，绘制一个椭圆，将生成一个"椭圆3"图层，如图6.188所示。

图6.187 设置图层混合模式　　图6.188 绘制图形

⑳　在"图层"面板中，选中"椭圆3"图层，单击面板底部的"添加图层蒙版" ▣ 按钮，为其添加图层蒙版，如图6.189所示。

㉑　选择工具箱中的"渐变工具" ▣，编辑黑色

到白色的渐变，单击选项栏中的"线性渐变" ▣ 按钮，在图形上拖动将部分图形隐藏，如图6.190所示。

图6.189 添加图层蒙版　　　图6.190 隐藏图像

㉒　选择工具箱中的"钢笔工具" ✎，在选项栏中单击"选择工具模式" 路径 ⬍ 按钮，在弹出的选项中选择"形状"，将"填充"更改为深红色（R：157，G：32，B：16），"描边"更改为无。

6.7.3 绘制主视觉图像

①　在画布底部靠左侧位置绘制一个不规则图形，将生成一个"形状1"图层，如图6.191所示。

②　在"图层"面板中，选中"形状1"图层，将其拖至面板底部的"创建新图层" ▣ 按钮上，复制一个"形状1拷贝"图层。

③　按Ctrl+T组合键对其执行"自由变换"命令，单击鼠标右键，从弹出的快捷菜单中选择"水平翻转"命令，完成之后按Enter键确认，将图形与原图形对齐，再按Ctrl+E组合键将其合并，将生成一个"形状1拷贝"图层，如图6.192所示。

图6.191 绘制图形　　　　图6.192 复制图形

④　在"图层"面板中，单击面板底部的"添加图层样式" fx 按钮，在菜单中选择"渐变叠加"命令。

05 在弹出的对话框中将"混合模式"更改为柔光，"渐变"更改为黑色到白色，如图6.193所示。

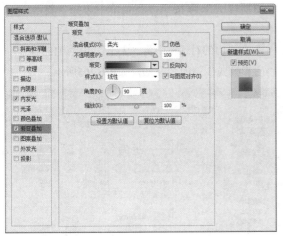

图6.193 设置渐变叠加

06 勾选"内发光"复选框，将"不透明度"更改为20%，"颜色"更改为白色，"大小"更改为30像素，完成之后单击"确定"按钮，如图6.194所示。

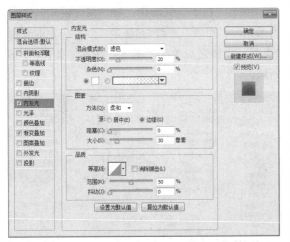

图6.194 设置内发光

07 选择工具箱中的"椭圆工具" ⬭，在选项栏中将"填充"更改为白色，"描边"为无，绘制一个扁长的椭圆图形，将生成一个"椭圆4"图层，如图6.195所示。

08 执行菜单栏中的"滤镜"|"模糊"|"高斯模糊"命令，在弹出的对话框中将"半径"更改为10像素，完成之后单击"确定"按钮，如图6.196所示。

图6.195 绘制图形　　图6.196 添加高斯模糊

09 按住Ctrl键单击"椭圆 4"图层缩览图，将其载入选区，执行菜单栏中的"选择"|"反向"命令将选区反向，按Delete键将选区中图像删除，完成之后按Ctrl+D组合键将选区取消，如图6.197所示。

10 选中"图层1"图层，将其图层混合模式设置为"柔光"，如图6.198所示。

图6.197 删除图像　　图6.198 设置图层混合模式

11 选择工具箱中的"椭圆工具" ⬭，绘制一个椭圆图形，将生成一个"椭圆5"图层，如图6.199所示。

12 选择工具箱中的"直接选择工具" ▷，拖动椭圆顶部锚点，将其变形，如图6.200所示。

图6.199 绘制椭圆　　图6.200 拖动锚点

13 执行菜单栏中的"滤镜"|"模糊"|"高斯模

糊"命令，在弹出的对话框中将"半径"更改为80像素，完成之后单击"确定"按钮，如图6.201所示。

⑭ 选中"图层1"图层，将其图层混合模式设置为"柔光"，如图6.202所示。

图6.201 添加高斯模糊　图6.202 设置图层混合模式

⑮ 在"图层"面板中，选中"椭圆5"图层，将其拖至面板底部的"创建新图层" ⬚ 按钮上，复制一个"椭圆5拷贝"图层，将其图层混合模式更改为"正常"，"不透明度"更改为50%，如图6.203所示。

图6.203 复制图层

6.7.4 制作球体图像

① 选择工具箱中的"椭圆工具" ⬭ ，在选项栏中将"填充"更改为白色，"描边"为无，按住Shift键绘制一个圆形，将生成一个"椭圆6"图层，如图6.204所示。

图6.204 绘制图形

② 将其图层"不透明度"更改为75%。

③ 在"图层"面板中，单击面板底部的"添加图层样式" fx 按钮，在菜单中选择"斜面和浮雕"命令。

④ 在弹出的对话框中将"大小"更改为155像素，"阴影模式"更改为叠加，如图6.205所示。

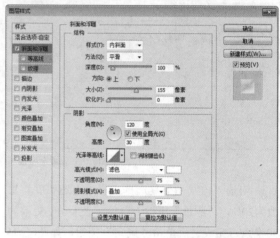

图6.205 设置斜面和浮雕

⑤ 勾选"投影"复选框，将"混合模式"更改为柔光，"距离"更改为3像素，"大小"更改为7像素，完成之后单击"确定"按钮，如图6.206所示。

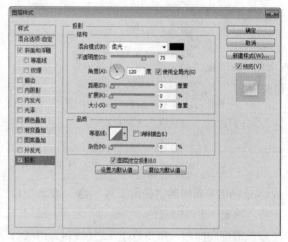

图6.206 设置投影

⑥ 执行菜单栏中的"文件"|"打开"命令，打开"主题图像.psd"文件，在打开的文档中，选中"太阳"图层，将其拖入画布中刚才绘制的小圆球图形位置并适当缩小，并将其移至"椭圆6"图层下方，如图6.207所示。

07 选中"椭圆6"图层，在画布中按住Alt键向右侧移动将其复制，将生成"椭圆6拷贝"图层。

08 双击"椭圆6拷贝"图层样式名称，在弹出的对话框中选中"斜面和浮雕"复选框，取消"使用全局光"复选框，将"角度"更改为90度，完成之后单击"确定"按钮，如图6.208所示。

图6.207　添加素材　　图6.208　设置斜面和浮雕

09 以同样方法将小圆球再复制两份，并在"主题图像"文档中选中其他几个图层，将图像拖入当前画布中，如图6.209所示。

图6.209　复制图形并添加图像

10 选择工具箱中的"钢笔工具" ，在选项栏中单击"选择工具模式" 路径 按钮，在弹出的选项中选择"形状"，将"填充"更改为白色，"描边"更改为无。

11 绘制一个不规则图形，将生成一个"形状1"图层，将其移至"椭圆6"图层下方，如图6.210所示。

12 执行菜单栏中的"滤镜"|"模糊"|"高斯模糊"命令，在弹出的对话框中将"半径"更改为2像素，完成之后单击"确定"按钮，如图6.211所示。

 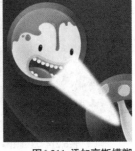

图6.210　绘制图形　　图6.211　添加高斯模糊

13 执行菜单栏中的"滤镜"|"模糊"|"动感模糊"命令，在弹出的对话框中将"角度"更改为−45度，"距离"更改为90像素，设置完成之后单击"确定"按钮，如图6.212所示。

图6.212　添加动感模糊

14 选中"形状1"图层，将其图层混合模式设置为"柔光"，如图6.213所示。

图6.213　设置图层混合模式

15 将图像复制3份，分别移至对应的圆球图像位置，如图6.214所示。

16 选择工具箱中的"圆角矩形工具" ，在选项栏中将"填充"更改为黑色，"描边"为无，"半径"更改为100像素，绘制一个圆角矩形，将生成一个"圆角矩形1"图层，如图6.215所示。

图6.214 复制图像　　　　图6.215 绘制图形

 技巧与提示

复制图像之后需要注意将多余的部分擦除。

⑰ 选择工具箱中的"矩形工具" ▭，在选项栏中将"填充"更改为白色，"描边"为无，绘制一个矩形，将生成一个"矩形 1"图层。

⑱ 按Ctrl+T组合键对其执行"自由变换"命令，将图形适当旋转，完成之后按Enter键确认，如图6.216所示。

⑲ 按Ctrl+Alt+T组合键将矩形向右下角移动复制一份，如图6.217所示。

图6.216 绘制图形　　　　图6.217 变换复制

⑳ 按住Ctrl+Alt+Shift组合键同时按T键多次，执行多重复制命令，将图形复制多份，如图6.218所示。

㉑ 执行菜单栏中的"图层"|"创建剪贴蒙版"命令，为当前图层创建剪贴蒙版，将部分图形隐藏，如图6.219所示。

图6.218 多重复制　　　　图6.219 创建剪贴蒙版

㉒ 选中"矩形1"图层，将其图层混合模式设置为"柔光"，如图6.220所示。

㉓ 选择工具箱中的"横排文字工具" T，添加文字（Humnst777），如图6.221所示。

图6.220 设置图层混合模式　　　图6.221 添加文字

㉔ 选择工具箱中的"椭圆工具" ⬭，在选项栏中将"填充"更改为黑色，"描边"为无，按住Shift键绘制一个圆形，将生成一个"椭圆7"图层，如图6.222所示。

㉕ 在"图层"面板中，选中"椭圆7"图层，将其拖至面板底部的"创建新图层"按钮上，复制一个"椭圆7拷贝"图层。

㉖ 在"图层"面板中，选中"椭圆 7"图层，单击面板底部的"添加图层样式" fx 按钮，在菜单中选择"渐变叠加"命令。

㉗ 在弹出的对话框中将"渐变"更改为红色（R：230，G：70，B：50）到红色（R：156，G：7，B：7），完成之后单击"确定"按钮，如图6.223所示。

图6.222 绘制图形　　　　图6.223 添加渐变叠加

㉘ 选中"椭圆 7"图层，将其"填充"更改为黄色（R：255，G：219，B：21），再按Ctrl+T组合键对其执行"自由变换"命令，将图形等比缩小，完成之后按Enter键确认，如图6.224所示。

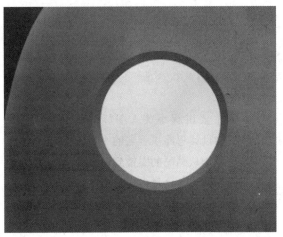

图6.224　缩小图形

㉙ 在"图层"面板中，单击面板底部的"添加图层样式" *fx* 按钮，在菜单中选择"斜面和浮雕"命令。

㉚ 在弹出的对话框中将"大小"更改为155像素，"阴影模式"更改为叠加，"颜色"更改为白色，完成之后单击"确定"按钮，如图6.225所示。

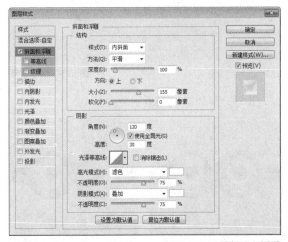

图6.225　设置斜面和浮雕

㉛ 同时选中"椭圆7"及"椭圆7拷贝"图层，在画布中按住Alt+Shift组合键向右侧拖动将图形复制，再将稍小的圆"填充"更改为红色（R：227，G：79，B：56），如图6.226所示。

㉜ 执行菜单栏中的"文件"|"打开"命令，打开"状态图示.psd"文件，将打开的素材拖入画布中小圆的位置并适当缩小，如图6.227所示。

图6.226　复制图形　　　　图6.227　添加素材

㉝ 选择工具箱中的"椭圆工具" ，在选项栏中将"填充"更改为白色，"描边"为无，按住Shift键绘制一个圆形，将生成一个"椭圆8"图层，如图6.228所示。

㉞ 按Ctrl+Alt+T组合键将圆向下方移动复制一份，如图6.229所示。

 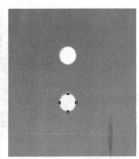

图6.228　绘制圆　　　　图6.229　变换复制

㉟ 按住Ctrl+Alt+Shift组合键同时按T键多次，执行多重复制命令，将图形复制多份，如图6.230所示。

㊱ 选中"椭圆8"图层，将其图层混合模式设置为"叠加"，如图6.231所示。

图6.230　多重复制　　　　图6.231　设置图层混合模式

㊲ 在"图层"面板中，选中"椭圆8"图层，单击面板底部的"添加图层蒙版" ▣ 按钮，为其添加图层蒙版。

㊳ 选择工具箱中的"渐变工具" ▣ ，编辑黑色到白色的渐变，单击选项栏中的"线性渐变" ▣ 按钮，在图形上拖动将部分图形隐藏，如图6.232所示。

㊴ 选择工具箱中的"横排文字工具" T ，添加文字（方正兰亭黑），这样就完成了效果制作，最终效果如图6.233所示。

图6.232 隐藏图像　　　　图6.233 最终效果

6.8 本章小结

本章通过6个详细实例，讲解了卡通涂鸦风格图标的设计，读者朋友们可以在制作中细细品味该风格的制作理念和技巧，掌握卡通涂鸦风格图标的设计方法。

6.9 课后习题

本章将通过两个课后练习，对卡通涂鸦风格图标设计进行巩固加强，以全面掌握卡通涂鸦风格图标的设计技巧。

6.9.1 课后习题1——小黄人图标

素材位置：无
案例位置：案例文件\第6章\小黄人图标.psd
视频位置：多媒体教学\6.9.1 课后习题1——小黄人图标.avi
难易指数：★★★★☆

本例主要讲解小黄人图标的制作，本例的设计思路以著名的小黄人头像为主题，从酷酷的眼镜到可爱的嘴巴，处处体现了这种卡通造型图标带给用户的最直观的视觉体验，最终效果如图6.234所示。

扫码看视频

图6.234 最终效果

步骤分解如图6.235所示。

图6.235 步骤分解图

6.9.2 课后习题2——涂鸦应用图标

素材位置：素材文件\第6章\涂鸦应用图标
案例位置：案例文件\第6章\涂鸦应用图标.psd
视频位置：多媒体教学\6.9.2 课后习题2——涂鸦应用图标.avi
难易指数：★★★★☆

　　本例讲解涂鸦应用图标制作，此款图标的绘制十分简单，重点在于对整个图标视觉上的构思，以多彩的图形相组合刻画出应用的特点，最终效果如图6.236所示。

扫码看视频

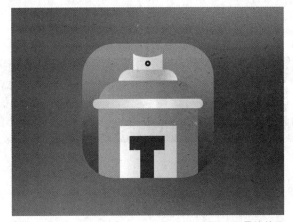

图6.236　最终效果

步骤分解如图6.237所示。

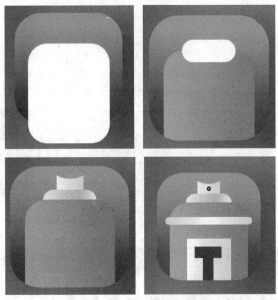

图6.237　步骤分解图

179

第**7**章

应用风格图标设计

内容摘要

本章主要讲解应用风格图标设计。图标设计中有很大一部分设计属于应用风格图标，本章首先解析了应用风格图标及设计，然后通过具体的案例，讲解应用风格图标的设计方法。

课堂学习目标

- 应用风格及设计解析
- 运动应用图标设计
- Web图标设计

7.1 应用风格及设计解析

现在人们常说的应用，一般指手机或平板电脑的应用，在面向对象上通常分为个人用户应用与企业级应用，在移动端系统分类上主要包括iOS（如同步推等）、Android（如百度应用等）和Windows10的xap和appx。

本节我们所指的应用风格，主要指一些应用类的App，包括网络应用、生活应用、辅助应用等，应用类图标设计注意识别性，与生活中的实物可以非常贴近，这样用户就可以一眼知意，如一个音乐应用图标，可以设计成音符的模样。应用风格图标效果如图7.1所示。

图7.1 应用风格图标效果

图7.1 应用风格图标效果（续）

7.2 精致Web图标

素材位置：无
案例位置：案例文件\第7章\精致Web图标.psd
视频位置：多媒体教学\7.2 精致Web图标.avi
难易指数：★★☆☆☆

本例讲解精致Web图标制作，此款图标的主题特征很强，以经典的Chrome主题浏览器为原型，经典再设计，打造出这样一款完美的浏览器图标，最终效果如图7.2所示。

扫码看视频

图7.2 最终效果

7.2.1 绘制图标轮廓

01 执行菜单栏中的"文件"|"新建"命令，在弹出的对话框中设置"宽度"为600像素，"高度"为500像素，"分辨率"为72像素/英寸，新建一个空白画布。

02 选择工具箱中的"椭圆工具" ，在选项栏中将"填充"更改为黑色，"描边"为无，按住Shift键绘制一个圆形，将生成一个"椭圆1"图层，如图7.3所示。

03 选中"椭圆1"图层，将其拖至面板底部的"创建新图层" 🔲 按钮上，复制两个"拷贝"图层，分别将其图层名称更改为"中心""中心边缘"及"主体"，如图7.4所示。

图7.3 绘制图形   图7.4 复制图层

04 选择工具箱中的"直线工具" ╱，在选项栏中将"填充"更改为任意显眼的颜色，"描边"为无，"粗细"更改为1像素，以圆形中心为起点按住Shift键向左侧绘制一条线段，将生成一个"形状1"图层，如图7.5所示。

05 按Ctrl+T组合键对其执行"自由变换"命令，当出现变形框以后，将中心点移至变形框右侧位置，如图7.6所示。

图7.5 绘制线段   图7.6 变换图形

06 在选项栏中"旋转"后方文本框中输入120度，完成之后按Enter键确认，如图7.7所示。

07 按住Ctrl+Alt+Shift组合键同时按T键多次，执行多重复制命令，将线段复制多份，如图7.8所示。

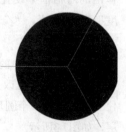

图7.7 旋转线段   图7.8 多重复制

08 选中"中心边缘"图层，按Ctrl+T组合键对其

执行"自由变换"命令，将图形等比缩小，完成之后按Enter键确认，如图7.9所示。

09 同时选中所有和"形状1"相关图层，按Ctrl+E组合键将其合并，将生成的图层名称更改为"线段"，选中"线段"图层，将其拖至面板底部的"创建新图层" 🔲 按钮上，复制一个"线段拷贝"图层。

10 将"线段拷贝"图层中图形"填充"更改为其他任意显眼的颜色，再按Ctrl+T组合键对其执行"自由变换"命令，当出现变形框以后，将中心点移至变形框右侧位置，如图7.10所示。

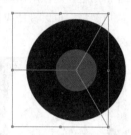

图7.9 缩小图形   图7.10 变换图形

11 在选项栏中"旋转"后方文本框中输入60度，完成之后按Enter键确认，如图7.11所示。

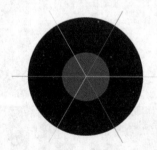

图7.11 旋转图形

12 选择工具箱中的"钢笔工具" ✐，在选项栏中单击"选择工具模式" 路径 ▾ 按钮，在弹出的选项中选择"形状"，将"填充"更改为绿色（R：76，G：161，B：4），"描边"更改为无。

13 以线段与圆形交叉的点为参照，绘制一个不规则图形，将生成一个"形状1"图层，如图7.12所示。

14 选中"形状1"图层，执行菜单栏中的"图层"|"创建剪贴蒙版"命令，为当前图层创建剪贴蒙版将部分图形隐藏，如图7.13所示。

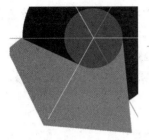

图7.12 绘制图形　　　图7.13 创建剪贴蒙版

⑮ 以同样方法继续绘制两个相似图形，如图7.14所示。

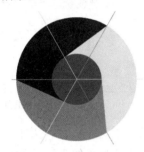
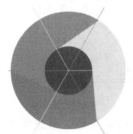

图7.14 绘制图形

❓ 技巧与提示

　　绘制的线段仅作为参考使用，当绘制彩色图形之后可以将线段图层删除。

⑯ 选中"中心"图层，将其"填充"更改为蓝色（R：8，G：47，B：162），再按Ctrl+T组合键对其执行"自由变换"命令，将图形等比缩小，完成之后按Enter键确认，如图7.15所示。

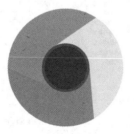

图7.15 等比缩小

7.2.2 制作质感图形

① 选择工具箱中的"椭圆工具" ⬭ ，在选项栏中将"填充"更改为无，"描边"为白色，"宽度"为12点，按住Shift键绘制一个圆环图形，将生成一个"椭圆1"图层，将其移至"中心边缘"图层下方，如图7.16所示。

② 执行菜单栏中的"滤镜"|"模糊"|"高斯模糊"命令，在弹出的对话框中将"半径"更改为15像素，完成之后单击"确定"按钮，如图7.17所示。

图7.16 绘制图形　　　图7.17 添加高斯模糊

③ 在"图层"面板中，选中"椭圆 1"图层，将其图层混合模式更改为"叠加"，再单击面板上方的"锁定透明像素" ▦ 按钮，将透明像素锁定，如图7.18所示。

④ 选择工具箱中的"画笔工具" ✎ ，在画布中单击鼠标右键，在弹出的面板中选择一种圆角笔触，将"大小"更改为200像素，"硬度"更改为0%，如图7.19所示。

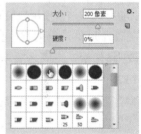

图7.18 锁定透明像素　　　图7.19 设置笔触

⑤ 将前景色更改为黑色，在图像下半部分区域涂抹更改其颜色，如图7.20所示。

图7.20 更改颜色

❓ 技巧与提示

　　更改颜色之后可单击"锁定透明像素" ▦ 按钮，解除锁定透明像素。

06 在"图层"面板中，选中"中心边缘"图层，单击面板底部的"添加图层样式" *fx* 按钮，在菜单中选择"渐变叠加"命令。

07 在弹出的对话框中将"渐变"更改为浅蓝色（R：208，G：214，B：232）到浅灰色（R：250，G：250，B：250），如图7.21所示。

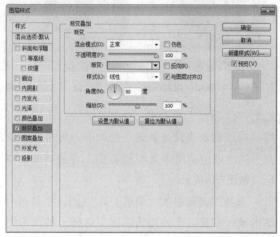

图7.21 设置渐变叠加

08 勾选"投影"复选框，将"不透明度"更改为40%，取消"使用全局光"复选框，将"角度"更改为90度，"距离"更改为5像素，"大小"更改为5像素，完成之后单击"确定"按钮，如图7.22所示。

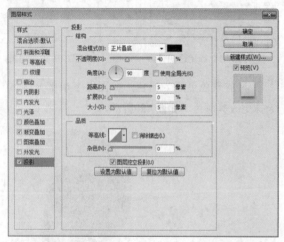

图7.22 设置投影

09 在"图层"面板中，选中"中心"图层，单击面板底部的"添加图层样式" *fx* 按钮，在菜单中选择"渐变叠加"命令。

10 在弹出的对话框中将"渐变"更改为蓝色（R：8，G：51，B：164）到蓝色（R：73，G：197，B：255），如图7.23所示。

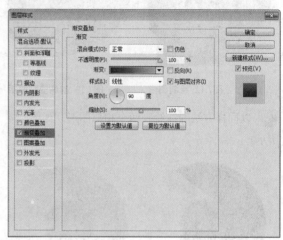

图7.23 设置渐变叠加

11 勾选"斜面和浮雕"复选框，将"大小"更改为250像素，将"光泽等高线"更改为环形-双，"高光模式"更改为叠加，"不透明度"更改为100%，"阴影模式"更改为"叠加"，"不透明度"更改为100%，如图7.24所示。

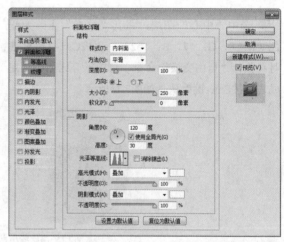

图7.24 设置斜面和浮雕

12 勾选"内发光"复选框，将"混合模式"更改为正常，"不透明度"更改为85%，"颜色"更改为蓝色（R：0，G：38，B：80），"大小"更改为5像素，完成之后单击"确定"按钮，如图7.25所示。

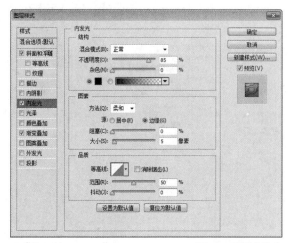

图7.25　设置内发光

⑬　选择工具箱中的"钢笔工具" ✎ ，在选项栏中单击"选择工具模式" 路径 ⬥ 按钮，在弹出的选项中选择"形状"，将"填充"更改为白色，"描边"更改为无。

⑭　绘制一个弧形图形，将生成一个"形状4"图层，如图7.26所示。将其高斯模糊，如图7.27所示。

图7.26　绘制图形　　　　图7.27　添加高斯模糊

⑮　在"图层"面板中，选中"形状4"图层，将其图层混合模式设置为"叠加"，如图7.28所示。

⑯　在"图层"面板中，选中"形状 4"图层，将其拖至面板底部的"创建新图层" 🔲 按钮上，复制一个"形状4拷贝"图层，如图7.29所示。

图7.28　设置图层混合模式　　　图7.29　复制图像

⑰　选择工具箱中的"椭圆工具" ⬭ ，在选项栏中将"填充"更改为黑色，"描边"为无，在图标底部绘制一个椭圆图形，将生成一个"椭圆2"图层，将其移至"背景"图层上方，如图7.30所示。

⑱　执行菜单栏中的"滤镜"|"模糊"|"高斯模糊"命令，在弹出的对话框中将"半径"更改为3像素，完成之后单击"确定"按钮，如图7.31所示。

图7.30　绘制图形　　　　图7.31　添加高斯模糊

⑲　执行菜单栏中的"滤镜"|"模糊"|"动感模糊"命令，在弹出的对话框中将"角度"更改为0度，"距离"更改为80像素，设置完成之后单击"确定"按钮，这样就完成了效果制作，最终效果如图7.32所示。

图7.32　最终效果

7.3　互联网播客图标

素材位置：无
案例位置：案例文件\第7章\互联网播客图标.psd
视频位置：多媒体教学\7.3 互联网播客图标.avi
难易指数：★☆☆☆☆

　　本例讲解互联网播客图标制作，此款图标的制作以播客特征图形为重点，将主视觉图形与圆角矩形轮廓相结合，整个图标表现出不错的主题效果，最终效果如图7.33所示。

扫码看视频

图7.33 最终效果

7.3.1 绘制主轮廓图形

① 执行菜单栏中的"文件"|"新建"命令，在弹出的对话框中设置"宽度"为600像素，"高度"为500像素，"分辨率"为72像素/英寸，新建一个空白画布。

② 选择工具箱中的"圆角矩形工具" ，在选项栏中将"填充"更改为黑色，"描边"为无，"半径"为50像素，按住Shift键绘制一个圆角矩形，将生成一个"圆角矩形 1"图层，如图7.34所示。

图7.34 绘制图形

③ 在"图层"面板中，单击面板底部的"添加图层样式" fx 按钮，在菜单中选择"渐变叠加"命令。

④ 在弹出的对话框中将"渐变"更改为紫色（R：185，G：98，B：255）到紫色（R：80，G：0，B：170），完成之后单击"确定"按钮，如图7.35所示。

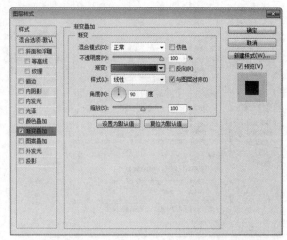

图7.35 设置渐变叠加

7.3.2 处理特征图像

① 选择工具箱中的"椭圆工具" ，在选项栏中将"填充"更改为无，"描边"为灰色（R：233，G：228，B：248），"宽度"为12点，在图标位置按住Shift键绘制一个圆形，将生成一个"椭圆1"图层，如图7.36所示。

② 在"图层"面板中，选中"椭圆1"图层，将其拖至面板底部的"创建新图层" 按钮上，复制"椭圆1拷贝""椭圆1拷贝2"两个新图层。

③ 选中"椭圆1拷贝"图层，将图形等比缩小，再选中"椭圆1拷贝2"图层，将"填充"更改为灰色（R：233，G：228，B：248），"描边"为无，将其等比缩小，如图7.37所示。

图7.36 绘制图形　　图7.37 缩小图形

④ 在"图层"面板中，选中"椭圆 1"图层，单击面板底部的"添加图层样式" fx 按钮，在菜单中选择"投影"命令。

⑤ 在弹出的对话框中将"不透明度"更改为50%，取消"使用全局光"复选框，将"角度"更

改为90度，"距离"更改为2像素，"大小"更改为2像素，完成之后单击"确定"按钮，如图7.38所示。

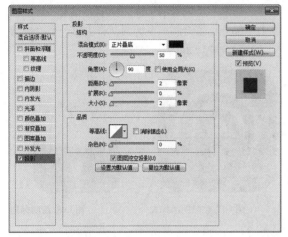

图7.38 设置投影

06 在"椭圆1"图层名称上单击鼠标右键，从弹出的快捷菜单中选择"拷贝图层样式"命令，在"椭圆1拷贝"图层名称上单击鼠标右键，从弹出的快捷菜单中选择"粘贴图层样式"命令，如图7.39所示。

图7.39 粘贴图层样式

07 在"图层"面板中，选中"椭圆1拷贝2"图层，单击面板底部的"添加图层样式" *fx* 按钮，在菜单中选择"斜面和浮雕"命令。

08 在弹出的对话框中将"大小"更改为40像素，取消"使用全局光"复选框，"角度"更改为90度，"阴影模式"中的"颜色"更改为紫色（R：80，G：0，B：170），"不透明度"更改为55%，如图7.40所示。

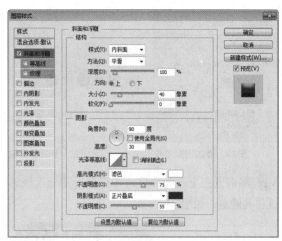

图7.40 设置斜面和浮雕

09 勾选"投影"复选框，将"不透明度"更改为30%，取消"使用全局光"复选框，将"角度"更改为90度，"距离"更改为2像素，"大小"更改为2像素，完成之后单击"确定"按钮，如图7.41所示。

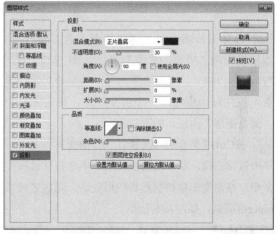

图7.41 设置投影

10 同时选中"椭圆1拷贝"及"椭圆1"图层，按Ctrl+G组合键将其编组，将生成一个"组 1"，再单击面板底部的"添加图层蒙版" 按钮，添加图层蒙版，如图7.42所示。

11 选择工具箱中的"画笔工具" ，在画布中单击鼠标右键，在弹出的面板中选择一种圆角笔触，将"大小"更改为200像素，"硬度"更改为0%，如图7.43所示。

图7.42 添加图层蒙版

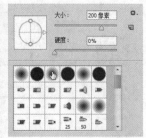

图7.43 设置笔触

⑫ 将前景色更改为黑色，在图像上部分区域涂抹将其隐藏，如图7.44所示。

图7.44 隐藏图像

⑬ 选择工具箱中的"圆角矩形工具" ▢，在选项栏中将"填充"更改为灰色（R：233，G：228，B：248），"描边"为无，"半径"为10像素，按住Shift键绘制一个圆角矩形，将生成一个"圆角矩形"图层，如图7.45所示。

⑭ 按Ctrl+T组合键对其执行"自由变换"命令，单击鼠标右键，从弹出的快捷菜单中选择"透视"命令，拖动变形框控制点将图形变形，完成之后按Enter键确认，如图7.46所示。

图7.45 绘制图形　　图7.46 将图像变形

⑮ 在"椭圆1拷贝2"图层名称上单击鼠标右键，从弹出的快捷菜单中选择"拷贝图层样式"命令，在"圆角矩形2"图层名称上单击鼠标右键，

从弹出的快捷菜单中选择"粘贴图层样式"命令，如图7.47所示。

⑯ 选择工具箱中的"椭圆工具" ⬭，在选项栏中将"填充"更改为白色，"描边"为无，在图标靠上半部分位置绘制一个椭圆，将生成一个"椭圆2"图层，如图7.48所示。

图7.47 粘贴图层样式　　图7.48 绘制椭圆

⑰ 在"图层"面板中，按住Ctrl键单击"圆角矩形1"图层缩览图，将其载入选区，选中"椭圆1"图层，单击面板底部的"添加图层蒙版" ▣ 按钮，将不需要的部分隐藏。

⑱ 选中"椭圆1"图层，将其图层"不透明度"更改为15%，这样就完成了效果制作，最终效果如图7.49所示。

图7.49 最终效果

7.4 运动应用图标

素材位置：素材文件\第7章\运动应用图标
案例位置：案例文件\第7章\运动应用图标.psd
视频位置：多媒体教学\7.4 运动应用图标.avi
难易指数：★★☆☆☆

　　本例讲解运动应用图标制作，本例中图标以显著的运动元素为主视觉图像，将图形变形后，平面图形表现出很强的立体视觉效果，最终效果如图7.50所示。

扫码看视频

图7.50 最终效果

7.4.1 绘制图标主轮廓

⑴ 执行菜单栏中的"文件"|"新建"命令，在弹出的对话框中设置"宽度"为600像素，"高度"为500像素，"分辨率"为72像素/英寸，新建一个空白画布。

⑵ 选择工具箱中的"圆角矩形工具" ▢ ，在选项栏中将"填充"更改为黑色，"描边"为无，"半径"为50像素，按住Shift键绘制一个圆角矩形，将生成一个"圆角矩形1"图层，如图7.51所示。

图7.51 绘制图形

⑶ 在"图层"面板中，单击面板底部的"添加图层样式" fx 按钮，在菜单中选择"渐变叠加"命令。

⑷ 在弹出的对话框中将"渐变"更改为红色（R：172，G：30，B：16）到橙色（R：233，G：76，B：37），完成之后单击"确定"按钮，如图7.52所示。

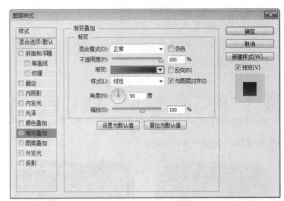

图7.52 设置渐变叠加

⑸ 选择工具箱中的"矩形工具" ▢ ，在选项栏中将"填充"更改为黑色，"描边"为无，按住Shift键绘制一个矩形，将生成一个"矩形 1"图层，如图7.53所示。

⑹ 在图形靠左侧位置按住Alt键同时绘制一个细长矩形，将部分图形减去，如图7.54所示。

图7.53 绘制图形　　图7.54 减去图形

⑺ 选择工具箱中的"路径选择工具" ▶ ，选中路径，将其向右侧平移复制一份，以同样方法再绘制垂直线段，如图7.55所示。

⑻ 将矩形更改为白色，按Ctrl+T组合键对其执行"自由变换"命令，单击鼠标右键，从弹出的快捷菜单中选择"扭曲"命令，拖动变形框控制点将图形变形，完成之后按Enter键确认，如图7.56所示。

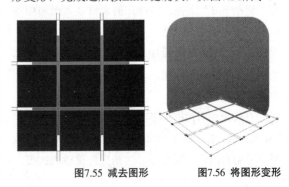

图7.55 减去图形　　图7.56 将图形变形

技巧与提示

绘制路径的目的是将矩形三等分，因此在绘制或者复制路径时注意间距。

⑨ 在"图层"面板中，选中"矩形1"图层，将其图层混合模式设置为"叠加"，"不透明度"更改为50%，如图7.57所示。

图7.57 设置图层混合模式

⑩ 选择工具箱中的"画笔工具" ，在画布中单击鼠标右键，在弹出的面板中选择一种圆角笔触，将"大小"更改为130像素，"硬度"更改为0%，如图7.58所示。

⑪ 将前景色更改为黑色，在图形上部分区域涂抹将其隐藏，如图7.59所示。

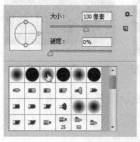 

图7.58 设置笔触　　图7.59 隐藏图像

7.4.2 处理标识图形

① 执行菜单栏中的"文件"|"打开"命令，打开"运动.psd"文件，将打开的素材拖入画布中并适当缩小，如图7.60所示。

② 在"图层"面板中，单击面板底部的"添加图层样式" fx 按钮，在菜单中选择"投影"命令。

③ 在弹出的对话框中将"颜色"更改为红色（R：76，G：10，B：2），"不透明度"更改为50%，取消"使用全局光"复选框，"角度"更改为90度，

"距离"更改为2像素，"大小"更改为5像素，完成之后单击"确定"按钮，如图7.61所示。

图7.60 添加素材

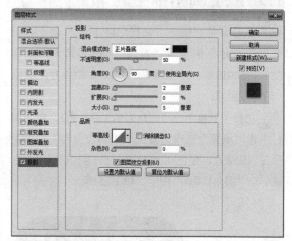

图7.61 设置投影

④ 选择工具箱中的"钢笔工具" ，在选项栏中单击"选择工具模式" 路径 按钮，在弹出的选项中选择"形状"，将"填充"更改为白色，"描边"更改为无。

⑤ 在运动图形下方位置绘制一个不规则图形，将生成一个"形状1"图层，如图7.62所示。

图7.62 绘制图形

⑥ 在"图层"面板中，单击面板底部的"添加图层样式" fx 按钮，在菜单中选择"渐变叠加"命令。

07 在弹出的对话框中将"渐变"更改为黄色（R：248，G：199，B：130）到白色，如图7.63所示。

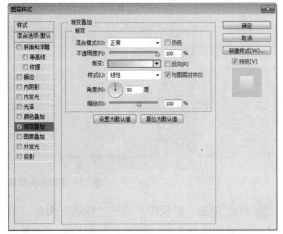

图7.63 设置渐变叠加

08 勾选"投影"复选框，将"颜色"更改为红色（R：76，G：10，B：2），"不透明度"更改为50%，"距离"更改为2像素，"大小"更改为5像素，完成之后单击"确定"按钮，如图7.64所示。

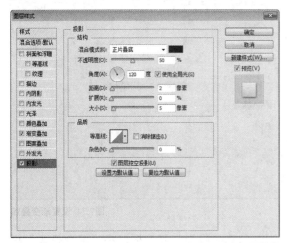

图7.64 设置投影

09 在"图层"面板中，选中"形状1"图层，单击面板底部的"添加图层蒙版" 按钮，为其图层添加图层蒙版，如图7.65所示。

10 选择工具箱中的"画笔工具" ，在画布中单击鼠标右键，在弹出的面板中选择一种圆角笔触，将"大小"更改为150像素，"硬度"更改为0%，如图7.66所示。

图7.65 添加图层蒙版

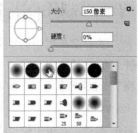

图7.66 设置笔触

11 将前景色更改为黑色，在图像上部分区域涂抹将其隐藏，这样就完成了效果制作，最终效果如图7.67所示。

图7.67 最终效果

7.5 生活应用图标

素材位置：无
案例位置：案例文件\第7章\生活应用图标.psd
视频位置：多媒体教学\7.5 生活应用图标.avi
难易指数：★★☆☆☆

本例讲解生活应用图标制作，日历图标的主题十分明确，以图标轮廓与数字图形相结合，也是最为常用的一种表现形式，本例就是采用这种形式，整体的效果十分直观，最终效果如图7.68所示。

扫码看视频

图7.68 最终效果

7.5.1 制作图标主轮廓

01 执行菜单栏中的"文件"|"新建"命令，在弹出的对话框中设置"宽度"为600像素，"高度"为500像素，"分辨率"为72像素/英寸，新建一个空白画布。

02 选择工具箱中的"圆角矩形工具" ，在选项栏中将"填充"更改为白色，"描边"为无，"半径"为30像素，按住Shift键绘制一个圆角矩形，将生成一个"圆角矩形1"图层，如图7.69所示。

03 在"图层"面板中，选中"圆角矩形1"图层，将其拖至面板底部的"创建新图层" 按钮上，复制两个"拷贝"图层，分别将其图层名称更改为"轮廓""厚度"及"阴影"，如图7.70所示。

图7.69 绘制图形 　　图7.70 复制图层

04 选中"厚度"图层，将其"填充"更改为绿色（R：217，G：220，B：190）。

05 选中"轮廓"图层，按Ctrl+T组合键对其执行"自由变换"命令，将图形高度适当缩小，完成之后按Enter键确认，如图7.71所示。

06 选中"阴影"图层，将其"填充"更改为绿色（R：75，G：77，B：56），再将其稍微等比缩小后向下移动，如图7.72所示。

图7.71 缩小高度 　　图7.72 缩小图形

07 执行菜单栏中的"滤镜"|"模糊"|"高斯模糊"命令，在弹出的对话框中将"半径"更改为3像素，完成之后单击"确定"按钮，如图7.73所示。

图7.73 添加高斯模糊

08 在"图层"面板中，选中"轮廓"图层，单击面板底部的"添加图层样式" **fx** 按钮，在菜单中选择"图案叠加"命令。

09 在弹出的对话框中将"混合模式"更改为正常，"不透明度"为70%，"图案"更改为"彩色纸"|"亚麻编织纸"，如图7.74所示。

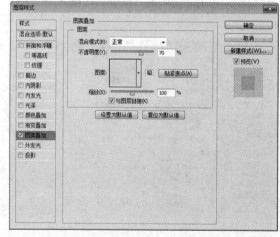

图7.74 设置渐变叠加

10 勾选"投影"复选框，将"混合模式"更改为正常，"颜色"更改为深绿色（R：85，G：88，B：56），"不透明度"更改为10%，取消"使用全局光"复选框，将"角度"更改为90度，"距离"更改为2像素，"大小"更改为5像素，完成之后单击"确定"按钮，如图7.75所示。

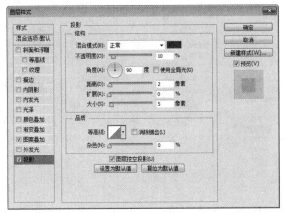

图7.75 设置投影

⑪ 选择工具箱中的"圆角矩形工具" ，在选项栏中将"填充"更改为白色，"描边"为无，"半径"为5像素，按住Shift键绘制一个圆角矩形，将生成一个"圆角矩形1"图层，如图7.76所示。

图7.76 绘制图形

⑫ 在"图层"面板中，单击面板底部的"添加图层样式" fx 按钮，在菜单中选择"渐变叠加"命令。

⑬ 在弹出的对话框中将"渐变"更改为灰色（R：232，G：232，B：232）到白色，如图7.77所示。

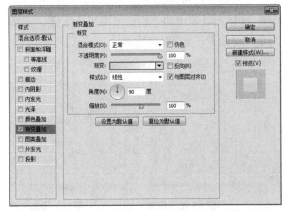

图7.77 设置渐变叠加

⑭ 勾选"投影"复选框，将"不透明度"更改为20%，取消"使用全局光"复选框，将"角度"更改为90度，"距离"更改为1像素，"大小"更改为2像素，完成之后单击"确定"按钮，如图7.78所示。

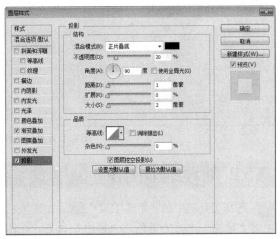

图7.78 设置投影

⑮ 在"图层"面板中，选中"圆角矩形1"图层，将其拖至面板底部的"创建新图层" 按钮上，复制三个"拷贝"图层，如图7.79所示。

⑯ 分别选中复制生成的图层，在画布中将图高度适当缩小，如图7.80所示。

图7.79 复制图层　　　图7.80 缩小图形

⑰ 双击"圆角矩形1拷贝3"图层样式名称，在弹出的对话框中勾选"内阴影"复选框，将"混合模式"更改为正常，"颜色"为白色，"不透明度"更改为100%，取消"使用全局光"复选框，将"角度"更改为-90度，"距离"更改为1像素，"大小"更改为1像素，完成之后单击"确定"按钮，如图7.81所示。

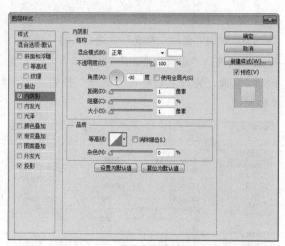

图7.81 设置内阴影

7.5.2 处理细节图像

01 选择工具箱中的"矩形工具" ，在选项栏中将"填充"更改为黑色，"描边"为无，在图标靠左侧绘制一个矩形，将生成一个"矩形1"图层，如图7.82所示。

图7.82 绘制图形

02 在"图层"面板中，单击面板底部的"添加图层样式" fx 按钮，在菜单中选择"渐变叠加"命令。

03 在弹出的对话框中将"渐变"更改为灰色系渐变，如图7.83所示。

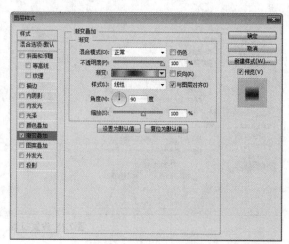

图7.83 设置渐变叠加

04 勾选"投影"复选框，将"不透明度"更改为50%，取消"使用全局光"复选框，将"角度"更改为90度，"距离"更改为2像素，"大小"更改为1像素，完成之后单击"确定"按钮，如图7.84所示。

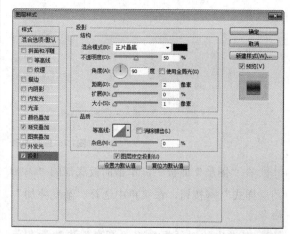

图7.84 设置投影

05 选中"矩形1"图层，在画布中按住Alt+Shift组合键向右侧拖动将图形复制，如图7.85所示。

06 选择工具箱中的"横排文字工具" T，添加文字（Arial），如图7.86所示。

图7.85 复制图形

图7.86 添加文字

07 在"图层"面板中，单击面板底部的"添加图层样式"**fx**按钮，在菜单中选择"内阴影"命令。

08 在弹出的对话框中将"不透明度"更改为50%，取消"使用全局光"复选框，"角度"更改为90度，"距离"更改为1像素，"大小"更改为0像素，如图7.87所示。

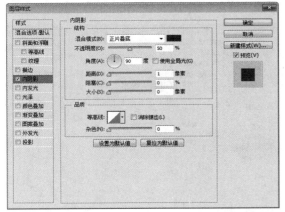

图7.87 设置内阴影

09 勾选"投影"复选框，将"混合模式"更改为正常，"颜色"更改为白色，"不透明度"更改为100%，"距离"更改为1像素，"大小"更改为2像素，完成之后单击"确定"按钮，如图7.88所示。

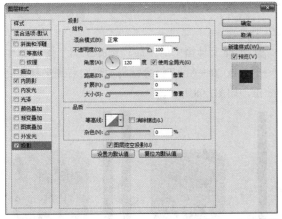

图7.88 设置投影

10 在"18"图层名称上单击鼠标右键，在弹出的菜单中选择"栅格化图层样式"命令。

11 选择工具箱中的"矩形选框工具"□，在数字位置绘制一个矩形选区以选中下半部分，如图7.89所示。

12 按Ctrl+T组合键对其执行"自由变换"命令，单击鼠标右键，从弹出的快捷菜单中选择"变形"

命令，拖动变形框控制点将图形变形，完成之后按Enter键确认，如图7.90所示。

图7.89 绘制选区　　　**图7.90 将文字变形**

13 选择工具箱中的"矩形工具"■，在选项栏中将"填充"更改为灰色（R：169，G：169，B：169），"描边"为无，绘制一个矩形，将生成一个"矩形2"图层，如图7.91所示。

14 在"图层"面板中，选中"矩形2"图层，将其图层混合模式设置为"正片叠底"，"不透明度"更改为0%，如图7.92所示。

图7.91 绘制图形　　**图7.92 设置图层混合模式**

15 在"图层"面板中，选中"矩形2"图层，单击面板底部的"添加图层蒙版"■按钮，为其添加图层蒙版。

16 选择工具箱中的"渐变工具"■，编辑黑色到白色的渐变，单击选项栏中的"线性渐变"■按钮，在图形上拖动将部分图形隐藏，这样就完成了效果制作，最终效果如图7.93所示。

图7.93 最终效果

7.6 搜索图标

素材位置：无
案例位置：案例文件\第7章\搜索图标.psd
视频位置：多媒体教学\7.6 搜索图标.avi
难易指数：★★☆☆☆

　　本例讲解搜索图标制作，此款图标以形象的望远镜图像为主视觉，与圆角矩形轮廓相结合，整个图标表现出不错的可识别性及主题特征，最终效果如图7.94所示。

扫码看视频

图7.94 最终效果

7.6.1 制作主体轮廓

01　执行菜单栏中的"文件"|"新建"命令，在弹出的对话框中设置"宽度"为600像素，"高度"为500像素，"分辨率"为72像素/英寸，新建一个空白画布。

02　选择工具箱中的"圆角矩形工具"，在选项栏中将"填充"更改为黑色，"描边"为无，"半径"为50像素，按住Shift键绘制一个圆角矩形，将生成一个"圆角矩形1"图层，如图7.95所示。

图7.95 绘制圆角矩形

03　在"图层"面板中，单击面板底部的"添加图层样式" fx 按钮，在菜单中选择"渐变叠加"命令。

04　在弹出的对话框中将"渐变"更改为蓝色（R：10，G：45，B：70）到蓝色（R：28，G：116，B：172），"样式"更改为径向，完成之后单击"确定"按钮，如图7.96所示。

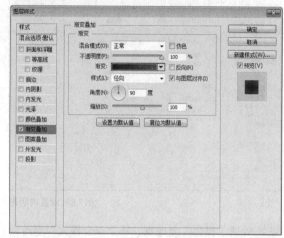
图7.96 设置渐变叠加

05　选择工具箱中的"矩形工具"，在选项栏中将"填充"更改为黑色，"描边"为无，绘制一个矩形，将生成一个"矩形1"图层，如图7.97所示。

06　选择工具箱中的"路径选择工具"，选中矩形，按Ctrl+Alt+T组合键将矩形向右侧平移复制一份，如图7.98所示。

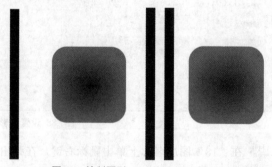
图7.97 绘制图形　　图7.98 变换复制

07　按住Ctrl+Alt+Shift组合键同时按T键多次，执行多重复制命令，将图形复制多份，如图7.99所示。

08　将图形更改为白色，执行菜单栏中的"滤

镜"|"扭曲"|"极坐标"命令，在弹出的对话框中勾选"平面坐标到极坐标"单选按钮，完成之后单击"确定"按钮，再将图像等比缩小，如图7.100所示。

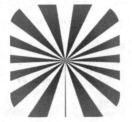

图7.99　多重复制　　　　图7.100　将图像变形

09　选择工具箱中的"多边形套索工具" ⊳，在图像底部位置绘制一个不规则选区，以选中部分图像，如图7.101所示。

10　按Delete键将选区中图像删除，完成之后按Ctrl+D组合键将选区取消，如图7.102所示。

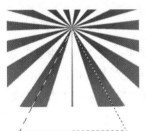

图7.101　绘制选区　　　　图7.102　删除图像

11　选择工具箱中的"多边形套索工具" ⊳，在图像顶部位置绘制一个不规则选区，以选中部分图像，如图7.103所示。

12　执行菜单栏中的"图层"|"新建"|"通过拷贝的图层"命令，此时将生成一个"图层1"图层，如图7.104所示。

图7.103　绘制选区　　　　图7.104　通过拷贝的图层

13　选中"图层1"图层，按Ctrl+T组合键对其执行"自由变换"命令，当出现变形框以后，将变形框中心点移至底部中间位置。

14　单击鼠标右键，从弹出的快捷菜单中选择"垂直翻转"命令，完成之后按Enter键确认，如图7.105所示。

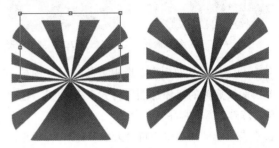

图7.105　变换图像

15　按住Ctrl键单击"圆角矩形 1"图层缩览图，将其载入选区，执行菜单栏中的"选择"|"反向"命令将选区反向，按Delete键将选区中图像删除，完成之后按Ctrl+D组合键将选区取消，如图7.106所示。

图7.106　删除图像

7.6.2　处理主视觉图像

01　选择工具箱中的"椭圆工具" ⬭，在选项栏中将"填充"更改为无，"描边"为白色，"宽度"为10点，绘制一个圆形，将生成一个"椭圆1"图层，如图7.107所示。

02　在"图层"面板中，选中"椭圆1"图层，将其拖至面板底部的"创建新图层" 按钮上，复制一个"椭圆1拷贝"图层，将其图形"填充"更改为黑色，"描边"为无。

03　按Ctrl+T组合键对图形执行"自由变换"命令，将其等比缩小，完成之后按Enter键确认，如

图7.108所示。

图7.107 绘制椭圆　　　　图7.108 变换图形

04　在"图层"面板中，选中"椭圆 1"图层，单击面板底部的"添加图层样式" *fx* 按钮，在菜单中选择"斜面和浮雕"命令。

05　在弹出的对话框中将"大小"更改为2像素，取消"使用全局光"复选框，"角度"更改为90度，"阴影模式"更改为正常，"颜色"更改为蓝色（R：2，G：30，B：50），完成之后单击"确定"按钮，如图7.109所示。

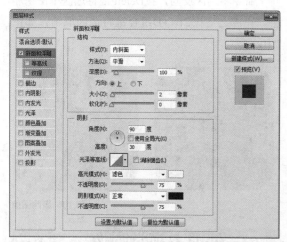

图7.109 设置斜面和浮雕

06　在"图层"面板中，选中"椭圆1拷贝"图层，将其图层"填充"更改为0%，如图7.110所示。

图7.110 更改填充

07　在"图层"面板中，单击面板底部的"添加图层样式" *fx* 按钮，在菜单中选择"内发光"命令。

08　在弹出的对话框中将"混合模式"更改为正常，"颜色"更改为深蓝色（R：2，G：25，B：31），"大小"更改为35像素，如图7.111所示。

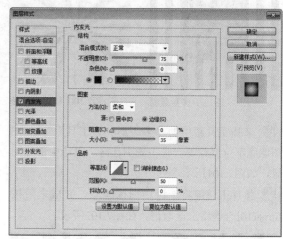

图7.111 设置内发光

09　勾选"内阴影"复选框，将"不透明度"更改为50%，取消"使用全局光"复选框，"角度"更改为90度，"距离"更改为5像素，"大小"更改为5像素，如图7.112所示。

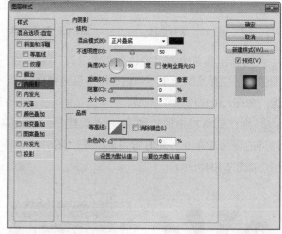

图7.112 设置内阴影

10　勾选"描边"复选框，将"大小"更改为2像素，"颜色"更改为蓝色（R：152，G：214，B：254），完成之后单击"确定"按钮，如图7.113所示。

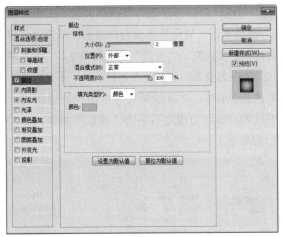

图7.113　设置描边

⑪　选择工具箱中的"椭圆工具" 🔵，在选项栏中将"填充"更改为白色，"描边"为无，绘制一个椭圆图形，将生成一个"椭圆2"图层，如图7.114所示。

⑫　在"图层"面板中，选中"椭圆 2"图层，单击面板底部的"添加图层蒙版" ⬜ 按钮，为其添加图层蒙版。

⑬　选择工具箱中的"渐变工具" ⬛，编辑黑色到白色的渐变，单击选项栏中的"线性渐变" ⬛ 按钮，在图形上拖动将部分图形隐藏，如图7.115所示。

图7.114　绘制图形　　　　图7.115　隐藏图像

⑭　同时选中"椭圆2""椭圆1拷贝"及"椭圆1"图层，按Ctrl+G组合键将其编组，将生成的组名称更改为"左眼"。

⑮　在"图层"面板中，选中"左眼"组，将其拖至面板底部的"创建新图层" 🔲 按钮上，复制一个"左眼 拷贝"组，如图7.116所示。

⑯　在画布中将图像向右侧平移，如图7.117所示。

图7.116　复制组　　　　图7.117　移动图像

⑰　选择工具箱中的"椭圆工具" 🔵，在选项栏中将"填充"更改为深蓝色（R：0，G：23，B：38），"描边"为无，绘制一个椭圆图形，将生成一个"椭圆3"图层，将其移至"左眼"组下方，如图7.118所示。

⑱　执行菜单栏中的"滤镜"I"模糊"I"高斯模糊"命令，在弹出的对话框中将"半径"更改为30像素，完成之后单击"确定"按钮，这样就完成了效果制作，最终效果如图7.119所示。

图7.118　绘制图形　　　　图7.119　最终效果

7.7　辅助工具图标

素材位置：	无
案例位置：	案例文件\第7章\辅助工具图标.psd
视频位置：	多媒体教学\7.7 辅助工具图标.avi
难易指数：	★★★☆☆

本例讲解辅助工具图标制作，此款图标以圆角矩形为轮廓，以指针图像为主视觉，完美表现出指南针特征，同时添加的文字信息使图标的细节更加详细，最终效果如图7.120所示。

扫码看视频

图7.120　最终效果

7.7.1 制作图标主图形

01 执行菜单栏中的"文件" | "新建"命令，在弹出的对话框中设置"宽度"为600像素，"高度"为500像素，"分辨率"为72像素/英寸，新建一个空白画布。

02 选择工具箱中的"圆角矩形工具" ▢，在选项栏中将"填充"更改为黑色，"描边"为无，"半径"为50像素，按住Shift键绘制一个圆角矩形，将生成一个"圆角矩形1"图层，如图7.121所示。

图7.121 绘制圆角矩形

03 在"图层"面板中，单击面板底部的"添加图层样式" fx 按钮，在菜单中选择"渐变叠加"命令。

04 在弹出的对话框中将"渐变"更改为蓝色（R: 0, G: 148, B: 255）到蓝色（R: 80, G: 202, B: 255），"样式"更改为径向，如图7.122所示。

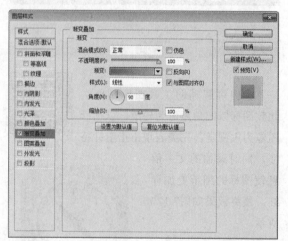

图7.122 设置渐变叠加

05 勾选"斜面和浮雕"复选框，将"大小"更改为8像素，"软化"更改为16像素，取消"使用全局光"复选框，"角度"更改为90度，"高光模式"更改为叠加，"颜色"为白色，"不透明度"更改为100%，"阴影模式"中的"不透明度"更改为40%，完成之后单击"确定"按钮，如图7.123所示。

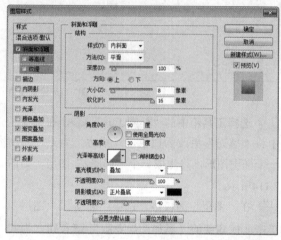

图7.123 设置斜面和浮雕

06 选择工具箱中的"圆角矩形工具" ▢，在选项栏中将"填充"更改为白色，"描边"为无，"半径"为45像素，绘制一个圆角矩形，将生成一个"圆角矩形2"图层，如图7.124所示。

07 在选项栏中将"半径"更改为40像素，按住Alt键同时绘制一个圆角矩形路径，将部分图形减去，如图7.125所示。

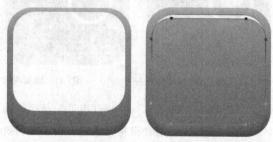

图7.124 绘制图形　　　　图7.125 绘制路径

08 执行菜单栏中的"滤镜" | "模糊" | "高斯模糊"命令，在弹出的对话框中将"半径"更改为5像素，完成之后单击"确定"按钮，如图7.126所示。

09　选中"圆角矩形2"图层，将其图层混合模式设置为"叠加"，如图7.127所示。

图7.126 添加高斯模糊　　　图7.127 设置图层混合模式

10　选择工具箱中的"椭圆工具" ⬭ ，在选项栏中将"填充"更改为白色，"描边"为无，按住Shift键绘制一个圆形，将生成一个"椭圆 1"图层，如图7.128所示。

11　选中"椭圆1"图层，将其拖至面板底部的"创建新图层" ⬚ 按钮上，复制两个"拷贝"图层，分别将其图层名称更改为"表盘""边缘"及"阴影"如图7.129所示。

图7.128 绘制图形　　　　图7.129 复制图层

12　在"图层"面板中，选中"表盘"图层，单击面板底部的"添加图层样式" fx 按钮，在菜单中选择"内发光"命令。

13　在弹出的对话框中将"混合模式"更改为正常，"不透明度"更改为60%，"颜色"更改为灰色（R：86，G：93，B：113），"大小"更改为35像素，如图7.130所示。

14　勾选"内阴影"复选框，将"颜色"更改为灰色（R：86，G：93，B：113），取消"使用全局光"复选框，"角度"更改为90度，"距离"更改为5像素，"大小"更改为6像素，完成之后单击"确定"按钮，如图7.131所示。

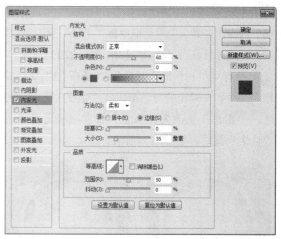

图7.130 设置内发光

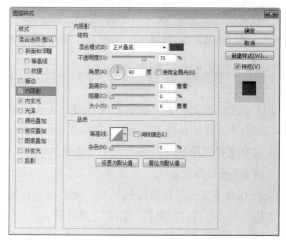

图7.131 设置内阴影

15　选中"阴影"图层，将其"填充"更改为蓝色（R：5，G：54，B：90），再按Ctrl+T组合键对其执行"自由变换"命令，将图形适当等比缩小，完成之后按Enter键确认，如图7.132所示。

图7.132 缩小图形

⑯ 执行菜单栏中的"滤镜"I"模糊"I"高斯模糊"命令,在弹出的对话框中将"半径"更改为3像素,完成之后单击"确定"按钮,如图7.133所示。

⑰ 执行菜单栏中的"滤镜"I"模糊"I"动感模糊"命令,在弹出的对话框中将"角度"更改为90度,"距离"更改为25像素,设置完成之后单击"确定"按钮,如图7.134所示。

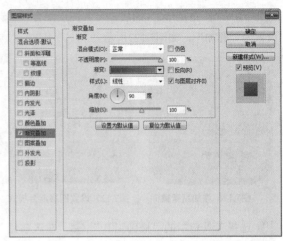

图7.136 设置渐变叠加

图7.133 添加高斯模糊　图7.134 添加动感模糊

7.7.2 绘制细节图像

① 选择工具箱中的"钢笔工具" ,在选项栏中单击"选择工具模式" 路径 按钮,在弹出的选项中选择"形状",将"填充"更改为黑色,"描边"更改为无。

② 在表盘靠上方位置绘制一个三角形图形,将生成一个"形状 1"图层,如图7.135所示。

图7.135 绘制图形

③ 在"图层"面板中,单击面板底部的"添加图层样式" fx 按钮,在菜单中选择"渐变叠加"命令。

④ 在弹出的对话框中将"渐变"更改为红色(R:220,G:0,B:0)到红色(R:255,G:107,B:107),完成之后单击"确定"按钮,如图7.136所示。

⑤ 选中"形状1"图层,将其拖至面板底部的"创建新图层" 按钮上,复制一个"形状1拷贝"图层,按Ctrl+T组合键对其执行"自由变换"命令,当出现变形框以后,将变形框中心点移至底部中间位置。

⑥ 单击鼠标右键,从弹出的快捷菜单中选择"垂直翻转"命令,完成之后按Enter键确认,如图7.137所示。

⑦ 双击"形状1拷贝"图层样式名称,在弹出的对话框中将"渐变"更改为蓝色(R:158,G:231,B:255)到蓝色(R:33,G:169,B:255),完成之后单击"确定"按钮,如图7.138所示。

图7.137 变换图像　图7.138 更改渐变颜色

⑧ 同时选中"形状1"及"形状1拷贝"图层,按Ctrl+G组合键将其编组,将生成一个"组 1"组。如图7.139所示。

⑨ 在"图层"面板中,选中"组1"组,将其拖至面板底部的"创建新图层" 按钮上,复制一个"组1拷贝"组,按Ctrl+E组合键将其合并,此

时将生成一个"组1拷贝"图层，如图7.140所示。

图7.139 复制组

图7.140 合并组

⑩ 在"图层"面板中，选中"组 1 拷贝"图层，单击面板上方的"锁定透明像素"  按钮，将透明像素锁定，将图像填充为黑色，填充完成之后再次单击此按钮将其解除锁定，如图7.141所示。

图7.141 锁定透明像素并填充颜色

⑪ 选择工具箱中的"矩形选框工具" ，在图像靠左侧部分绘制一个矩形选区，如图7.142所示。

⑫ 按Delete键将选区中图像删除，完成之后按Ctrl+D组合键将选区取消，再将其图层"不透明度"更改为30%，如图7.143所示。

图7.142 绘制选区

图7.143 删除图像

⑬ 同时选中"组1拷贝"图层及"组1"组，按Ctrl+T组合键对其执行"自由变换"命令，将其顺时针适当旋转，完成之后按Enter键确认，如图7.144所示。

图7.144 旋转图形

⑭ 在"图层"面板中，选中"组1"组，单击面板底部的"添加图层样式" fx 按钮，在菜单中选择"投影"命令。

⑮ 在弹出的对话框中将"不透明度"更改为50%，"距离"更改为5像素，"大小"更改为5像素，完成之后单击"确定"按钮，如图7.145所示。

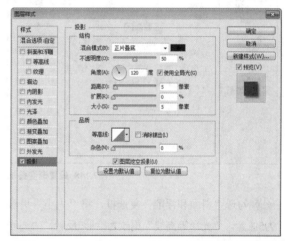
图7.145 设置投影

⑯ 选择工具箱中的"多边形工具" ，在选项栏中将"填充"更改为灰色（R：223，G：224，B：228），"描边"为无，单击 按钮，在弹出的面板中勾选"星形"复选框，将"缩进边依据"更改为70%，"边"更改为8，以中心为起点按住Shift键绘制一个星形，如图7.146所示。

⑰ 选择工具箱中的"椭圆工具" ，在选项栏中将"填充"更改为白色，"描边"为无，按住Shift键绘制一个圆形，将生成一个"椭圆1"图层，如图7.147所示。

图7.146 绘制星形 　　图7.147 绘制圆

⑱ 在"图层"面板中，单击面板底部的"添加图层样式" **fx** 按钮，在菜单中选择"渐变叠加"命令。

⑲ 在弹出的对话框中将"渐变"更改为黄色（R：255，G：218，B：130）到黄色（R：160，G：100，B：30），"样式"为径向，如图7.148所示。

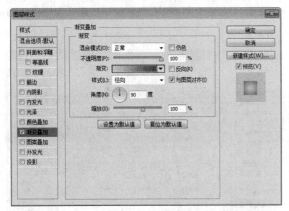

图7.148 设置渐变叠加

⑳ 勾选"斜面和浮雕"复选框，将"大小"更改为5像素，"光泽等高线"更改为锥形-反转，"高光模式"更改为黄色（R：255，G：218，B：130），"阴影模式"更改为叠加，如图7.149所示。

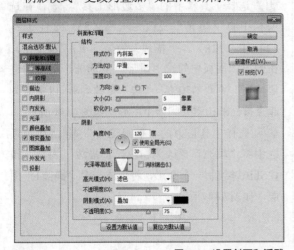

图7.149 设置斜面和浮雕

㉑ 勾选"投影"复选框，将"距离"更改为1像素，"大小"更改为2像素，完成之后单击"确定"按钮，如图7.150所示。

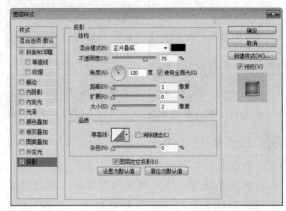

图7.150 设置投影

㉒ 选择工具箱中的"横排文字工具" **T**，添加文字（Arial Bold），如图7.151所示。

图7.151 添加文字

㉓ 在"图层"面板中，单击面板底部的"添加图层样式" **fx** 按钮，在菜单中选择"内阴影"命令。

㉔ 在弹出的对话框中将"距离"更改为1像素，"大小"更改为0像素，如图7.152所示。

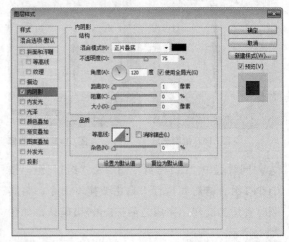

图7.152 设置内阴影

㉕ 在"S"图层名称上单击鼠标右键，从弹出的快捷菜单中选择"拷贝图层样式"命令；在"N"图层名称上单击鼠标右键，从弹出的快捷菜单中选择"粘贴图层样式"命令，如图7.153所示。

图7.153 粘贴图层样式

㉖ 选择工具箱中的"椭圆工具" ○，在选项栏中将"填充"更改为深蓝色（R：2，G：21，B：35），"描边"为无，在图标底部绘制一个椭圆，将生成一个"椭圆2"图层，如图7.154所示。

㉗ 执行菜单栏中的"滤镜"|"模糊"|"高斯模糊"命令，在弹出的对话框中将"半径"更改为3像素，完成之后单击"确定"按钮，如图7.155所示。

图7.154 绘制图形　　　图7.155 添加高斯模糊

㉘ 执行菜单栏中的"滤镜"|"模糊"|"动感模糊"命令，在弹出的对话框中将"角度"更改为0度，"距离"更改为80像素，设置完成之后单击"确定"按钮，这样就完成了效果制作，最终效果如图7.156所示。

图7.156 最终效果

7.8 相机和计算器图标

素材位置：无
案例位置：案例文件\第7章\相机和计算器图标.psd
视频位置：多媒体教学\7.8 相机和计算器图标.avi
难易指数：★★★☆☆

本例主要讲解的是相机和计算器图标的绘制，这两个图标的制作方法看似简单，但是需要注意很多细节，从圆弧的角到深色的图层样式添加再到柔和的配色都决定了图标的最终视觉效果，如图7.157所示。

扫码看视频

图7.157 最终效果

7.8.1 制作背景并绘制图标

① 执行菜单栏中的"文件"|"新建"命令，在弹出的对话框中设置"宽度"为800像素，"高度"为600像素，"分辨率"为72像素/英寸，"颜色模式"为RGB颜色，新建一个空白画布，如图7.158所示。

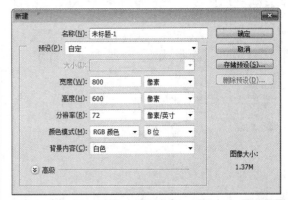

图7.158 新建画布

② 将画布填充为红色（R：206，G：62，B：58），如图7.159所示。

图7.159 填充颜色

03 选择工具箱中的"圆角矩形工具" ◻，在选项栏中将"填充"更改为深红色（R：104，G：23，B：23），"描边"为无，"半径"为40像素，在画布中绘制一个圆角矩形，此时将生成一个"圆角矩形1"图层，将其复制一份，如图7.160所示。

图7.160 绘制图形

04 在"图层"面板中，选中"圆角矩形1"图层，单击面板底部的"添加图层样式" fx 按钮，在菜单中选择"投影"命令，在弹出的对话框中将"不透明度"更改为50%，取消"使用全局光"复选框，"角度"更改为90度，"距离"更改为6像素，"大小"更改为20像素，完成之后单击"确定"按钮，如图7.161所示。

图7.161 设置投影

05 选中"圆角矩形1拷贝"图层，在画布中将其

图形颜色更改为稍浅的红色（R：226，G：75，B：74），如图7.162所示。

06 选择工具箱中的"矩形工具" ◻，在选项栏中单击"路径操作" ◻按钮，在弹出的下拉菜单中选择"减去顶层形状"，在刚才绘制的圆角矩形上绘制一条水平的细长矩形将部分图形减去，如图7.163所示。

图7.162 更改图形颜色　　图7.163 减去顶层形状

07 选择工具箱中的"椭圆工具" ◯，以同样的方法在画布中圆角矩形中心位置按住Alt+Shift组合键以中心为起点绘制一个圆形，如图7.164所示。

图7.164 绘制图形

技巧与提示

选中图形并按Ctrl+T组合键可以看到图形的中心点。

08 选中"圆角矩形1拷贝"图层，在画布中选择工具箱中的"直接选择工具" ▸，再按Ctrl+T组合键对刚才绘制的椭圆图形执行"自由变换"命令，当出现变形框以后按住Alt+Shift组合键将其等比缩小，完成之后按Enter键确认，如图7.165所示。

图7.165 变换图形

技巧与提示

绘制一个直径与圆角矩形相同的圆，然后再按等比例缩小，可以使椭圆更加准确地与圆角矩形匹配。

⑨ 在"图层"面板中，选中"圆角矩形1拷贝"图层，单击面板底部的"添加图层样式" *fx* 按钮，在菜单中选择"内阴影"命令，在弹出的对话框中将"混合模式"更改为强光，"颜色"更改为白色，取消"使用全局光"复选框，"角度"更改为90度，"距离"更改为1像素，如图7.166所示。

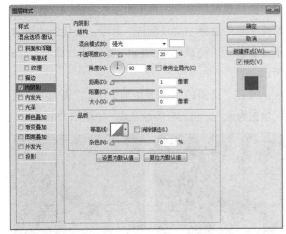

图7.166 设置内阴影

⑩ 选中"渐变叠加"复选框，将"渐变"更改为浅红色（R：223，G：72，B：72）到浅红色（R：252，G：100，B：94），完成之后单击"确定"按钮，如图7.167所示。

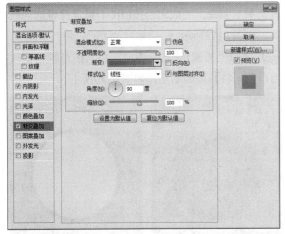

图7.167 设置渐变叠加

⑪ 选择工具箱中的"椭圆工具" ⬭，在选项栏中将"填充"更改为无，"描边"为白色，"大小"为15点，以图标中心点为起点按住Alt+Shift键绘制一个圆形，此时将生成一个"椭圆1"图层，选中"椭圆1"图层，将其拖至面板底部的"创建新图层" 按钮上，复制一个"椭圆1拷贝"图层，如图7.168所示。

图7.168 绘制图形并复制图层

⑫ 在"图层"面板中，选中"椭圆1"图层，单击面板底部的"添加图层样式" *fx* 按钮，在菜单中选择"渐变叠加"命令，在弹出的对话框中将渐变颜色更改为浅红色（R：252，G：100，B：94）到浅红色（R：223，G：72，B：72），完成之后单击"确定"按钮，如图7.169所示。

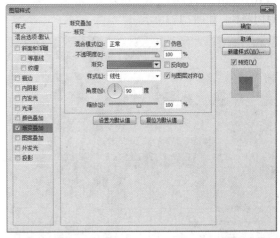

图7.169 设置渐变叠加

⑬ 在"图层"面板中，选中"椭圆1"图层，单击面板底部的"添加图层蒙版" 按钮，为其图层添加图层蒙版，如图7.170所示。

⑭ 选择工具箱中的"矩形选框工具" ⬚，在图标上绘制一个与刚才绘制的细长矩形大小相同的选

区，如图7.171所示。

图7.170 添加图层蒙版

图7.171 绘制选区

⑮ 单击"椭圆1"图层蒙版缩览图，在画布中将选区填充为黑色，将部分图形隐藏，完成之后按Ctrl+D组合键将选区取消，如图7.172所示。

图7.172 隐藏图形

⑯ 选择工具箱中的"钢笔工具" ，在画布中沿着刚才所绘制的矩形上半部分附近位置绘制一个封闭路径，如图7.173所示。

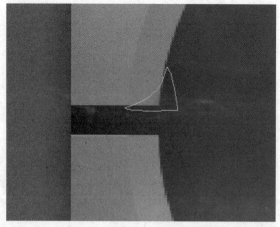

图7.173 绘制路径

⑰ 在画布中按Ctrl+Enter组合键将刚才所绘制的封闭路径转换成选区，如图7.174所示。

⑱ 单击"椭圆1"图层蒙版缩览图，在画布中将选区填充为黑色，将部分图形隐藏，完成之后按Ctrl+D组合键将选区取消，如图7.175所示。

图7.174 转换选区　　　　图7.175 隐藏图形

⑲ 选择工具箱中的任意一个选区工具，在画布中的选区中单击鼠标右键，从弹出的快捷菜单中选择"变换选区"命令，再单击鼠标右键，从弹出的快捷菜单中选择"垂直翻转"命令，按住Shift键向下垂直移动，完成之后按Enter键确认，如图7.176所示。

⑳ 单击"椭圆1"图层蒙版缩览图，在画布中将选区填充为黑色，将部分图形隐藏，如图7.177所示。

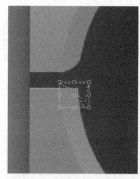
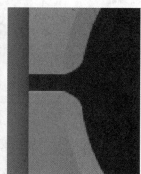

图7.176 变换选区　　　　图7.177 隐藏图形

㉑ 以同样的方法将选区变换，并将右侧相同位置的图形隐藏，完成之后按Ctrl+D组合键将选区取消，如图7.178所示。

㉒ 选中"椭圆1拷贝"图层，将其图形颜色更改为白色，将其适当缩小，如图7.179所示。

图7.178 隐藏图形　　　　图7.179 更改颜色

㉓　在"图层"面板中，选中"椭圆1拷贝"图层，单击面板底部的"添加图层样式" fx 按钮，在菜单中选择"斜面和浮雕"命令，在弹出的对话框中将"大小"更改为2像素，"软化"更改为4像素，取消"使用全局光"复选框，将"角度"更改为90度，"阴影模式"更改为线性加深，"颜色"更改为深黄色（R：203，G：117，B：53），如图7.180所示。

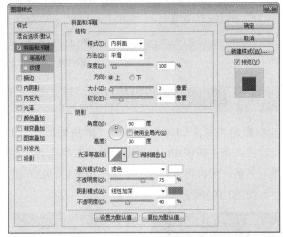

图7.180　设置斜面和浮雕

㉔　选中"渐变叠加"复选框，将"渐变"更改为黄色（R：214，G：169，B：80）到黄色（R：253，G：228，B：178），如图7.181所示。

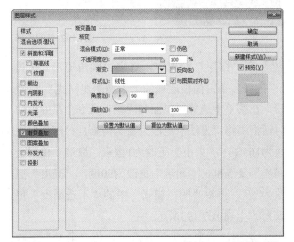

图7.181　设置渐变叠加

㉕　选中"投影"复选框，取消"使用全局光"复选框，将"角度"更改为90度，"距离"更改为2像素，"大小"更改为3像素，完成之后单击"确定"按钮，如图7.182所示。

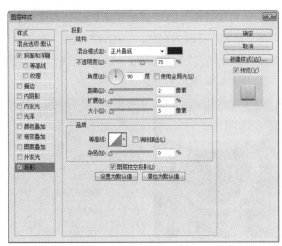

图7.182　设置投影

7.8.2　绘制镜头

①　在"图层"面板中，选中"椭圆1拷贝"图层，将其拖至面板底部的"创建新图层" 按钮上，复制一个"椭圆1拷贝2"图层，如图7.183所示。

②　在"图层"面板中，双击"椭圆1拷贝 2"图层样式名称，将其更改制作出深色的相机内镜头效果，如图7.184所示。

图7.183　复制图层　　　图7.184　更改图层样式

③　以同样的方法再将椭圆图形复制，并更改不同的图层样式制作出相机镜头效果，如图7.185所示。

图7.185　制作相机镜头效果

04 选择工具箱中的"椭圆工具" ●，在选项栏中将"填充"更改为白色，"描边"为无，在镜头图形位置绘制一个椭圆图形，此时将生成一个"椭圆2"图层，如图7.186所示。

图7.186 绘制图形

05 在"图层"面板中，选中"椭圆2"图层，单击面板底部的"添加图层蒙版" ◙ 按钮，为其图层添加图层蒙版，如图7.187所示。

06 在"图层"面板中，按住Ctrl键单击"椭圆1拷贝"图层缩览图，将其载入选区，如图7.188所示。

图7.187 添加图层蒙版　　图7.188 载入选区

07 在画布中执行菜单栏中的"选择"|"反向"命令，将选区反向，再单击"椭圆2"图层蒙版缩览图，将选区填充为黑色，将部分图形隐藏，完成之后按Ctrl+D组合键将选区取消，如图7.189所示。

08 选中"椭圆 2"图层，适当降低其图层不透明度，完成相机图标制作，如图7.190所示。

图7.189 隐藏图形　　图7.190 降低不透明度

09 在"图层"面板中，同时选中除"背景"图层以外的所有图层，按Ctrl+G组合键将图层快速编组，此时将生成一个"组1"组，并将其名称更改为"镜头图标"，如图7.191所示。

图7.191 快速编组

7.8.3 绘制计算器图标

01 选中"镜头图标"组中的"圆角矩形1"图层，在画布中按住Alt+Shift组合键向右侧拖动，将图形复制，此时将生成一个"圆角矩形1拷贝2"图层，如图7.192所示。

图7.192 复制图形

02 在"图层"面板中，选中"圆角矩形1 拷贝2"图层，单击面板底部的"添加图层样式" fx 按钮，在菜单中选择"斜面和浮雕"命令，在弹出的对话框中将"方法"更改为雕刻清晰，"深度"更改为165%，"大小"更改为1像素，取消"使用全局光"复选框，"角度"更改为90度，"高度"更改为5度，再将"阴影模式"中的"不透明度"更改为0%，如图7.193所示。

03 选中"渐变叠加"复选框，将"渐变"更改为黄色（R：227，G：164，B：57）到黄色（R：255，G：205，B：99），如图7.194所示。

04 选中"投影"复选框，将"不透明度"更改为50%，取消"使用全局光"复选框，将"角度"更改为90度，"距离"更改为6像素，"大小"更改为20像素，完成之后单击"确定"按钮，如图7.195所示。

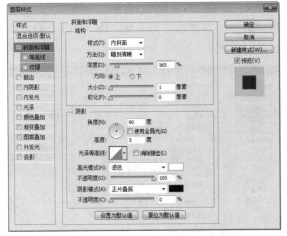

图7.193 设置斜面和浮雕

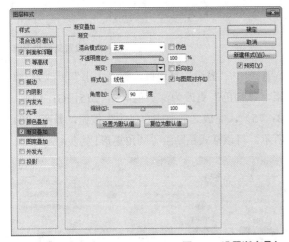

图7.194 设置渐变叠加

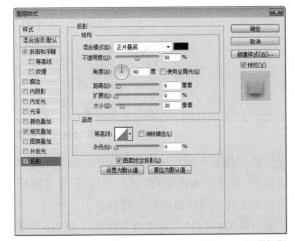

图7.195 设置投影

05 在"图层"面板中，选中"圆角矩形1 拷贝2"图层，将其拖至面板底部的"创建新图层" 按钮上，复制一个"圆角矩形1拷贝3"图层，将"圆角矩形1拷贝3"图层样式名称删除，如图7.196所示。

图7.196 复制图层并删除图层样式

06 选中"圆角矩形1 拷贝3"图层，将其图形颜色更改为粉色（R：234，G：217，B：203），如图7.197所示。

07 选中"圆角矩形1 拷贝3"图层，在画布中按Ctrl+T组合键对其执行自由变换，当出现变形框以后按住Alt+Shift组合键将图形等比缩小，完成之后按Enter键确认，如图7.198所示。

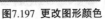

图7.197 更改图形颜色　　　图7.198 变换图形

7.8.4 制作图标元素

01 选择工具箱中的"矩形工具" ，在选项栏中单击"路径操作" 按钮，在弹出的下拉菜单中选择"减去顶层形状"，在图标左下角位置绘制一个矩形将部分图形减去，以同样的方法在图标右侧再次绘制图形将部分图形减去，如图7.199所示。

02 选择工具箱中的"直接选择工具" ，在画布中选中部分路径，按Ctrl+T组合键将图形适当缩放，如图7.200所示。

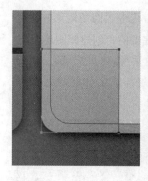

图7.199 减去部分图形

图7.200 变换图形

03 在"图层"面板中，选中"圆角矩形1拷贝3"图层，将其拖至面板底部的"创建新图层" 🖿 按钮上，复制一个"圆角矩形1拷贝 4"图层，如图7.201所示。

04 选中"圆角矩形1拷贝4"图层，在画布中按Ctrl+T组合键对其执行自由变换命令，将光标移至出现的变形框上单击鼠标右键，从弹出的快捷菜单中选择"水平翻转"命令，完成之后按Enter键确认，如图7.202所示。

图7.201 复制图层　　　图7.202 变换图形

05 在"图层"面板中，选中"圆角矩形1 拷贝3"图层，单击面板底部的"添加图层样式" 𝑓𝑥 按钮，在菜单中选择"斜面和浮雕"命令，在弹出的对话框中将"方法"更改为平滑，"大小"更改

为5像素，"软化"更改为10像素，取消"使用全局光"复选框，"角度"更改为120度，"高度"更改为30度，再将"阴影模式"中的"不透明度"更改为30%，颜色为咖啡色（R：99，G：69，B：43），如图7.203所示。

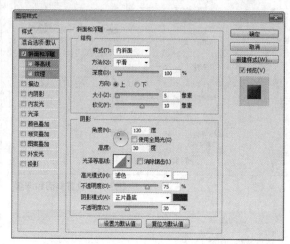

图7.203 设置斜面和浮雕

06 选中"描边"复选框，将"大小"更改为2像素，"颜色"更改为深黄色（R：215，G：146，B：75），完成之后单击"确定"按钮，如图7.204所示。将该样式粘贴给"圆角矩形1 拷贝4"。

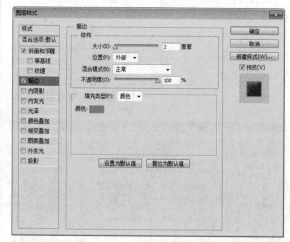

图7.204 设置描边

07 在"图层"面板中，同时选中"圆角矩形 1拷贝3"及"圆角矩形1拷贝4"图层，将其拖至面板底部的"创建新图层" 🖿 按钮上，复制一个"圆角矩形1拷贝5"及"圆角矩形 1 拷贝6"图层，如图7.205所示。

图7.205 复制图层

08 保持"圆角矩形1拷贝5"及"圆角矩形1拷贝6"图层选中状态，在画布中按Ctrl+T组合键对其执行"自由变换"命令，将光标移至出现的变形框上单击鼠标右键，从弹出的快捷菜单中选择"垂直翻转"命令，完成之后按Enter键确认，再将图形向上稍微移动，如图7.206所示。

图7.206 变换图形

09 在"图层"面板中，双击"圆角矩形1拷贝6"图层样式名称，在弹出的对话框中选中"内阴影"复选框，将"混合模式"更改为叠加，"颜色"更改为白色，取消"使用全局光"复选框，"角度"更改为90度，"距离"更改为1像素，如图7.207所示。

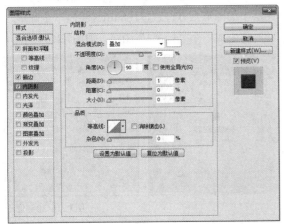

图7.207 设置内阴影

10 选中"渐变叠加"复选框，将"混合模式"更改为正常，"渐变"更改为红色（R：220，G：60，B：30）到橙色（R：250，G：109，B：68），如图7.208所示。

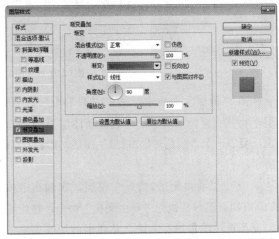

图7.208 设置渐变叠加

11 选中"投影"复选框，将"不透明度"更改为65%，取消"使用全局光"复选框，"角度"更改为110度，"距离"更改为2像素，"大小"更改为5像素，完成之后单击"确定"按钮，如图7.209所示。

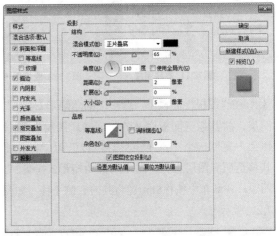

图7.209 设置投影

12 选择工具箱中的"圆角矩形工具" ，在选项栏中将"填充"更改为深黄色（R：114，G：75，B：40），"描边"为无，"半径"为10像素，在刚才绘制的图形左上角位置绘制一个圆角矩形，此时将生成一个"圆角矩形2"图层，如图7.210所示。

图7.210 绘制图形

13 在"图层"面板中，选中"圆角矩形2"图层，将其拖至面板底部的"创建新图层" ![按钮] 按钮上，复制一个"圆角矩形2拷贝"图层，如图7.211所示。

14 选中"圆角矩形2拷贝"图层，在画布中按Ctrl+T组合键对其执行"自由变换"命令，在出现的变形框中单击鼠标右键，从弹出的快捷菜单中选择"旋转90度（顺时针）"命令，完成之后按Enter键确认，如图7.212所示。

图7.211 复制图层　　　　图7.212 变换图形

15 在"图层"面板中，选中"圆角矩形2拷贝"图层，将其拖至面板底部的"创建新图层" ![按钮] 按钮上，复制一个"圆角矩形2拷贝2"图层，并将其移至所有图层上方，选中"圆角矩形2拷贝2"图层，在画布中按住Shift键将其向右侧平移，如图7.213所示。

图7.213 复制图层并移动图形

16 在"图层"面板中，选中"圆角矩形2拷贝2"图层，将其拖至面板底部的"创建新图层" ![按钮] 按钮上，复制一个"圆角矩形2 拷贝3"图层，选中"圆角矩形2 拷贝3"图层，在画布中按住Shift键将其向下方移动，如图7.214所示。

 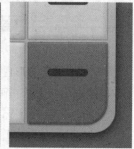

图7.214 复制图层并移动图形

17 选中"圆角矩形2拷贝3"图层，在画布中按住Alt+Shift组合键向下方拖动，将图形复制，此时将生成一个"圆角矩形2拷贝 4"图层，如图7.215所示。

图7.215 复制图层

18 选择工具箱中的"椭圆工具" ![椭圆工具]，在选项栏中将"填充"更改为深黄色（R：114，G：75，B：40），"描边"为无，在"圆角矩形2拷贝4"图层中的图形上方位置按住Shift键绘制一个圆形，此时将生成一个"椭圆3"图层，如图7.216所示。

图7.216 绘制图形

⑲ 选中"椭圆3"图层,在画布中按住Alt+Shift组合键向下拖动,将图形复制,此时将生成一个"椭圆3拷贝"图层,如图7.217所示。

图7.217 复制图形

⑳ 在"图层"面板中,同时选中"圆角矩形2拷贝"及"圆角矩形2"图层,执行菜单栏中的"图层"|"合并图层"命令,将图层合并,此时将生成一个图层,双击此图层名称将其更改为"加号",如图7.218所示。

图7.218 合并图层

㉑ 同时选中"圆角矩形2拷贝4"及"圆角矩形2拷贝3"图层,执行菜单栏中的"图层"|"合并图层"命令,将图层合并,此时将生成一个图层,双击此图层名称将其更改为"等号",如图7.219所示。

图7.219 合并图层

㉒ 同时选中"椭圆3拷贝""椭圆3"及"圆角矩形2拷贝2"图层,执行菜单栏中的"图

层"|"合并图层"命令,将图层合并,此时将生成一个图层,双击此图层名称将其更改为"除号",如图7.220所示。

图7.220 合并图层

㉓ 选中"加号"图层,在画布中按住Alt+Shift组合键向下拖动,将图形复制,此时将生成一个"加号拷贝"图层,双击其图层名称,更改为"乘号",如图7.221所示。

图7.221 复制图层

㉔ 选中"加号 拷贝"图层,按Ctrl+T组合键对其执行"自由变换"命令,当出现变形框以后,在选项栏中"旋转"后方的文本框中输入45度,完成之后按Enter键确认,如图7.222所示。

图7.222 旋转图形

㉕ 在"图层"面板中,选中"加号"图层,单

击面板底部的"添加图层样式" *fx* 按钮，在菜单中选择"内阴影"命令，在弹出的对话框中将"不透明度"更改为60%，取消"使用全局光"复选框，"距离"更改为5像素，"大小"更改为6像素，如图7.223所示。

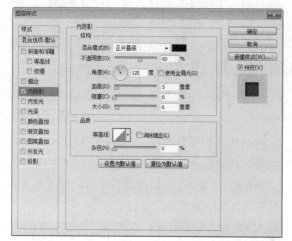

图7.223 设置内阴影

㉖ 选中"投影"复选框，将"混合模式"更改为叠加，"颜色"更改为白色，"不透明度"更改为50%，取消"使用全局光"复选框，"距离"更改为1像素，完成之后单击"确定"按钮，如图7.224所示。

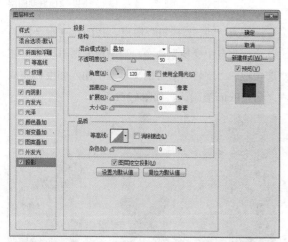

图7.224 设置投影

㉗ 在"加号"图层上单击鼠标右键，从弹出的快捷菜单中选择"拷贝图层样式"命令，在"除号"图层上单击鼠标右键，从弹出的快捷菜单中选择"粘贴图层样式"命令，如图7.225所示。

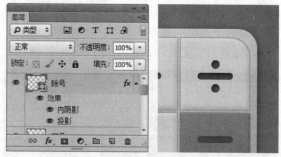

图7.225 拷贝并粘贴图层样式

㉘ 以同样的方法分别选中"乘号"及"等号"等图层，在其图层名称上单击鼠标右键，为其粘贴图层样式名称，这样就完成了效果制作，最终效果如图7.226所示。

图7.226 粘贴图层样式及最终效果

7.9 本章小结

本章通过七个不同类型的应用风格图标设计制作，详细讲解了不同类型应用图标的制作方法和技巧，让读者通过这些案例的学习，掌握应用图标设计方法，通过课后习题对本章内容加以巩固，掌握这类图标的制作技巧。

7.10 课后习题

本章有针对性地安排了三个不同外观的应用图标设计案例，作为课后习题以供练习，用于强化前面所学的知识，不断提升设计能力。

7.10.1 课后习题1——清新日历图标

素材位置：	无
案例位置：	案例文件\第7章\清新日历图标.psd
视频位置：	多媒体教学\7.10.1 课后习题1——清新日历图标.avi
难易指数：	★★★☆☆

本例讲解清新日历图标的制作，在所有风格的图形图标设计中清新、简洁的风格永远是最受欢迎的设计风格，此款图标的设计一方面保留了日历信息，同时采用了清新的造型，使最终效果十分完美。最终效果如图7.227所示。

扫码看视频

图7.227 最终效果

步骤分解如图7.228所示。

图7.228 步骤分解图

7.10.2 课后习题2——进度图标

素材位置：素材文件\第7章\进度图标
案例位置：案例文件\第7章\进度图标.psd
视频位置：多媒体教学\7.10.2 课后习题2——进度图标.avi
难易指数：★★★☆☆

本例讲解进度图标的制作，本例中的图标质感十分突出，整个制作过程中的重点在于对光影及质感效果的把握，整个图标的细节之处在制作过程中需要特别注意。最终效果如图7.229所示。

扫码看视频

图7.229 最终效果

步骤分解如图7.230所示。

图7.230 步骤分解图

7.10.3 课后习题3——品质音量旋钮

素材位置：无
案例位置：案例文件\第7章\品质音量旋钮.psd
视频位置：多媒体教学\7.10.3 课后习题3——品质音量旋钮.avi
难易指数：★★★☆☆

本例主要讲解品质音量旋钮的制作，在制作过程上十分注重细节的运用及关键元素的添加，而整体的构思十分高端上档次，同时在配色方面更能体现出此款旋钮的品质感。最终效果如图7.231所示。

扫码看视频

图7.231 最终效果

步骤分解如图7.232所示。

图7.232 步骤分解图

第**8**章

立体风格图标设计

内容摘要

本章主要讲解立体风格图标的设计。首先解析了立体风格及设计，然后通过六个具体的实例，详细讲解立体风格图标的设计技巧。

课堂学习目标

- 立体风格及设计解析
- 防护启动图标及应用界面设计
- 立体下载图标设计

8.1 立体风格及设计解析

立体风格指在平面上利用光学原理展示出栩栩如生的立体世界，通俗地讲就是利用人们两眼视觉差别和光学折射原理，在一个平面内使人们可以直接看到一幅三维立体图像。立体图像打破了传统平面图像的一成不变，为人们带来了新的视觉感受，使人过目难忘，有突出的前景和深邃的后景，景物逼真。

立体图像可以凸出于画面之外，也可以深藏其中。立体图像与平面图像有着本质的区别，平面图像反映了物体上下、左右二维关系，人们看到平面图也可以有立体感；而立体主要是运用光影、虚实、明暗对比来体现的，利用光学折射制作出来，它可以使眼睛在感官上看到物体的上下、左右、前后三维关系，是真正视觉意义上的立体。

在立体图标制作时，可以着重注意几个方面，如内阴影、外阴影、边缘浮雕、整体浮雕、倒影等，也可以使用三维软件直接建立模型，这样立体效果会更加真实。立体风格图标效果如图8.1所示。

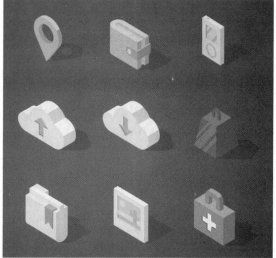

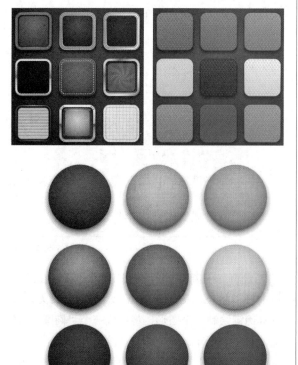

图8.1 立体风格图标效果

图8.1 立体风格图标效果（续）

8.2 粉色系进度指示图标

素材位置：无
案例位置：案例文件\第8章\粉色系进度指示图标.psd
视频位置：多媒体教学\8.2 粉色系进度指示图标.avi
难易指数：★★☆☆☆

本例讲解粉色系进度指示图标制作，此款图标以经典的内凹视觉角度呈现，整个制作过程比较简单，重点在于图标中指示图形与底部色彩进度的制作，最终效果如图8.2所示。

扫码看视频

图8.2 最终效果

8.2.1 制作图标轮廓

01 执行菜单栏中的"文件"|"新建"命令，在弹出的对话框中设置"宽度"为600像素，"高度"为500像素，"分辨率"为72像素/英寸，新建一个空白画布，将画布填充为红色（R：207，G：102，B：102）。

02 选择工具箱中的"圆角矩形工具" ▢，在选项栏中将"填充"更改为浅红色（R：239，G：215，B：213），"描边"为无，"半径"为50像素，按住Shift键绘制一个圆角矩形，此时将生成一个"圆角矩形1"图层，如图8.3所示。

图8.3 绘制圆角矩形

03 在"图层"面板中，单击面板底部的"添加图层样式" fx 按钮，在菜单中选择"斜面和浮雕"命令。

04 在弹出的对话框中将"大小"更改为8像素，取消"使用全局光"复选框，"角度"更改为90度，"阴影模式"更改为叠加，"不透明度"更改为100%，如图8.4所示。

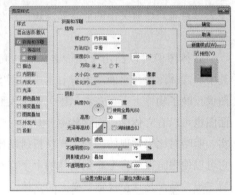

图8.4 设置斜面和浮雕

05 勾选"投影"复选框，将"混合模式"更改为柔光，取消"使用全局光"复选框，将"角度"更改为90度，"距离"更改为5像素，"大小"更改为10像素，完成之后单击"确定"按钮，如图8.5所示。

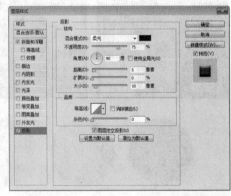

图8.5 设置投影

06 选择工具箱中的"椭圆工具" ⬭，在选项栏中将"填充"更改为黑色，"描边"为无，按住Shift键绘制一个圆形，将生成一个"椭圆1"图层，如图8.6所示。

07 将"椭圆1"图层拖至面板底部的"创建新图层" ◰ 按钮上，复制3个"拷贝"图层，分别将图层名称更改为"核心""内圈""中圈"及"外圈"，如图8.7所示。

图8.6 绘制图形　　图8.7 复制图层

08 在"图层"面板中，选中"外圈"图层，单击面板底部的"添加图层样式" *fx* 按钮，在菜单中选择"描边"命令。

09 在弹出的对话框中将"大小"更改为15像素，"位置"更改为内部，"填充类型"更改为渐变，"渐变"更改为浅红色（R：242，G：212，B：209）到浅红色（R：200，G：121，B：117），如图8.8所示。

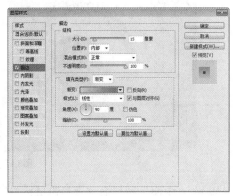

图8.8 设置描边

10 勾选"渐变叠加"复选框，将"渐变"更改为彩色系渐变，"样式"更改为角度，如图8.9所示。

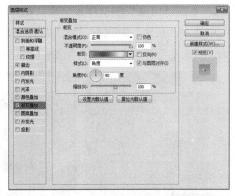

图8.9 设置渐变叠加

? 技巧与提示

此处彩色系渐变可参考下图中色彩数量及位置进行设置，此处渐变主要表现数据进度形式，所以对颜色值并无过多要求。

11 勾选"内发光"复选框，将"混合模式"更改为正常，"不透明度"更改为100%，"颜色"更改为红色（R：170，G：82，B：82），"阻塞"更改为35%，"大小"更改为32像素，如图8.10所示。

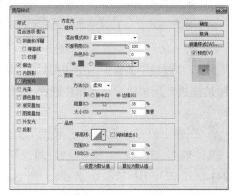

图8.10 设置内发光

12 勾选"投影"复选框，将"混合模式"更改为正常，"颜色"更改为红色（R：166，G：82，B：78），"不透明度"更改为50%，取消"使用全局光"复选框，将"角度"更改为90度，"距离"更改为5像素，"大小"更改为5像素，完成之后单击"确定"按钮，如图8.11所示。

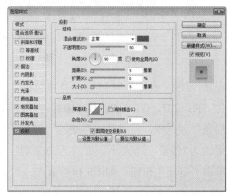

图8.11 设置投影

8.2.2 处理主视觉图形

① 选中"中圈"图层，按Ctrl+T组合键对其执行"自由变换"命令，将图形等比缩小，完成之后按Enter键确认，如图8.12所示。

图8.12 缩小图形

② 在"图层"面板中，单击面板底部的"添加图层样式"fx按钮，在菜单中选择"渐变叠加"命令。

③ 在弹出的对话框中将"渐变"更改为红色（R：184，G：125，B：119）到浅红色（R：241，G：223，B：220），如图8.13所示。

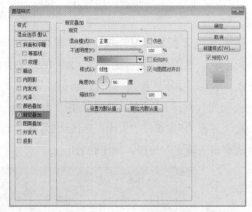

图8.13 设置渐变叠加

④ 勾选"投影"复选框，将"颜色"更改为红色（R：207，G：102，B：102），取消"使用全局光"复选框，将"角度"更改为90度，"距离"更改为7像素，"大小"更改为10像素，完成之后单击"确定"按钮，如图8.14所示。

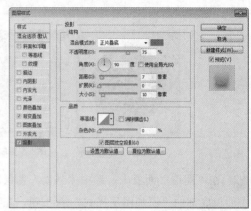

图8.14 设置投影

⑤ 选中"内圈"图层，按Ctrl+T组合键对其执行"自由变换"命令，将图形等比缩小，完成之后按Enter键确认，如图8.15所示。

图8.15 缩小图形

⑥ 在"中圈"图层名称上单击鼠标右键，从弹出的快捷菜单中选择"拷贝图层样式"命令，在"内圈"图层名称上单击鼠标右键，从弹出的快捷菜单中选择"粘贴图层样式"命令，如图8.16所示。

⑦ 双击"内圈"图层样式名称，在弹出的对话框中选中"投影"复选框，将"距离"更改为5像素，"大小"更改为6像素，如图8.17所示。

图8.16 粘贴图层样式

图8.17 设置图层样式

⑧ 选择工具箱中的"钢笔工具" ✐，在选项栏中单击"路径操作" ▢ 按钮，在弹出的选项中选择"合并形状"，在内圈图形右上角绘制一个三角形，如图8.18所示。

⑨ 选中"核心"图层，将其"填充"更改为黑色，再按Ctrl+T组合键对其执行"自由变换"命令，将图形等比缩小，完成之后按Enter键确认，如图8.19所示。

图8.18 绘制图形　　　　图8.19 缩小图形

⑩ 在"图层"面板中，单击面板底部的"添加图层样式" *fx* 按钮，在菜单中选择"渐变叠加"命令。

⑪ 在弹出的对话框中将"渐变"更改为灰色（R：240，G：237，B：235）到浅红色（R：198，G：140，B：128），完成之后单击"确定"按钮，这样就完成了效果制作，最终效果如图8.20所示。

图8.20 最终效果

8.3 立体下载图标

素材位置：	无
案例位置：	案例文件\第8章\立体下载图标.psd
视频位置：	多媒体教学\8.3 立体下载图标.avi
难易指数：	★★☆☆☆

本例讲解立体化下载图标制作，此款图标具有很强的立体视觉效果，以圆角矩形为轮廓，将箭头图形处理成立体效果，整个图标具有相当不错的实用性，最终效果如图8.21所示。

扫码看视频

图8.21 最终效果

8.3.1 绘制立体轮廓

① 执行菜单栏中的"文件"|"新建"命令，在弹出的对话框中设置"宽度"为600像素，"高度"为500像素，"分辨率"为72像素/英寸，新建一个空白画布，将画布填充为红色（R：207，G：102，B：102）。

② 选择工具箱中的"圆角矩形工具" ▢，在选项栏中将"填充"更改为浅红色（R：239，G：215，B：213），"描边"为无，"半径"为40像素，按住Shift键绘制一个圆角矩形，此时将生成一个"圆角矩形1"图层，如图8.22所示。

③ 将"圆角矩形1"图层拖至面板底部的"创建新图层" ▢ 按钮上，复制两个"拷贝"图层，分别将图层名称更改为"内部""中间"及"底部"，如图8.23所示。

图8.22 绘制圆角矩形

图8.23 复制图层

04 在"图层"面板中,选中"底部"图层,单击面板底部的"添加图层样式" *fx* 按钮,在菜单中选择"渐变叠加"命令。

05 在弹出的对话框中将"渐变"更改为灰色系渐变,"样式"更改为角度,如图8.24所示。

图8.24 设置渐变叠加

06 勾选"斜面和浮雕"复选框,将"大小"更改为3像素,取消"使用全局光"复选框,"角度"更改为90度,完成之后单击"确定"按钮,如图8.25所示。

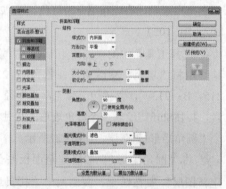
图8.25 设置斜面和浮雕

07 选中"中间"图层,将其"填充"更改为蓝

色(R:91,G:117,B:140),再按Ctrl+T组合键对其执行"自由变换"命令,将图形等比缩小,完成之后按Enter键确认,如图8.26所示。

图8.26 缩小图形

08 在"图层"面板中,单击面板底部的"添加图层样式" *fx* 按钮,在菜单中选择"内阴影"命令。

09 在弹出的对话框中将"混合模式"更改为叠加,"不透明度"更改为40%,取消"使用全局光"复选框,"角度"更改为90度,"距离"更改为2像素,"大小"更改为3像素,如图8.27所示。

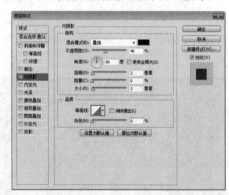
图8.27 设置内阴影

10 勾选"投影"复选框,将"混合模式"更改为正常,"颜色"更改为白色,"不透明度"更改为100%,取消"使用全局光"复选框,将"角度"更改为90度,"距离"更改为1像素,"大小"更改为1像素,完成之后单击"确定"按钮,如图8.28所示。

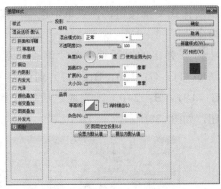

图8.28 设置投影

⑪ 选中"内部"图层，将其"填充"更改为蓝色（R：60，G：71，B：84），再按Ctrl+T组合键对其执行"自由变换"命令，将图形等比缩小，完成之后按Enter键确认，如图8.29所示。

图8.29 缩小图形

⑫ 在"图层"面板中，单击面板底部的"添加图层样式" *fx* 按钮，在菜单中选择"发光"命令。

⑬ 在弹出的对话框中将"混合模式"更改为正常，"不透明度"更改为75%，"颜色"更改为深蓝色（R：6，G：16，B：27），"大小"更改为5像素，完成之后单击"确定"按钮，如图8.30所示。

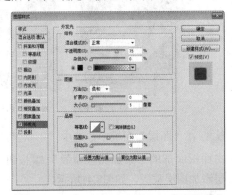

图8.30 设置内发光

8.3.2 制作下载图示

⑪ 选择工具箱中的"钢笔工具" ✐ ，在选项栏中单击"选择工具模式" 路径 ⬍ 按钮，在弹出的选项中选择"形状"，将"填充"更改为黑色，"描边"更改为无，如图8.31所示。

⑫ 绘制一个三角形图形，将生成一个"形状 1"图层，选择工具箱中的"矩形工具" ▨ ，按住Shift键同时在三角形顶部绘制一个矩形，如图8.32所示。

图8.31 绘制图形　　　图8.32 绘制矩形

⑬ 选择工具箱中的"添加锚点工具" ✎⁺ ，在矩形左侧边缘位置单击添加锚点，以同样方法在右侧相对位置再次单击添加锚点，如图8.33所示。

图8.33 添加锚点

⑭ 选择工具箱中的"直接选择工具" ▷ ，选中左侧锚点向左侧拖动，以同样方法拖动右侧锚点，如图8.34所示。

图8.34 拖动锚点

05 在"图层"面板中，单击面板底部的"添加图层样式" *fx* 按钮，在菜单中选择"渐变叠加"命令。

06 在弹出的对话框中将"渐变"更改为蓝色系渐变，完成之后单击"确定"按钮，如图8.35所示。

图层样式" *fx* 按钮，在菜单中选择"渐变叠加"命令。

10 在弹出的对话框中将"渐变"更改为蓝色（R：11，G：136，B：207）到蓝色（R：52，G：191，B：240），完成之后单击"确定"按钮，如图8.38所示。

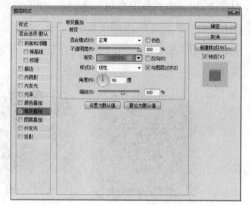

图8.35 设置渐变叠加

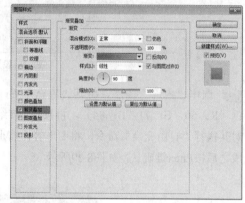

图8.38 设置渐变叠加

技巧与提示

在此处设置渐变时可参考以下色标位置及数量，主要是体现出图形的高光对比关系，因此在设置过程中可根据实际的图形大小进行设置。

07 选择工具箱中的"矩形工具" ■，在选项栏中将"填充"更改为黑色，"描边"为无，绘制一个矩形，将生成一个"矩形1"图层，将其移至"内部"图层下方，如图8.36所示。

08 选择工具箱中的"直接选择工具" ▶，分别拖动矩形左上角和右上角锚点，为矩形制作透视效果，如图8.37所示。

11 选择工具箱中的"钢笔工具" ，在选项栏中单击"选择工具模式" [路径 ◆] 按钮，在弹出的选项中选择"形状"，将"填充"更改为深蓝色（R：8，G：12，B：16），"描边"更改为无。

12 在箭头图形底部位置绘制一个不规则图形，将生成一个"形状2"图层，将其移至"形状1"图层下方，如图8.39所示。

13 执行菜单栏中的"滤镜"|"模糊"|"高斯模糊"命令，在弹出的对话框中将"半径"更改为2像素，完成之后单击"确定"按钮，如图8.40所示。

图8.39 绘制图形　　图8.40 添加高斯模糊

14 在"图层"面板中，选中"形状2"图层，单击面板底部的"添加图层蒙版" ■ 按钮，为其图层添加图层蒙版，如图8.41所示。

15 选择工具箱中的"画笔工具" ，在画布中单击鼠标右键，在弹出的面板中选择一种圆角笔

图8.36 绘制矩形　　图8.37 将矩形变形

09 在"图层"面板中，单击面板底部的"添加

触，将"大小"更改为100像素，"硬度"更改为0%，如图8.42所示。

 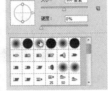

图8.41 添加图层蒙版 图8.42 设置笔触

⑯ 将前景色更改为黑色，在图像上部分区域涂抹将其隐藏，这样就完成了效果制作，最终效果如图8.43所示。

图8.43 最终效果

8.4 立体导航图标

素材位置：	无
案例位置：	案例文件\第8章\立体导航图标.psd
视频位置：	多媒体教学\8.4 立体导航图标.avi
难易指数：	★★★☆☆

本例讲解手绘矢量导航图标制作，此款图标以定位图形与地图图像相结合，以直观的立体视角直观呈现图标特征，整个图标具有十分出色的视觉及实用性，并且制作过程比较简单，最终效果如图8.44所示。

扫码看视频

图8.44 最终效果

8.4.1 处理主图像

① 执行菜单栏中的"文件"|"新建"命令，在弹出的对话框中设置"宽度"为600像素，"高度"为500像素，"分辨率"为72像素/英寸，新建一个空白画布，将画布填充为蓝色（R：47，G：53，B：69）。

② 选择工具箱中的"圆角矩形工具"，在选项栏中将"填充"更改为浅黄色（R：245，G：241，B：230），"描边"为无，"半径"为80像素，按住Shift键绘制一个圆角矩形，将生成一个"圆角矩形1"图层，如图8.45所示。

③ 选择工具箱中的"椭圆工具"，在选项栏中将"填充"更改为绿色（R：188，G：218，B：158），"描边"为无，在圆角矩形左下角绘制一个椭圆，将生成一个"椭圆1"图层，如图8.46所示。

图8.45 绘制圆角矩形 图8.46 绘制椭圆

④ 在"图层"面板中，单击面板底部的"添加图层样式"fx按钮，在菜单中选择"内发光"命令。

⑤ 在弹出的对话框中将"混合模式"更改为正常，"颜色"更改为绿色（R：155，G：192，B：120），"大小"更改为45像素，完成之后单击"确定"按钮，如图8.47所示。

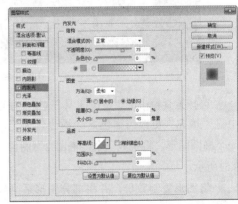

图8.47 设置内发光

227

06 选择工具箱中的"钢笔工具" ✐，在选项栏中单击"选择工具模式" 路径 按钮，在弹出的选项中选择"形状"，将"填充"更改为黄色（R：252，G：215，B：126），"描边"更改为无。

07 绘制一个不规则图形，将生成一个"形状1"图层，如图8.48所示。

08 执行菜单栏中的"图层"|"创建剪贴蒙版"命令，为当前图层创建剪贴蒙版，将部分图形隐藏，如图8.49所示。

图8.48 绘制图形　　　图8.49 创建剪贴蒙版

09 选中"形状1"图层，将其拖至面板底部的"创建新图层" ◻ 按钮上，复制一个"形状1拷贝"图层。

10 将"形状1"图层中图形"填充"更改为黄色（R：224，G：187，B：83），将图形向右下角方向稍微移动，如图8.50所示。

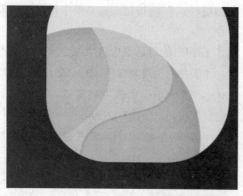
图8.50 移动图形

11 选择工具箱中的"椭圆工具" ⬬，在选项栏中将"填充"更改为黑色，"描边"为无，绘制一个椭圆图形，将生成一个"椭圆2"图层，如图8.51所示。

12 将图形复制数份，并将部分图形适当缩放，如图8.52所示。

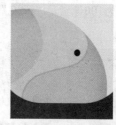 
图8.51 绘制图形　　　图8.52 复制图形

8.4.2 制作立体图形

01 在"图层"面板中，选中所有和椭圆相关图层，执行菜单栏中的"图层"|"创建剪贴蒙版"命令，为当前图层创建剪贴蒙版，将部分图像隐藏，再将其图层混合模式设置为"柔光"，如图8.53所示。

02 选择工具箱中的"椭圆工具" ⬬，在选项栏中将"填充"更改为红色（R：148，G：28，B：32），"描边"为无，在图标右上角按住Shift键绘制一个圆形，将生成一个"椭圆5"图层，如图8.54所示。

图8.53 设置图层混合模式　　　图8.54 绘制圆

03 选择工具箱中的"钢笔工具" ✐，在选项栏中单击"路径操作" ◻，在弹出的选项中选择"合并形状"，在圆底部位置绘制一个不规则图形，制作一个定位图形，如图8.55所示。

04 选择工具箱中的"椭圆工具" ⬬，按住Alt键在图形顶部位置同时绘制一个小的圆形路径，如图8.56所示。

图8.55 绘制图形　　　图8.56 减去图形

05 选中"椭圆5"图层，按Ctrl+T组合键对其执行"自由变换"命令，将图形适当旋转，完成之后按Enter键确认，如图8.57所示。

06 选中"椭圆5"图层，将其拖至面板底部的"创建新图层" 按钮上，复制一个"椭圆5拷贝"图层。

07 将"椭圆5"图层中图形"填充"更改为红色（R：148，G：28，B：32），在画布中将其向右上角方向移动制作出立体效果，如图8.58所示。

图8.57 旋转图形　　　　图8.58 复制图形

08 单击面板底部的"创建新图层" 按钮，在"椭圆5拷贝"和"椭圆5"图层之间新建一个"图层1"图层，执行菜单栏中的"图层"|"创建剪贴蒙版"命令，如图8.59所示。

09 选择工具箱中的"画笔工具" ，在画布中单击鼠标右键，在弹出的面板中选择一种圆角笔触，将"大小"更改为100像素，"硬度"更改为0%，如图8.60所示。

 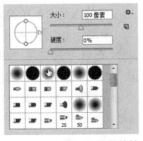

图8.59 新建图层　　　　图8.60 设置笔触

10 将前景色更改为白色，在图形右上角区域单击添加高光图像，如图8.61所示。

图8.61 添加高光

11 在"图层"面板中，选中"椭圆5拷贝"图层，单击面板底部的"添加图层样式" 按钮，在菜单中选择"渐变叠加"命令。

12 在弹出的对话框中将"渐变"更改为白色到白色，将第2个白色色标"不透明度"更改为0，完成之后单击"确定"按钮，如图8.62所示。

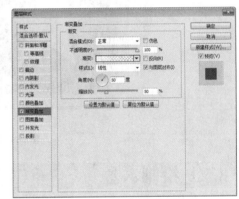

图8.62 设置渐变叠加

13 选择工具箱中的"椭圆工具" ，在选项栏中将"填充"更改为黑色，"描边"为无，在定位图形底部绘制一个椭圆图形，将生成一个"椭圆6"图层，如图8.63所示。

14 在"图层"面板中，选中"椭圆6"图层，将其图层"混合模式"设置为柔光，这样就完成了效果制作，最终效果如图8.64所示。

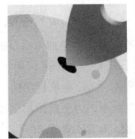 

图8.63 绘制图形　　　　图8.64 最终效果

8.5 原生桌球立体图标

素材位置：素材文件\第8章\原生桌球立体图标
案例位置：案例文件\第8章\原生桌球立体图标.psd
视频位置：多媒体教学\8.5 原生桌球立体图标.avi
难易指数：★★★☆☆

本例讲解原生桌球立体图标制作，此款图标以真实的桌球为参照图像，通过木质的轮廓底座与真实的质感桌球相组合，整个图标表现出很强的立体感，最终效果如图8.65所示。

扫码看视频

图8.65 最终效果

8.5.1 绘制木盒

01 执行菜单栏中的"文件"|"新建"命令，在弹出的对话框中设置"宽度"为600像素，"高度"为500像素，"分辨率"为72像素/英寸，新建一个空白画布。

02 选择工具箱中的"圆角矩形工具" ，在选项栏中将"填充"更改为黑色，"描边"为无，"半径"为40像素，按住Shift键绘制一个圆角矩形，将生成一个"圆角矩形1"图层，如图8.66所示。

03 执行菜单栏中的"文件"|"打开"命令，打开"木纹.jpg"文件，将打开的素材拖入画布中，其图层名称将更改为"图层1"，如图8.67所示。

04 选中"图层1"图层，执行菜单栏中的"图层"|"创建剪贴蒙版"命令，为当前图层创建剪贴蒙版，将部分图像隐藏，如图8.68所示。

05 同时选中"图层,1"及"圆角矩形1"图层，

按Ctrl+E组合键将图层合并，此时将生成一个"图层1"图层，如图8.69所示。

图8.66 绘制图形

图8.67 添加素材

图8.68 创建剪贴蒙版

图8.69 合并图层

06 选择工具箱中的"圆角矩形工具" ，在选项栏中将"填充"更改为深黄色（R：100，G：40，B：3），"描边"为无，"半径"为30像素，按住Shift键绘制一个圆角矩形，将生成一个"圆角矩形1"图层。

07 在"图层"面板中，选中"圆角矩形1"图层，将其拖至面板底部的"创建新图层" 按钮上，复制一个"圆角矩形1拷贝"图层。

08 在选项栏中将"填充"更改为黑色，"描边"为无，"半径"为25像素，按住Shift键绘制一个圆角矩形，将生成一个"圆角矩形2"图层，如图8.70所示。

图8.70 绘制图形

09 在"图层"面板中，选中"图层1"图层，将其拖至面板底部的"创建新图层" 按钮上，复制一个"图层1拷贝"图层。

10 选中"图层1拷贝"图层，将其移至"圆角矩形2"图层上方，再执行菜单栏中的"图层"|"创建剪贴蒙版"命令，为当前图层创建剪贴蒙版将部分图像隐藏，如图8.71所示。

11 按Ctrl+T组合键对其执行"自由变换"命令，将图像等比缩小，完成之后按Enter键确认，如图8.72所示。

图8.71 创建剪贴蒙版

图8.72 缩小图像

12 同时选中"图层1拷贝"及"圆角矩形2"图层，按Ctrl+E组合键将图层合并，此时将生成一个"图层1拷贝"图层。

13 选中"图层1拷贝"图层，将其拖至面板底部的"创建新图层" 按钮上，复制一个"图层1拷贝 2"图层。

14 单击面板上方的"锁定透明像素" 按钮，将透明像素锁定，将图像填充为黑色，填充完成之后再次单击此按钮将其解除锁定，再将其图层"混合模式"更改为柔光，如图8.73所示。

图8.73 设置图层混合模式

15 在"图层"面板中，选中"图层1拷贝2"图层，单击面板底部的"添加图层样式" 按钮，在菜单中选择"内发光"命令。

16 在弹出的对话框中将"混合模式"更改为正常，"颜色"更改为深黄色（R：52，G：22，B：4），"大小"更改为20像素，完成之后单击"确定"按钮，如图8.74所示。

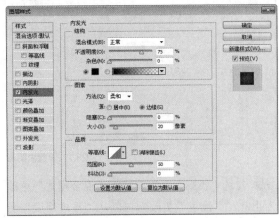
图8.74 设置内发光

17 选中"圆角矩形1拷贝"图层，将其"填充"更改为无，"描边"为黄色（R：255，G：174，B：0），"宽度"为3点，如图8.75所示。

18 执行菜单栏中的"滤镜"|"模糊"|"高斯模糊"命令，在弹出的对话框中将"半径"更改为2像素，完成之后单击"确定"按钮，如图8.76所示。

图8.75 添加描边　　图8.76 添加高斯模糊

19 在"图层"面板中，选中"圆角矩形1"图层，单击面板底部的"添加图层样式" 按钮，在菜单中选择"内阴影"命令。

20 在弹出的对话框中将"混合模式"更改为正常，"颜色"为白色，"不透明度"更改为100%，取消"使用全局光"复选框，"角度"更改为90度，"距离"更改为2像素，"大小"更改为2像素，完成之后单击"确定"按钮，如图8.77所示。

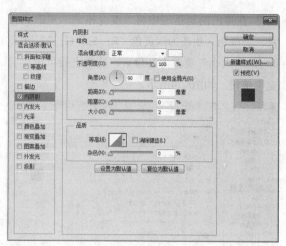

图8.77 设置内阴影

㉑ 勾选"投影"复选框，将"混合模式"更改为正常，"颜色"更改为白色，"不透明度"更改为100%，取消"使用全局光"复选框，将"角度"更改为90度，"距离"更改为2像素，"大小"更改为2像素，完成之后单击"确定"按钮，如图8.78所示。

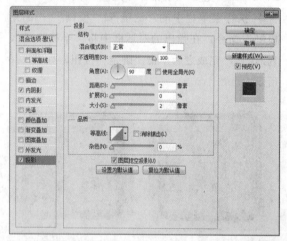

图8.78 设置投影

8.5.2 制作球体

① 选择工具箱中的"椭圆工具" ，在选项栏中将"填充"更改为黑色，"描边"为无，在图标中间位置按住Shift键绘制一个圆形，将生成一个"椭圆1"图层，如图8.79所示。

② 在"图层"面板中，单击面板底部的"添加图层样式" fx 按钮，在菜单中选择"渐变叠加"命令。

图8.79 绘制图形

③ 在弹出的对话框中将"渐变"更改为红色（R：255，G：66，B：60）到红色（R：180，G：20，B：16），"样式"更改为径向，如图8.80所示。

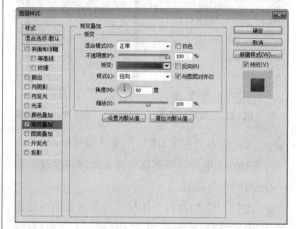

图8.80 设置渐变叠加

④ 勾选"斜面和浮雕"复选框，将"大小"更改为200像素，取消"使用全局光"复选框，"角度"更改为90度，"高光模式"更改为叠加，"不透明度"更改为100%，如图8.81所示。

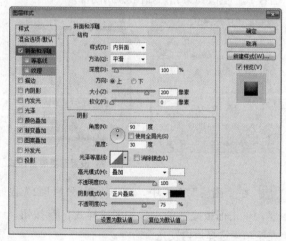

图8.81 设置斜面和浮雕

05 勾选"内发光"复选框，将"混合模式"更改为叠加，"颜色"更改为黑色，"大小"更改为30像素，完成之后单击"确定"按钮，如图8.82所示。

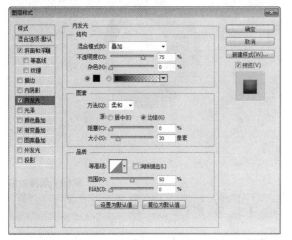

图8.82　设置内发光

06 选择工具箱中的"多边形工具" ⬡，在选项栏中单击 ⚙ 按钮，在弹出的面板中勾选"星形"复选框，将"缩进边依据"更改为50%，将"填充"更改为白色，"描边"为无，绘制一个星形，如图8.83所示。

07 选择工具箱中的"椭圆工具" ⬭，在选项栏中将"填充"更改为白色，"描边"为无，绘制一个椭圆，将生成一个"椭圆2"图层，如图8.84所示。

图8.83　绘制星形　　　　图8.84　绘制椭圆

08 在"图层"面板中，选中"椭圆2"图层，单击面板底部的"添加图层蒙版" ⬚ 按钮，为其添加图层蒙版。

09 选择工具箱中的"渐变工具" ▧，编辑黑色到白色的渐变，单击选项栏中的"线性渐变" ▧ 按钮，在图形上拖动将部分图形隐藏，如图8.85所示。

所示。

图8.85　隐藏图形

10 选择工具箱中的"椭圆工具" ⬭，在选项栏中将"填充"更改为深黄色（R：34，G：14，B：2），"描边"为无，在圆球左侧绘制一个椭圆，将生成一个"椭圆3"图层，如图8.86所示。

11 执行菜单栏中的"滤镜"|"模糊"|"高斯模糊"命令，在弹出的对话框中将"半径"更改为3像素，完成之后单击"确定"按钮，如图8.87所示。

图8.86　绘制图形　　　　图8.87　添加高斯模糊

12 执行菜单栏中的"滤镜"|"模糊"|"动感模糊"命令，在弹出的对话框中将"角度"更改为90度，"距离"更改为50像素，设置完成之后单击"确定"按钮，如图8.88所示。

13 将阴影图像复制数份，如图8.89所示。

图8.88　添加动感模糊　　　　图8.89　复制图像

⑭ 选择工具箱中的"椭圆工具" ⬭，在选项栏中将"填充"更改为深黄色（R：34，G：14，B：2），"描边"为无，在图标底部绘制一个椭圆，将生成一个"椭圆4"图层，将其移至"背景"图层上方，如图8.90所示。

⑮ 执行菜单栏中的"滤镜"|"模糊"|"高斯模糊"命令，在弹出的对话框中将"半径"更改为3像素，完成之后单击"确定"按钮，如图8.91所示。

图8.90 绘制图形

图8.91 添加高斯模糊

⑯ 执行菜单栏中的"滤镜"|"模糊"|"动感模糊"命令，在弹出的对话框中将"角度"更改为0度，"距离"更改为60像素，设置完成之后单击"确定"按钮，这样就完成了效果制作，最终效果如图8.92所示。

图8.92 最终效果

8.6 柔和视觉定位图标

素材位置：无
案例位置：案例文件\第8章\柔和视觉定位图标.psd
视频位置：多媒体教学\8.6 柔和视觉定位图标.avi
难易指数：★★★☆☆

本例讲解柔和视觉定位图标制作，此款图标以飞镖为参照物，通过直观的视觉呈现形式，完美表现出图

扫码看视频

标的特征，整个制作过程比较简单，最终效果如图8.93所示。

图8.93 最终效果

8.6.1 绘制主轮廓

① 执行菜单栏中的"文件"|"新建"命令，在弹出的对话框中设置"宽度"为600像素，"高度"为500像素，"分辨率"为72像素/英寸，新建一个空白画布。

② 选择工具箱中的"渐变工具" ▮，编辑蓝色（R：0，G：100，B：165）到蓝色（R：0，G：34，B：54）的渐变，单击选项栏中的"径向渐变" ▮按钮，在画布中从中间向右下角拖动填充渐变，如图8.94所示。

图8.94 填充渐变

③ 选择工具箱中的"圆角矩形工具" ▮，在选项栏中将"填充"更改为黑色，"描边"为无，"半径"为50像素，按住Shift键绘制一个圆角矩形，此时将生成一个"圆角矩形1"图层，如图

8.95所示。

图8.95 绘制圆角矩形

图8.97 绘制图形　　　　　图8.98 变换复制

④ 在"图层"面板中,单击面板底部的"添加图层样式" *fx* 按钮,在菜单中选择"渐变叠加"命令。

⑤ 在弹出的对话框中将"渐变"更改为浅红色(R:255,G:244,B:240)到浅红色(R:255,G:226,B:218),"样式"为径向,完成之后单击"确定"按钮,如图8.96所示。

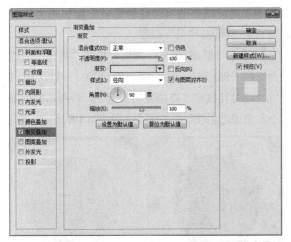

图8.96 设置渐变叠加

⑥ 选择工具箱中的"矩形工具" ▮,在选项栏中将"填充"更改为黑色,"描边"为无,绘制一个矩形,将生成一个"矩形1"图层,如图8.97所示。

⑦ 选择工具箱中的"路径选择工具" ▶,选中矩形,按Ctrl+Alt+T组合键将矩形向右侧平移复制一份,如图8.98所示。

⑧ 按住Ctrl+Alt+Shift组合键同时按T键多次,执行多重复制命令,将图形复制多份,如图8.99所示。

⑨ 将图形更改为白色,执行菜单栏中的"滤镜"|"扭曲"|"极坐标"命令,在弹出的对话框中勾选"平面坐标到极坐标"单选按钮,完成之后单击"确定"按钮,再将图形等比缩小,如图8.100所示。

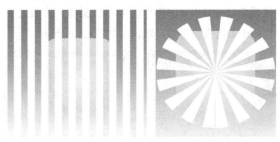

图8.99 多重复制　　　　　图8.100 将图像变形

⑩ 选择工具箱中的"多边形套索工具" ▽,在图像底部位置绘制一个不规则选区,以选中部分图像,如图8.101所示。

⑪ 按Delete键将选区中图像删除,完成之后按Ctrl+D组合键将选区取消,如图8.102所示。

图8.101 绘制选区　　　　　图8.102 删除图像

⑫ 选择工具箱中的"多边形套索工具" ▽,在图像底部位置绘制一个不规则选区,以选中部分图

像，如图8.103所示。

⑬ 按Ctrl+T组合键对其执行"自由变换"命令，当出现变形框以后将中心点移至顶部位置，将图像适当旋转，完成之后按Enter键确认，如图8.104所示。

图8.103 绘制选区　　　　图8.104 旋转图像

⑭ 按住Ctrl键单击"矩形2"图层缩览图，将其载入选区，如图8.105所示。

⑮ 执行菜单栏中的"选择"|"反向"命令将选区反向，按Delete键将选区中图像删除，完成之后按Ctrl+D组合键将选区取消，如图8.106所示。

图8.105 载入选区　　　　图8.106 删除图像

⑯ 同时选中"矩形1"及"圆角矩形1"图层，按Ctrl+E组合键将其合并，此时将生成一个"矩形1"图层。

⑰ 在"图层"面板中，单击面板底部的"添加图层样式" fx 按钮，在菜单中选择"斜面和浮雕"命令。

⑱ 在弹出的对话框中将"大小"更改为13像素，"软化"更改为5像素，取消"使用全局光"复选框，"角度"更改为90度，"阴影模式"中"颜色"更改为深红色（R：154，G：104，B：90），"不透明度"更改为10%，完成之后单击"确定"按钮，如图8.107所示。

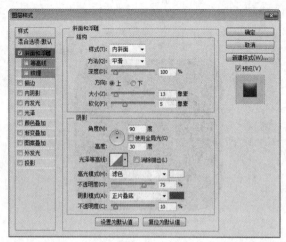

图8.107 设置斜面和浮雕

8.6.2 制作定位图像

① 选择工具箱中的"椭圆工具" ⬭ ，在选项栏中将"填充"更改为红色（R：255，G：109，B：65），"描边"为无，绘制一个椭圆图形，将生成一个"椭圆1"图层，如图8.108所示。

② 在"图层"面板中，选中"椭圆1"图层，将其拖至面板底部的"创建新图层" 🗐 按钮上，复制一个"椭圆1拷贝"图层。

③ 选中"椭圆1拷贝"图层，将其"填充"更改为红色（R：241，G：100，B：57），再按Ctrl+T组合键对其执行"自由变换"命令，将图形宽度缩小，完成之后按Enter键确认，如图8.109所示。

图8.108 绘制椭圆　　　　图8.109 拖动锚点

④ 在"图层"面板中，选中"椭圆1"图层，单击面板底部的"添加图层样式" fx 按钮，在菜单中选择"渐变叠加"命令。

⑤ 在弹出的对话框中将"混合模式"更改为柔光，"渐变"更改为灰色系渐变，完成之后单击"确定"按钮，如图8.110所示。

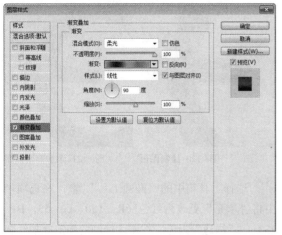

图8.110 设置渐变叠加

路径"路径,将其拖至面板底部的"创建新图层"按钮上,复制一个"椭圆1拷贝形状路径拷贝"路径,如图8.112所示。

09 选择工具箱中的"直接选择工具",在画布中选中路径右侧锚点将其删除,如图8.113所示。

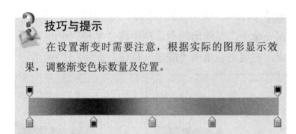

技巧与提示

在设置渐变时需要注意,根据实际的图形显示效果,调整渐变色标数量及位置。

图8.112 复制路径   图8.113 删除锚点

10 选择工具箱中的"画笔工具",在画布中单击鼠标右键,在弹出的面板中选择一种圆角笔触,将"大小"更改为5像素,"硬度"更改为0%,如图8.114所示。

11 单击面板底部的"创建新图层"按钮,新建一个"图层1"图层。

06 在"图层"面板中,选中"椭圆1拷贝"图层,单击面板底部的"添加图层样式"fx按钮,在菜单中选择"渐变叠加"命令。

07 在弹出的对话框中将"混合模式"更改为柔光,"渐变"更改为黑色到白色,完成之后单击"确定"按钮,如图8.111所示。

12 将前景色更改为白色,在"路径"面板中,单击面板底部的"用画笔描边路径"按钮,如图8.115所示。

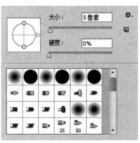

图8.114 设置笔触   图8.115 描边路径

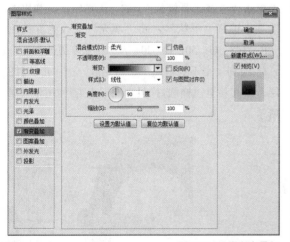

图8.111 设置渐变叠加

13 执行菜单栏中的"滤镜"|"模糊"|"高斯模糊"命令,在弹出的对话框中将"半径"更改为2像素,完成之后单击"确定"按钮,如图8.116所示。

14 选中"图层1"图层,将其图层混合模式设置为"叠加","不透明度"更改为80%,如图8.117所示。

08 在"路径"面板中,选中"椭圆1拷贝形状

图8.116 添加高斯模糊　　图8.117 设置图层混合模式

⑮ 选择工具箱中的"椭圆工具" ⬭ ，在选项栏中将"填充"更改为白色，"描边"为无，绘制一个椭圆图形，将生成一个"椭圆2"图层，如图8.118所示。

⑯ 选择工具箱中的"钢笔工具" ✐ ，在选项栏中单击"选择工具模式" 路径 ⬦ 按钮，在弹出的选项中选择"形状"，将"填充"更改为红色（R：240，G：100，B：57），"描边"更改为无。

⑰ 绘制一个不规则图形，将生成一个"形状1"图层，如图8.119所示。

图8.118 绘制椭圆　　　　图8.119 绘制图形

⑱ 选择工具箱中的"钢笔工具" ✐ ，在选项栏中单击"选择工具模式" 路径 ⬦ 按钮，在弹出的选项中选择"形状"，将"填充"更改为白色，"描边"更改为无。

⑲ 在刚才绘制的图形位置再次绘制一个细长的不规则图形，将生成一个"形状2"图层，如图8.120所示。

⑳ 执行菜单栏中的"滤镜"|"模糊"|"高斯模糊"命令，在弹出的对话框中将"半径"更改为2像素，完成之后单击"确定"按钮，如图8.121所示。

图8.120 绘制图形　　　　图8.121 添加高斯模糊

㉑ 选择工具箱中的"椭圆工具" ⬭ ，在选项栏中将"填充"更改为红色（R：150，G：53，B：23），"描边"为无，在刚才绘制的图形底部绘制一个椭圆，将生成一个"椭圆3"图层，如图8.122所示。

㉒ 执行菜单栏中的"滤镜"|"模糊"|"高斯模糊"命令，在弹出的对话框中将"半径"更改为2像素，完成之后单击"确定"按钮，如图8.123所示。

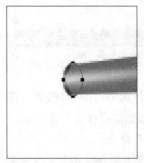

图8.122 绘制椭圆　　　　图8.123 添加高斯模糊

㉓ 选择工具箱中的"钢笔工具" ✐ ，在选项栏中单击"选择工具模式" 路径 ⬦ 按钮，在弹出的选项中选择"形状"，将"填充"更改为深红色（R：148，G：50，B：20），"描边"更改为无。

㉔ 绘制一个不规则图形，将生成一个"形状3图层"，将其移至"椭圆1拷贝"图层上方，如图8.124所示。

图8.124 绘制图形

㉕ 在"图层"面板中，单击面板底部的"添加图层样式" *fx* 按钮，在菜单中选择"发光"命令。

㉖ 在弹出的对话框中将"混合模式"更改为正常，"不透明度"更改为75%，"颜色"更改为深棕色（R：50，G：16，B：5），"大小"更改为5像素，完成之后单击"确定"按钮，如图8.125所示。

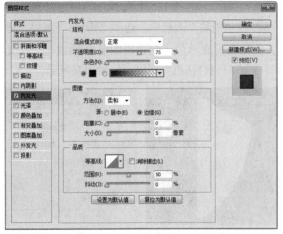

图8.125 设置内发光

㉗ 按住Ctrl键单击"椭圆1拷贝"图层缩览图，将其载入选区，如图8.126所示。

㉘ 执行菜单栏中的"选择"|"反向"命令将选区反向，按Delete键将选区中图像删除，完成之后按Ctrl+D组合键将选区取消，如图8.127所示。

图8.126 载入选区　　　　图8.127 删除图像

㉙ 选择工具箱中的"椭圆工具" ⬭ ，在选项栏中将"填充"更改为深红色（R：100，G：30，B：10），"描边"为无，在图形底部绘制一个椭圆图形，将生成一个"椭圆4"图层，将其移至"矩形1"图层上方，如图8.128所示。

㉚ 执行菜单栏中的"滤镜"|"模糊"|"高斯模

糊"命令，在弹出的对话框中将"半径"更改为2像素，完成之后单击"确定"按钮，如图8.129所示。

图8.128 绘制图形　　　　图8.129 添加高斯模糊

㉛ 执行菜单栏中的"滤镜"|"模糊"|"动感模糊"命令，在弹出的对话框中将"角度"更改为0度，"距离"更改为60像素，设置完成之后单击"确定"按钮，如图8.130所示。

㉜ 同时选中除"背景"外所有图层，按Ctrl+G组合键将其编组，将生成一个"组1"组。

㉝ 选中"组1"组，将其拖至面板底部的"创建新图层" ⬒ 按钮上，复制一个"组1拷贝"组，按Ctrl+E组合键将其合并，将生成一个"组1拷贝"图层，如图8.131所示。

图8.130 添加动感模糊　　　　图8.131 合并组

㉞ 按Ctrl+T组合键对图像执行"自由变换"命令，单击鼠标右键，从弹出的快捷菜单中选择"垂直翻转"命令，完成之后按Enter键确认，将图像与原图像对齐，如图8.132所示。

㉟ 在"图层"面板中，单击面板底部的"添加图层蒙版" ⬚ 按钮，为其添加图层蒙版。

㊱ 选择工具箱中的"渐变工具" ▬ ，编辑黑色到白色的渐变，单击选项栏中的"线性渐变" ▣ 按钮，在图像上拖动将部分图像隐藏，这样就完成了效果制作，最终效果如图8.133所示。

图8.132 变换图像   图8.133 最终效果

8.7 防护启动图标及应用界面

素材位置：素材文件\第8章\防护启动图标及应用界面
案例位置：案例文件\第8章\防护盾牌图标.psd、防护应用界面.psd
视频位置：多媒体教学\8.7 防护启动图标及应用界面.avi
难易指数：★★★★☆

本例讲解防护启动图标及应用界面制作，本例以盾牌图像为基础轮廓，通过添加阴影、高光等质感效果后呈现出一种出色的盾牌图标效果，在界面制作过程中以安全为主题，完美诠释防护安全的意义，最终效果如图8.134所示。

扫码看视频

图8.134 最终效果

8.7.1 制作启动图标

01 执行菜单栏中的"文件"|"新建"命令，在

弹出的对话框中设置"宽度"为450像素，"高度"为350像素，"分辨率"为72像素/英寸，新建一个空白画布。

02 选择工具箱中的"钢笔工具"，在选项栏中单击"选择工具模式" 路径 ÷ 按钮，在弹出的选项中选择"形状"，将"填充"更改为白色，"描边"更改为无。

03 绘制一个不规则图形，此时将生成一个"形状 1"图层，如图8.135所示。

04 在"图层"面板中，选中"形状1"图层，将其拖至面板底部的"创建新图层" 按钮上，复制一个"形状1拷贝"图层，如图8.136所示。

图8.135 绘制图形   图8.136 复制图层

05 按Ctrl+T组合键对其执行"自由变换"命令，单击鼠标右键，从弹出的快捷菜单中选择"水平翻转"命令，完成之后按Enter键确认，将图形与原图形对齐，按住Ctrl+E组合键向下合并，将生成一个"形状1拷贝"图层。

06 选择工具箱中的"添加锚点工具"，在图形顶部左右两侧单击添加两个锚点，如图8.137所示。

07 分别选择工具箱中的"转换点工具" 及"直接选择工具"，拖动图形锚点将其变形，如图8.138所示。

图8.137 添加锚点   图8.138 将图形变形

技巧与提示

将图形变形的目的是让尖角变形成圆角，方法有很多种，可以选择自己习惯的方法。

08 在"图层"面板中，选中"形状1拷贝"图层，将其拖至面板底部的"创建新图层" 🔲 按钮上，复制三个"拷贝"图层，分别将图层名称更改为"高光""厚度""轮廓"及"底部"，如图8.139所示。

图8.139 复制图层

09 选中"底部"图层，将图形"填充"更改为黄色（R：183，G：133，B：20），在画布中将图形向右侧平移，如图8.140所示。

10 单击面板底部的"创建新图层" 🔲 按钮，新建一个"图层1"图层，执行菜单栏中的"图层"|"创建剪贴蒙版"命令，为当前图层创建剪贴蒙版，如图8.141所示。

图8.140 移动图形　　图8.141 创建剪贴蒙版

11 选择工具箱中的"画笔工具" 🖌，在画布中单击鼠标右键，在弹出的面板中选择一种圆角笔触，将"大小"更改为50像素，"硬度"更改为0%，如图8.142所示。

12 将前景色更改为黄色（R：241，G：230，B：45），在图形右侧边缘部分位置单击添加颜色，如图8.143所示。

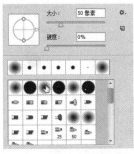

图8.142 设置笔触　　图8.143 添加图像

13 选中"轮廓"图层，将"填充"更改为黄色（R：237，G：224，B：122），如图8.144所示。

14 选中"厚度"图层，按Ctrl+T组合键对其执行"自由变换"命令，将图形等比缩小，完成之后按Enter键确认，如图8.145所示。

图8.144 更改颜色　　图8.145 缩小图形

15 在"图层"面板中，选中"轮廓"图层，单击面板底部的"添加图层样式" 𝒇𝒙 按钮，在菜单中选择"斜面和浮雕"命令。

16 在弹出的对话框中将"大小"更改为3像素，"高光模式"更改为叠加，"颜色"为黄色（R：255，G：246，B：174），"不透明度"更改为100%；"阴影模式"更改为叠加，"颜色"为黄色（R：255，G：246，B：174），"不透明度"更改为100%，完成之后单击"确定"按钮，如图8.146所示。

17 在"图层"面板中，选中"厚度"图层，单击面板底部的"添加图层样式" 𝒇𝒙 按钮，在菜单中选择"渐变叠加"命令。

18 在弹出的对话框中将"渐变"更改为黄色系渐变，完成之后单击"确定"按钮，如图8.147所示。

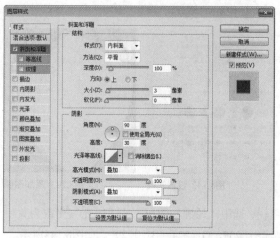

图8.146 设置斜面和浮雕

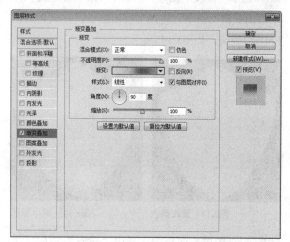

图8.147 设置渐变叠加

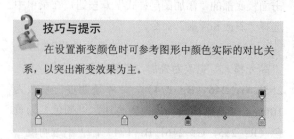

技巧与提示

在设置渐变颜色时可参考图形中颜色实际的对比关系，以突出渐变效果为主。

⑲ 单击面板底部的"创建新图层" 🔲 按钮，新建一个"图层2"图层，将其移至"轮廓"图层上方，执行菜单栏中的"图层"|"创建剪贴蒙版"命令，为当前图层创建剪贴蒙版，如图8.148所示。

⑳ 选择工具箱中的"画笔工具" 🖌，在画布中单击鼠标右键，在弹出的面板中选择一种圆角笔触，将"大小"更改为100像素，"硬度"更改为

0%，在属性栏中将"不透明度"更改为20%，如图8.149所示。

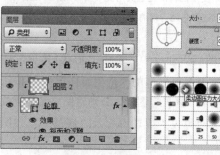

图8.148 新建图层　　　图8.149 设置笔触

㉑ 将前景色更改为黄色（R：183，G：133，B：20），在图形适当位置单击添加颜色，如图8.150所示。

㉒ 选中"高光"图层，按Ctrl+T组合键对其执行"自由变换"命令，拖动图形左侧控制点，将其宽度缩小，完成之后按Enter键确认，如图8.151所示。

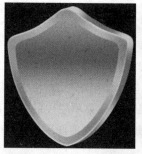 

图8.150 添加颜色　　　图8.151 缩小图形

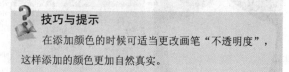

技巧与提示

在添加颜色的时候可适当更改画笔"不透明度"，这样添加的颜色更加自然真实。

㉓ 在"图层"面板中，选中"高光"图层，单击面板底部的"添加图层样式" 𝑓𝑥按钮，在菜单中选择"渐变叠加"命令。

㉔ 在弹出的对话框中将"渐变"更改为黄色（R：244，G：190，B：65）到深黄色（R：209，G：124，B：17）再到黄色（R：244，G：190，B：65），将深黄色色标"位置"更改为40%，完成之后单击"确定"按钮，如图8.152所示。

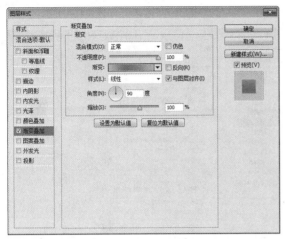

图8.152 设置渐变叠加

8.7.2 处理条纹效果

01 选择工具箱中的"矩形工具" 🔲，在选项栏中将"填充"更改为白色，"描边"为无，绘制一个矩形，此时将生成一个"矩形1"图层，如图8.153所示。

02 选中"矩形1"图层，将其向右侧复制多份，如图8.154所示。

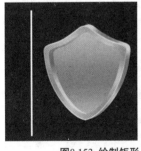
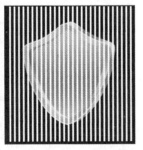

图8.153 绘制矩形　　　图8.154 复制图形

03 在"图层"面板中，选中所有和"矩形1"相关图层，将其合并，将生成图层名称更改为"条纹"，单击面板底部的"添加图层蒙版" 🔲 按钮，为其添加图层蒙版，如图8.155所示。

04 按住Ctrl键单击"高光"图层缩览图，将其载入选区，如图8.156所示。

05 执行菜单栏中的"选择"|"反向"命令将选区反向，将选区填充为黑色，将部分图形隐藏，完成之后按Ctrl+D组合键将选区取消，如图8.157所示。

06 选中"条纹"图层，将其图层混合模式设

置为"叠加"，"不透明度"更改为15%，如图8.158所示。

图8.155 添加图层蒙版　　　图8.156 载入选区

图8.157 隐藏图形　　　图8.158 设置图层混合模式

07 选择工具箱中的"钢笔工具" ✒，在选项栏中单击"选择工具模式" 路径 按钮，在弹出的选项中选择"形状"，将"填充"更改为白色，"描边"更改为无，在盾牌图形顶部绘制一个半圆图形，将生成一个"形状1"图层，如图8.159所示。

08 执行菜单栏中的"滤镜"|"模糊"|"高斯模糊"命令，在弹出的对话框中单击"栅格化"按钮，然后在弹出的对话框中将"半径"更改为8像素，完成之后单击"确定"按钮，如图8.160所示。

图8.159 绘制图形　　　图8.160 添加高斯模糊

09 选中"形状1"图层，将其图层混合模式设置为"叠加"，如图8.161所示。

图8.161 设置图层混合模式

⑩ 以同样方法在下方位置再次绘制一个图形，为其添加高斯模糊效果，并设置图层混合模式制作高光，如图8.162所示。

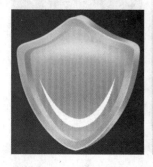
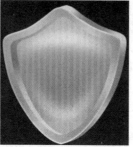

图8.162 制作高光

⑪ 选择工具箱中的"钢笔工具" ，在选项栏中单击"选择工具模式" 路径 按钮，在弹出的选项中选择"形状"，将"填充"更改为深黄色（R：191，B：100，B：9），"描边"更改为无。

⑫ 绘制一个闪电图形，此时将生成一个"形状3"图层，如图8.163所示。

图8.163 绘制图形

⑬ 在"图层"面板中，选中"形状3"图层，单击面板底部的"添加图层样式" fx 按钮，在菜单中选择"内发光"命令，在弹出的对话框中将"混合模式"更改为正常，"不透明度"更改为40%，"颜色"更改为深黄色（R：93，G：54，B：

5），"大小"更改为5像素，如图8.164所示。

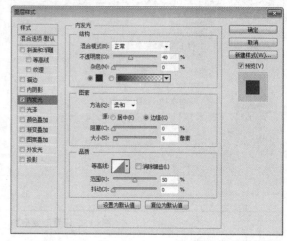

图8.164 设置内发光

⑭ 勾选"投影"复选框，将"混合模式"更改为正常，"颜色"为白色，"不透明度"更改为50%，"距离"为1像素，完成之后单击"确定"按钮，如图8.165所示。

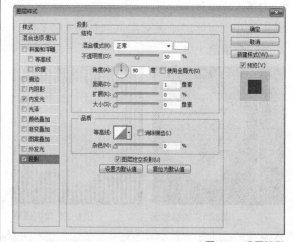

图8.165 设置投影

⑮ 选择工具箱中的"椭圆工具" ，在选项栏中将"填充"更改为白色，"描边"为无，在盾牌左上角位置按住Shift键绘制一个圆形，此时将生成一个"椭圆1"图层，如图8.166所示。

⑯ 执行菜单栏中的"滤镜"|"模糊"|"高斯模糊"命令，在弹出的对话框中单击"栅格化"按钮，然后在弹出的对话框中将"半径"更改为8像素，完成之后单击"确定"按钮，再将图像等比缩小，如图8.167所示。

图8.166 绘制圆　　　　　图8.167 缩小图像

⑰ 选择工具箱中的"画笔工具" ，在画布中单击鼠标右键，在弹出的面板中选择"混合画笔"|"交叉排线4"笔触，如图8.168所示。

⑱ 将前景色更改为白色，在刚才制作的图像位置单击，这样就完成了效果制作，最终效果如图8.169所示。

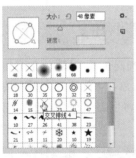

图8.168 选择笔触　　　　　图8.169 最终效果

8.7.3 处理主界面背景

① 执行菜单栏中的"文件"|"新建"命令，在弹出的对话框中设置"宽度"为750像素，"高度"为1280像素，"分辨率"为72像素/英寸，新建一个空白画布。

② 执行菜单栏中的"文件"|"打开"命令，打开"背景.jpg"文件，将打开的素材拖入画布中并适当缩小，如图8.170所示。

③ 执行菜单栏中的"滤镜"|"模糊"|"高斯模糊"命令，在弹出的对话框中将"半径"更改为110像素，完成之后单击"确定"按钮，如图8.171所示。

④ 执行菜单栏中的"文件"|"打开"命令，打开"状态栏.psd"文件，将打开的素材拖入画布中靠顶部并适当缩小，如图8.172所示。

⑤ 选择工具箱中的"横排文字工具" T，添加文字（方正兰亭黑），如图8.173所示。

图8.170 添加素材　　　　　图8.171 添加高斯模糊

图8.172 添加素材　　　　　图8.173 添加文字

⑥ 在"图层"面板中，单击面板底部的"添加图层样式" fx 按钮，在菜单中选择"渐变叠加"命令。

⑦ 在弹出的对话框中将"渐变"更改为蓝色（R：162，G：191，B：218）到白色，如图8.174所示。

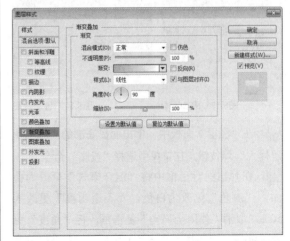

图8.174 设置渐变叠加

08 勾选"投影"复选框，将"混合模式"更改为叠加，取消"使用全局光"复选框，将"角度"更改为90度，"距离"更改为1像素，"大小"更改为3像素，完成之后单击"确定"按钮，如图8.175所示。

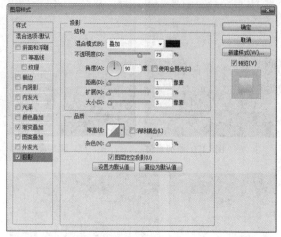

图8.175 设置投影

09 执行菜单栏中的"文件"|"打开"命令，打开"更多.psd"文件，将打开的素材拖入画布中靠右上角并适当缩小，如图8.176所示。

10 选择工具箱中的"直线工具" / ，在选项栏中将"填充"更改为蓝色（R：51，G：76，B：117），"描边"为无，"粗细"更改为1像素，按住Shift键绘制一条水平线段，将生成一个"形状1"图层，如图8.177所示。

图8.176 添加素材　　图8.177 绘制线段

11 在"图层"面板中，单击面板底部的"添加图层样式" fx 按钮，在菜单中选择"投影"命令。

12 在弹出的对话框中将"混合模式"更改为叠加，"颜色"更改为白色，"不透明度"更改为50%，取消"使用全局光"复选框，将"角度"更改为90度，"距离"更改为1像素，"大小"更改

为0像素，完成之后单击"确定"按钮，如图8.178所示。

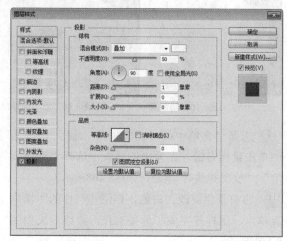

图8.178 设置投影

8.7.4 绘制主视觉图形

01 选择工具箱中的"椭圆工具" ⬭ ，在选项栏中将"填充"更改为白色，"描边"为无，按住Shift键绘制一个圆形，将生成一个"椭圆1"图层，如图8.179所示。

图8.179 绘制图形

02 在"图层"面板中，选中"椭圆1"图层，将其拖至面板底部的"创建新图层" 🔲 按钮上，复制一个"椭圆1拷贝"图层。

03 在"图层"面板中，选中"椭圆1"图层，将其图层"填充"更改为0%。

04 单击面板底部的"添加图层样式" fx 按钮，在菜单中选择"斜面和浮雕"命令。

05 在弹出的对话框中将"大小"更改为2像素，"软化"更改为5像素，取消"使用全局光"复选框，"角度"更改为90度，"高光模式"更改为叠加，"阴影模式"更改为叠加，完成之后单击"确

定"按钮,如图8.180所示。

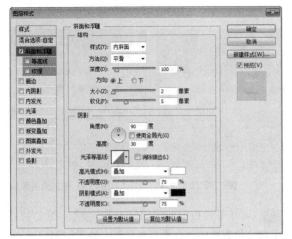

图8.180 设置斜面和浮雕

⑥ 选中"椭圆1拷贝"图层,将其"填充"更改为无,"描边"为白色,"宽度"为8点,按Ctrl+T组合键对其执行"自由变换"命令,将图形等比放大,完成之后按Enter键确认,如图8.181所示。

⑦ 在"图层"面板中,选中"椭圆 1拷贝"图层,将其拖至面板底部的"创建新图层" ![img] 按钮上,复制一个"椭圆1拷贝2"图层,如图8.182所示。

图8.181 变换图形   图8.182 复制图层

⑧ 在"图层"面板中,选中"椭圆1拷贝"图层,将其图层混合模式设置为"柔光",再将其"宽度"更改为5点,如图8.183所示。

图8.183 设置图层混合模式

技巧与提示

为了方便观察"椭圆1拷贝"图层中图形效果,应当先将"椭圆 1 拷贝2"图层暂时隐藏。

⑨ 在"图层"面板中,选中"椭圆 1 拷贝 2"图层,单击面板底部的"添加图层蒙版" ![img] 按钮,为其添加图层蒙版。

⑩ 选择工具箱中的"矩形选框工具" ![img] ,在图形位置绘制一个矩形选区,并适当旋转,如图8.184所示。

⑪ 将选区填充为黑色将部分图形隐藏,完成之后按Ctrl+D组合键将选区取消,如图8.185所示。

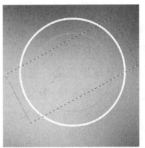

图8.184 绘制选区   图8.185 隐藏图形

⑫ 选择工具箱中的"椭圆工具" ![img] ,在选项栏中将"填充"更改为白色,"描边"为无,按住Shift键绘制一个圆形,将生成一个"椭圆2"图层,如图8.186所示。

⑬ 选中"椭圆2"图层,在画布中按住Alt键向右侧拖动将图形复制,如图8.187所示。

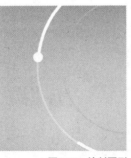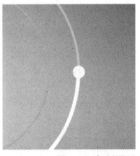

图8.186 绘制图形   图8.187 复制图形

⑭ 选择工具箱中的"横排文字工具" ![img] ,添加文字(方正兰亭黑),如图8.188所示。

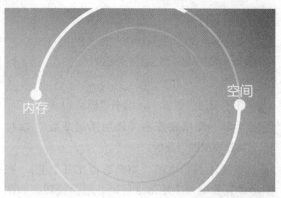

图8.188 添加文字

面板底部的"添加图层蒙版" 🔲 按钮，为其添加图层蒙版，如图8.193所示。

图8.192 添加文字　　　图8.193 添加图层蒙版

⑮ 在"图层"面板中，选中"椭圆1拷贝"图层，单击面板底部的"添加图层蒙版" 🔲 按钮，为其添加图层蒙版。

⑯ 选择工具箱中的"矩形选框工具" ⬚，在文字位置绘制一个矩形选区，如图8.189所示。

⑰ 将选区填充为黑色将部分图形隐藏，完成之后按Ctrl+D组合键将选区取消，如图8.190所示。

㉑ 选择工具箱中的"钢笔工具" ✒，在文字上半部分位置绘制一个不规则路径，如图8.194所示。

㉒ 按Ctrl+Enter组合键将路径转换为选区，将选区填充为灰色（R：80，G：80，B：80），降低文字部分区域不透明度，完成之后按Ctrl+D组合键将选区取消，如图8.195所示。

图8.189 绘制选区　　　图8.190 隐藏图形

图8.194 绘制路径　　　图8.195 降低不透明度

⑱ 以同样方法将右侧文字位置图形部分图形隐藏，如图8.191所示。

㉓ 以同样方法再次绘制一个相似路径，并转换选区填充为灰色（R：111，G：111，B：111），再次降低部分区域不透明度，如图8.196所示。

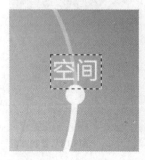 

图8.191 隐藏图形

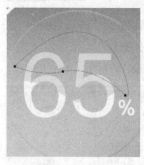 

图8.196 降低不透明度

⑲ 选择工具箱中的"横排文字工具" T，添加文字（方正兰亭中粗黑），如图8.192所示。

⑳ 在"图层"面板中，选中"65%"图层，单击

㉔ 选择工具箱中的"横排文字工具" T，添加文字（方正兰亭黑），如图8.197所示。

图8.197 添加文字

㉕ 选中"形状1"图层，在画布中按住Alt+Shift组合键向界面底部拖动将图形复制，如图8.198所示。

㉖ 选中"形状1"图层，将其图层混合模式设置为"叠加"，如图8.199所示。

图8.198 复制图形　　图8.199 设置图层混合模式

㉗ 执行菜单栏中的"文件"|"打开"命令，打开"图示.psd"文件，在打开的素材文档中，选中"盾牌"图层，将其拖入画布中并适当缩小，如图8.200所示。

㉘ 选择工具箱中的"横排文字工具"T，添加文字（方正兰亭黑），如图8.201所示。

图8.200 添加素材　　图8.201 添加文字

㉙ 在"图层"面板中，单击面板底部的"添加图层样式"fx按钮，在菜单中选择"投影"命令。

㉚ 在弹出的对话框中将"混合模式"更改为叠加，取消"使用全局光"复选框，将"角度"更改为90度，"距离"更改为1像素，"大小"更改为2像素，完成之后单击"确定"按钮，如图8.202所示。

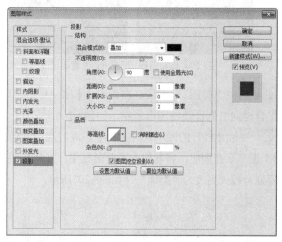

图8.202 设置投影

㉛ 在"超过7天未检测，请立即检测，保护手机安全"图层名称上单击鼠标右键，从弹出的快捷菜单中选择"拷贝图层样式"命令，在"盾牌"图层名称上单击鼠标右键，从弹出的快捷菜单中选择"粘贴图层样式"命令，如图8.203所示。

图8.203 粘贴图层样式

㉜ 选择工具箱中的"椭圆工具"⬭，在选项栏中将"填充"更改为无，"描边"为白色，"宽度"为3点，按住Shift键绘制一个圆形，将生成一

个"椭圆3"图层，如图8.204所示。

㉝ 在"图层"面板中，选中"椭圆3"图层，将其图层混合模式设置为"柔光"，如图8.205所示。

图8.204 绘制图形　图8.205 设置图层混合模式

㉞ 选中"椭圆3"图层，在画布中按住Alt+Shift组合键向右侧拖动将图形复制，如图8.206所示。

㉟ 在刚才打开的图示素材文档中，同时选中其他3个图形所在图层，将其拖入当前画布中，并将其图层混合模式更改为"叠加"，如图8.207所示。

图8.206 复制图形　图8.207 设置图层混合模式

㊱ 选择工具箱中的"横排文字工具" T ，添加文字（方正兰亭黑），如图8.208所示。

㊲ 选择工具箱中的"圆角矩形工具" ，在选项栏中将"填充"更改为白色，"描边"为无，"半径"为100像素，绘制一个圆角矩形，将生成一个"圆角矩形1"图层，将其图层"填充"更改为0%，如图8.209所示。

图8.208 添加文字　图8.209 绘制图形

㊳ 在"图层"面板中，单击面板底部的"添加图层样式" fx 按钮，在菜单中选择"渐变叠加"命令。

㊴ 在弹出的对话框中将"混合模式"更改为柔光，"渐变"更改为黄色（R：255，G：251，B：179）到白色，完成之后单击"确定"按钮，如图8.210所示。

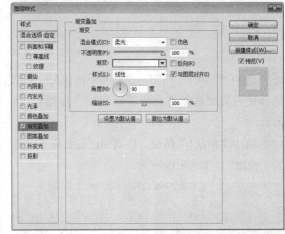

图8.210 设置渐变叠加

㊵ 选择工具箱中的"横排文字工具" T ，添加文字（方正兰亭黑），这样就完成了效果制作，最终效果如图8.211所示。

图8.211 最终效果

8.8 本章小结

本章通过6个具体的实例，详细讲解了立体风格图标的制作方法，通过本章的学习，掌握立体图标的制作技巧。

8.9 课后习题

本章通过三个课后练习，从练习中体会立体图标的制作过程，掌握立体图标的制作技巧，为全面掌握图标制作做好充分准备。

8.9.1 课后习题1——唱片机图标

素材位置：	无
案例位置：	案例文件\第8章\唱片机图标.psd
视频位置：	多媒体教学\8.9.1 课后习题1——唱片机图标.avi
难易指数：	★★☆☆☆

本例讲解唱片机图标的制作，此款图标的造型时尚大气，以银白色为主色调，提升了整个图标的品质感，同时特效纹理图像的添加更是模拟出唱片机的实物感。最终效果如图8.212所示。

扫码看视频

图8.213 步骤分解图（续）

图8.212 最终效果

步骤分解如图8.213所示。

图8.213 步骤分解图

8.9.2 课后习题2——湿度计图标

素材位置：	无
案例位置：	案例文件\第8章\湿度计图标.psd
视频位置：	多媒体教学\8.9.2 课后习题2——湿度计图标.avi
难易指数：	★★★★☆

本例讲解湿度计图标的制作，本例中的图标制作采用模拟写实的手法，以真实世界里的湿度计为参照，同时绘制醒目红色图标作为底座，在数字易读及信息接收上十分出色。最终效果如图8.214所示。

扫码看视频

图8.214 最终效果

步骤分解如图8.215所示。

图8.215 步骤分解图

图8.215 步骤分解图（续）

8.9.3 课后习题3——圆形开关按钮

素材位置：无
案例位置：案例文件\第8章\圆形开关按钮.psd
视频位置：多媒体教学\8.9.3 课后习题3——圆形开关按钮.avi
难易指数：★★☆☆☆

本例讲解的是圆形开关按钮制作，此款按钮外观风格十分简洁，从醒目的标识到真实的触感表现，处处能体现出这是一款高品质的按钮。最终效果如图8.216所示。

扫码看视频

图8.216 最终效果

步骤分解如图8.217所示。

 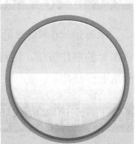

图8.217 步骤分解图

第 **9** 章

游戏风格图标设计

---- 内容摘要 ----

　　本章主要讲解游戏风格图标的设计。随着移动智能设备的普及，越来越多的人加入游戏的大军，游戏设计也越来越火爆，本章通过对游戏不同应用元素的讲解，让读者轻松学习游戏风格图标设计。

---- 课堂学习目标 ----

● 游戏风格及设计解析　　　　● 进度条的设计
● 游戏开始图标设计　　　　　● 矢量金币图标设计
● 泡泡堂启动图标及应用界面设计

9.1　游戏风格及设计解析

　　游戏是现在智能应用中非常热门的应用，几乎每一个智能应用中都装有游戏，可见人们对游戏的喜爱，游戏类型主要分为6大类：动作、冒险、模拟、角色扮演、休闲和其他，他们各有几十种分支，形成庞大的游戏类别。

　　游戏方式分类法也在近几年游戏的发展中逐渐改变。最早，受到电子设备运算能力的制约，电子游戏非常简单，所以分类也少。随着游戏机和个人计算机运算能力的进步，电子游戏画面的增强，大量新兴的3D游戏出现，开始了以射击游戏为主的游戏类型分离，很多小类游戏都从大类分离并独立。但随着近几年，游戏内容更加丰富，不同种类的游戏之间玩法和内容都有重叠和交叉。单类游戏已经逐渐消失，取而代之的含有多种特点的大型游戏，于是各种游戏的类别又有合并的趋势。

　　游戏是人们茶余饭后消遣的一种方式，用户群自然非常大，所以在设计上自然要求特别高，通常史诗级游戏、恐怖游戏、第一人称视角射击等类型的游戏，以及在游戏中有展现宏大世界观需求的情况会比较适合写实类风格。采用此类风格能够让玩家较好地融入游戏的世界观里，感觉场景更具真实感，气氛更具渲染性。

　　需要展现可爱、清新或童话感觉的游戏，例如，搞笑类动作游戏、休闲类桌面游戏通常会使用这种风格，意在让玩家能轻松地进行游戏，不用太费脑子去思考什么复杂的东西。非写实风格的游戏在制作上比按真实比例制作要容易些，制作周期相对较短，资金投入较少，在这个游戏泛滥的时代有利于快速占领市场。游戏风格图标效果如图9.1所示。

图9.1　游戏风格图标效果

图9.1　游戏风格图标效果（续）

9.2　彩色进度条制作

素材位置：无
案例位置：案例文件\第9章\彩色进度条制作.psd
视频位置：多媒体教学\9.2 彩色进度条制作.avi
难易指数：★★☆☆☆

　　本例讲解制作彩条进度图标，本例中进度图标十分形象化，以条纹立

扫码看视频

体图形作为进度条主视觉，在进度图形上采用形象卡通化图形，最终效果如图9.2所示。

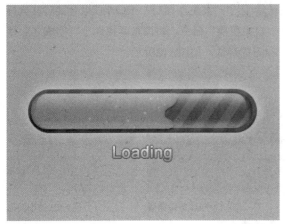

图9.2 最终效果

9.2.1 制作进度主图形

01 执行菜单栏中的"文件"|"新建"命令，在弹出的对话框中设置"宽度"为450像素，"高度"为300像素，"分辨率"为72像素/英寸，新建一个空白画布。

02 选择工具箱中的"圆角矩形工具" ▢，在选项栏中将"填充"更改为紫色（R：168，G：77，B：234），"描边"为无，"半径"为50像素，绘制一个圆角矩形，此时将生成一个"圆角矩形1"图层，如图9.3所示。

03 在"图层"面板中，选中"圆角矩形1"图层，将其拖至面板底部的"创建新图层" ▣ 按钮上，复制两个"拷贝"图层，分别将图层名称更改为"进度""高度"及"轮廓"，如图9.4所示。

图9.3 绘制圆角矩形   图9.4 复制图层

04 在"图层"面板中，选中"轮廓"图层，单击面板底部的"添加图层样式" _fx_ 按钮，在菜单中选择"斜面和浮雕"命令。

05 在弹出的对话框中将"大小"更改为2像素，"软化"更改为6像素，取消"使用全局光"复选框，"角度"更改为90度，"高光模式"更改为叠加，"不透明度"更改为100%，"阴影模式"更改为叠加，"不透明度"更改为45%，如图9.5所示。

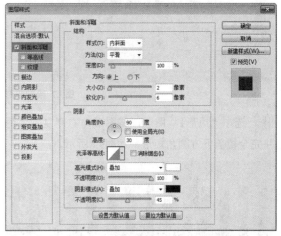

图9.5 设置斜面和浮雕

06 勾选"内发光"复选框，将"混合模式"更改为正常，"不透明度"为50%，"颜色"更改为紫色（R：121，G：33，B：185），"大小"更改为13像素，完成之后单击"确定"按钮，如图9.6所示。

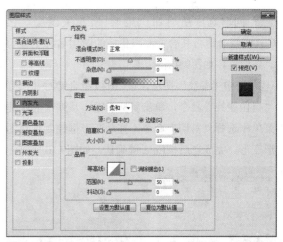

图9.6 设置内发光

07 选择工具箱中的"矩形工具" ▮，在选项栏中将"填充"更改为紫色（R：143，G：60，B：203），"描边"为无，在画布靠左侧边缘绘制一个矩形，此时将生成一个"矩形1"图层，将其移

255

至"轮廓"图层上方,如图9.7所示。

图9.7 绘制矩形

⑧ 选中"矩形1"图层,将图形向右侧复制多份并完全覆盖下方圆角矩形,如图9.8所示。

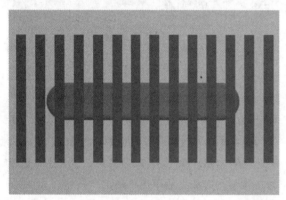

图9.8 复制图形

⑨ 同时选中所有和"矩形1"相关图层,按Ctrl+E组合键将其合并,将生成的图层名称更改为"条纹",如图9.9所示。

⑩ 选中"条纹"图层,按Ctrl+T组合键对其执行"自由变换"命令,单击鼠标右键,从弹出的快捷菜单中选择"斜切"命令,拖动变形框控制点将图形变形,完成之后按Enter键确认,如图9.10所示。

图9.9 合并图层   图9.10 斜切图形

⑪ 选中"条纹"图层,执行菜单栏中的"图

层"|"创建剪贴蒙版"命令,为当前图层创建剪贴蒙版将部分图像隐藏,如图9.11所示。

⑫ 选中"高度"图层,按Ctrl+T组合键对其执行"自由变换"命令,将图形等比缩小,完成之后按Enter键确认,如图9.12所示。

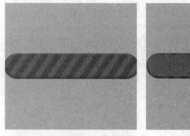

图9.11 创建剪贴蒙版   图9.12 缩小图形

⑬ 在"图层"面板中,选中"高度"图层,单击面板底部的"添加图层样式" **fx** 按钮,在菜单中选择"斜面和浮雕"命令。

⑭ 在弹出的对话框中将"大小"更改为10像素,"软化"更改为5像素,"高光模式"更改为叠加,"不透明度"更改为70%,"阴影模式"更改为叠加,"不透明度"更改为50%,如图9.13所示。

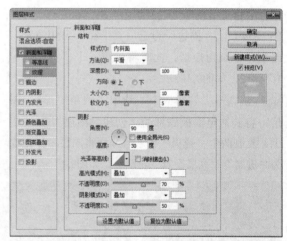

图9.13 设置斜面和浮雕

⑮ 勾选"内发光"复选框,将"混合模式"更改为正常,"不透明度"为60%,"颜色"更改为紫色(R:46,G:9,B:80),"大小"更改为10像素,完成之后单击"确定"按钮,如图9.14所示。

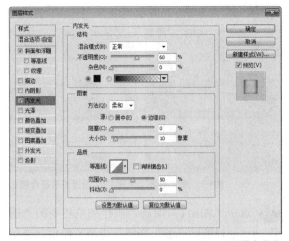

图9.14 设置内发光

⑯ 在"图层"面板中，选中"高度"图层，将其图层"填充"更改为0%，如图9.15所示。

图9.15 更改填充

9.2.2 绘制进度细节

① 选中"进度"图层，将图形更改为橙色（R：255，G：110，B：0），再按Ctrl+T组合键对其执行"自由变换"命令，再等比缩小，完成之后按Enter键确认，如图9.16所示。

② 在"图层"面板中，选中"进度"图层，单击面板底部的"添加图层蒙版" 🔲 按钮，为其图层添加图层蒙版，如图9.17所示。

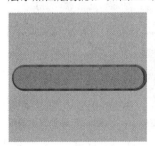

图9.16 缩小图形　　图9.17 添加图层蒙版

③ 选择工具箱中的"钢笔工具" ，在选项栏中单击"选择工具模式" 路径 按钮，在弹出的选项中选择"形状"，将"填充"更改为白色，"描边"更改为无，在进度图形右侧绘制一个不规则图形，如图9.18所示。

④ 按住Ctrl键单击"形状1"图层缩览图，将其载入选区，如图9.19所示。

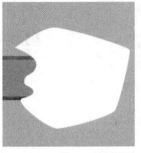

图9.18 绘制图形　　　　图9.19 载入选区

⑤ 将选区填充为黑色，将部分图形隐藏，完成之后按Ctrl+D组合键将选区取消，如图9.20所示。

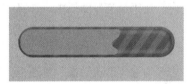

图9.20 隐藏图形

⑥ 在"图层"面板中，选中"进度"图层，单击面板底部的"添加图层样式" fx 按钮，在菜单中选择"内发光"命令，在弹出的对话框中将"混合模式"更改为叠加，"不透明度"更改为40%，"颜色"更改为黑色，"大小"更改为10像素，完成之后单击"确定"按钮，如图9.21所示。

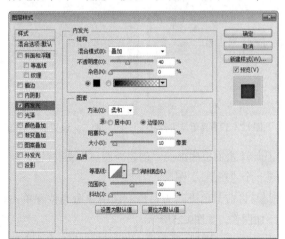

图9.21 设置内发光

07 勾选"投影"复选框,将"混合模式"更改为叠加,"不透明度"更改为80%,"距离"更改为2像素,"大小"更改为3像素,完成之后单击"确定"按钮,如图9.22所示。

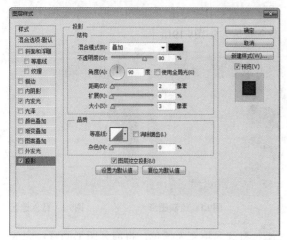

图9.22 设置投影

08 在"画笔"面板中,选择一个圆角笔触,将"大小"更改为3,"间距"更改为1000%,如图9.23所示。

09 勾选"形状动态"复选框,将"大小抖动"更改为100%,如图9.24所示。

图9.23 设置画笔笔尖形状　　　　图9.24 设置形状动态

10 单击面板底部的"创建新图层" 按钮,新建一个"图层1"图层。

11 将前景色更改为白色,在图像适当位置单击添加图像,如图9.25所示。

12 选中"图层1"图层,将其图层混合模式设置为"叠加",如图9.26所示。

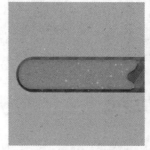 

图9.25 添加图像　　　图9.26 设置图层混合模式

13 选中"图层1"图层,执行菜单栏中的"图层"|"创建剪贴蒙版"命令,为当前图层创建剪贴蒙版将部分图像隐藏,如图9.27所示。

图9.27 创建剪贴蒙版

9.2.3 处理质感效果

01 选择工具箱中的"圆角矩形工具" ,在选项栏中将"填充"更改为白色,"描边"为无,"半径"更改为50像素,绘制一个圆角矩形,此时将生成一个"圆角矩形1"图层,如图9.28所示。

02 在"图层"面板中,选中"圆角矩形1"图层,单击面板底部的"添加图层蒙版" 按钮,为其添加图层蒙版,如图9.29所示。

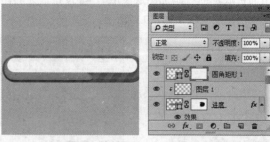

图9.28 绘制图形　　　图9.29 添加图层蒙版

03 选择工具箱中的"渐变工具" ,编辑黑色到白色的渐变,单击选项栏中的"线性渐变"

按钮，在图形上拖动将部分图形隐藏，如图9.30所示。

04 在"图层"面板中，选中"圆角矩形1"图层，将其拖至面板底部的"创建新图层" 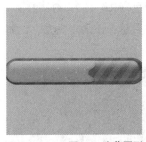 按钮上，复制一个"圆角矩形 1 拷贝"图层。

05 按Ctrl+T组合键对其执行"自由变换"命令，单击鼠标右键，从弹出的快捷菜单中选择"垂直翻转"命令，完成之后按Enter键确认，将图形向下移动，再利用"渐变工具" 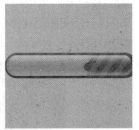 调整图形隐藏效果，如图9.31所示。

图9.30 隐藏图形　　图9.31 复制图形

06 同时选中所有图层，按Ctrl+G组合键将其编组，将生成一个"组 1"。

07 在"图层"面板中，选中"组1"组，单击面板底部的"添加图层样式" **fx** 按钮，在菜单中选择"外发光"命令，在弹出的对话框中将"混合模式"更改为叠加，"不透明度"更改为100%，"颜色"更改为紫色（R：254，G：166，B：255），"大小"更改为20像素，完成之后单击"确定"按钮，如图9.32所示。

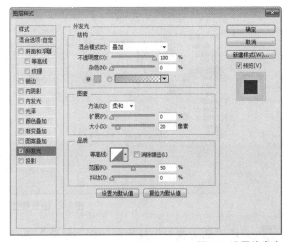

图9.32 设置外发光

08 选择工具箱中的"横排文字工具" **T**，在进度条下方位置添加文字（Arial Regular），如图9.33所示。

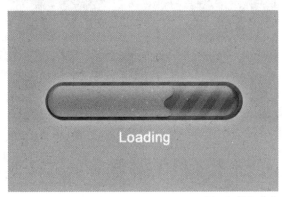

图9.33 添加文字

09 在"图层"面板中，选中"Loading"图层，单击面板底部的"添加图层样式" **fx** 按钮，在菜单中选择"描边"命令，在弹出的对话框中将"大小"更改为1像素，"颜色"更改为紫色（R：121，G：45，B：190），如图9.34所示。

10 勾选"渐变叠加"复选框，将"渐变"更改为紫色（R：199，G：137，B：255）到白色，完成之后单击"确定"按钮，这样就完成了效果制作，最终效果如图9.35所示。

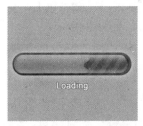
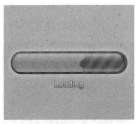

图9.34 添加描边　　图9.35 最终效果

9.3 简洁返回图标

素材位置：无
案例位置：案例文件\第9章\简洁返回图标.psd
视频位置：多媒体教学\9.3 简洁返回图标.avi
难易指数：★★☆☆☆

本例讲解制作简洁返回图标，本例中返回图标采用圆形轮廓设计，以漂亮的配色和舒适的质感，整体表现得相当出色，最终效果如图9.36所示。

扫码看视频

图9.36 最终效果

9.3.1 绘制图标轮廓

① 执行菜单栏中的"文件"|"新建"命令,在弹出的对话框中设置"宽度"为400像素,"高度"为300像素,"分辨率"为72像素/英寸,新建一个空白画布。

② 选择工具箱中的"椭圆工具"，在选项栏中将"填充"更改为绿色（R：66，G：86，B：35），"描边"为无,在画布靠左侧位置按住Shift键绘制一个圆形,将生成一个"椭圆1"图层,如图9.37所示。

③ 在"图层"面板中,选中"椭圆1"图层,将其拖至面板底部的"创建新图层"按钮上,复制一个"椭圆1拷贝"图层,如图9.38所示。

图9.37 绘制图形   图9.38 复制图层

④ 单击面板底部的"创建新图层"按钮,新建一个"图层1"图层,将其移至"椭圆1"图层上方,如图9.39所示。

⑤ 执行菜单栏中的"图层"|"创建剪贴蒙版"命令,为当前图层创建剪贴蒙版将部分图像隐藏。

⑥ 选择工具箱中的"画笔工具"，在画布中单击鼠标右键,在弹出的面板中选择一种圆角笔

触,将"大小"更改为120像素,"硬度"更改为0%,如图9.40所示。

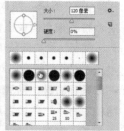

图9.39 新建图层   图9.40 设置笔触

⑦ 将前景色更改为绿色（R：132，G：253，B：11）,在图形底部位置单击添加"高光",如图9.41所示。

图9.41 添加颜色

⑧ 在"图层"面板中,选中"椭圆1拷贝"图层,单击面板底部的"添加图层样式"按钮,在菜单中选择"描边"命令,在弹出的对话框中将"大小"更改为2像素,"位置"为内部,"颜色"更改为绿色（R：192，G：240，B：0）,如图9.42所示。

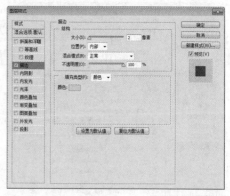

图9.42 设置描边

⑨ 勾选"渐变叠加"复选框,将"渐变"更改为绿色（R：132，G：253，B：11）到绿色（R：

132，G：253，B：11），将第一个绿色色标"不透明度"更改为0，完成之后单击"确定"按钮，如图9.43所示。

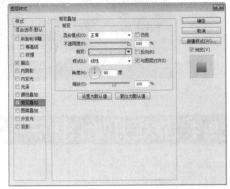

图9.43 设置渐变叠加

⑩ 在"图层"面板中的"椭圆1拷贝"图层样式名称上右击鼠标从弹出的快捷菜单中选择"创建图层"命令，此时将生成"'椭圆1拷贝'的'内描边'及'椭圆1拷贝'的渐变填充"两个新图层，如图9.44所示。

⑪ 执行菜单栏中的"滤镜"|"模糊"|"高斯模糊"命令，在弹出的对话框中单击"栅格化"按钮，然后在弹出的对话框中将"半径"更改为1像素，完成之后单击"确定"按钮，如图9.45所示。

图9.44 创建图层　　图9.45 添加高斯模糊

⑫ 在"图层"面板中，选中'椭圆1拷贝'的内描边"图层，单击面板底部的"添加图层蒙版" 按钮，为其图层添加图层蒙版，如图9.46所示。

⑬ 选择工具箱中的"画笔工具" ，在画布中单击鼠标右键，在弹出的面板中选择一种圆角笔触，将"大小"更改为100像素，"硬度"更改为0%，在属性栏中将"不透明度"更改为30%，如图9.47所示。

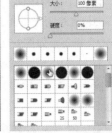

图9.46 添加图层蒙版　　图9.47 设置笔触

9.3.2 绘制标识图形

① 将前景色更改为黑色，在其图像上部分区域涂抹将其隐藏，如图9.48所示。

② 选择工具箱中的"圆角矩形工具" ，在选项栏中将"填充"更改为无，"描边"为白色，"宽度"为20点，"半径"为10像素，单击"设置形状描边类型" 按钮，在弹出的面板中单击"端点"按钮，在弹出的选项中选择第二种描边类型。

③ 按住Shift键绘制一个圆角矩形，此时将生成一个"圆角矩形1"图层，如图9.49所示。

图9.48 隐藏图像　　图9.49 绘制圆角矩形

④ 按Ctrl+T组合键对其执行"自由变换"命令，当出现框以后在选项栏中"旋转"后方文本框中输入45，完成之后按Enter键确认，如图9.50所示。

⑤ 选择工具箱中的"直接选择工具" ，选中圆角矩形右侧部分锚点将其删除，如图9.51所示。

图9.50 旋转图形　　图9.51 删除锚点

06 选择工具箱中的"圆角矩形工具" ，在图形右侧位置绘制一个圆角矩形，将生成一个"圆角矩形 2"图层，如图9.52所示。

07 同时选中"圆角矩形2"及"圆角矩形1"图层，按Ctrl+G组合键将其组合，将生成的组名称更改为"箭头"，如图9.53所示。

图9.52 绘制图形　　图9.53 将图层编组

08 在"图层"面板中，选中"箭头"组，单击面板底部的"添加图层样式" *fx* 按钮，在菜单中选择"渐变叠加"命令。

09 在弹出的对话框中将"渐变"更改为黄色（R：236，G：185，B：116）到黄色（R：254，G：246，B：233），"缩放"更改为30%，如图9.54所示。

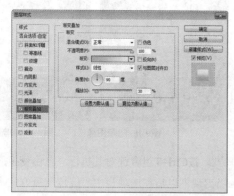

图9.54 设置渐变叠加

10 勾选"投影"复选框，将"混合模式"更改为叠加，"不透明度"更改为40%，取消"使用全局光"复选框，将"角度"更改为90度，"距离"更改为2像素，"大小"更改为2像素，这样就完成了效果制作，最终效果如图9.55所示。

图9.55 最终效果

9.4 游戏开始图标

素材位置：	无
案例位置：	案例文件\第9章\游戏开始图标.psd
视频位置：	多媒体教学\9.4 游戏开始图标.avi
难易指数：	★★★☆☆

本例讲解制作游戏开始图标，此款图标具有很不错的色彩感及质感，通过直观的文字信息与之搭配，很好地表现出游戏特征，最终效果如图9.56所示。

扫码看视频

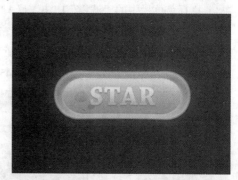

图9.56 最终效果

9.4.1 绘制主图形

01 执行菜单栏中的"文件"|"新建"命令，在弹出的对话框中设置"宽度"为400像素，"高度"为300像素，"分辨率"为72像素/英寸，新建一个空白画布。

02 选择工具箱中的"圆角矩形工具" ▢，在选项栏中将"填充"更改为橙色（R：227，G：130，B：40），"描边"为无，"半径"为50像素，按住Ctrl键绘制一个圆角矩形，此时将生成一个"圆角矩形 1"图层，如图9.57所示。

03 选择工具箱中的"添加锚点工具" ，在圆角矩形顶部及底部边缘位置单击添加锚点，如图9.58所示。

图9.57 绘制圆角矩形

图9.58 添加锚点

04 选择工具箱中的"直接选择工具"，拖动锚点将其变形，如图9.59所示。

05 在"图层"面板中，选中"圆角矩形1"图层，将其拖至面板底部的"创建新图层"按钮上，复制三个"拷贝"图层，分别将图层名称更改为"内部""高光"及"厚度"，如图9.60所示。

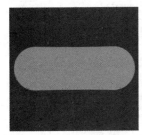

图9.59 将图形变形

图9.60 复制图层

06 在"图层"面板中，选中"高光"图层，单击面板底部的"添加图层样式"按钮，在菜单中选择"斜面和浮雕"命令，在弹出的对话框中将"大小"更改为10像素，"高光模式"更改为叠加，将"不透明度"更改为60%，"阴影模式"更改为叠加，"不透明度"更改为10%，"颜色"更改为白色，如图9.61所示。

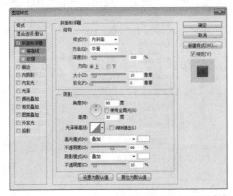

图9.61 设置斜面和浮雕

07 勾选"内发光"复选框，将"混合模式"更改为叠加，"不透明度"更改为30%，"颜色"更改为白色，"大小"更改为6像素，如图9.62所示。

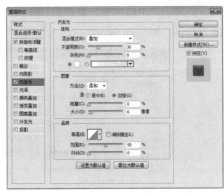

图9.62 设置内发光

08 勾选"渐变叠加"复选框，将"渐变"更改为黄色（R：254，G：202，B：45）到橙色（R：230，G：108，B：25），完成之后单击"确定"按钮，如图9.63所示。

图9.63 设置渐变叠加

09 选中"高光"图层，按Ctrl+T组合键对其执行"自由变换"命令，将图形稍微等比缩小，完成之后按Enter键确认，如图9.64所示。

图9.64 缩小图形

10 在"图层"面板中，选中"内部"图层，单击面板底部的"添加图层样式"按钮，在菜单中选择"斜面和浮雕"命令,在弹出的对话框中将"大小"更改为13像素,"高光模式"更改为叠加,将"不透明度"更改为60%,"阴影模式"更改为叠加,"不透明度"更改为10%,"颜色"更改为白色,如图9.65所示。

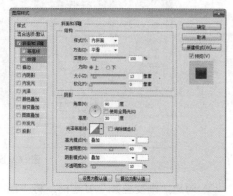

图9.65 设置斜面和浮雕

⑪ 勾选"渐变叠加"复选框,将"渐变"更改为橙色(R:230,G:108,B:25)到黄色(R:254,G:202,B:45),如图9.66所示。

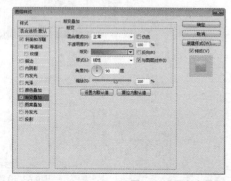

图9.66 设置渐变叠加

⑫ 勾选"外发光"复选框,将"混合模式"更改为叠加,"不透明度"更改为50%,"颜色"更改为白色,"大小"更改为8像素,如图9.67所示。

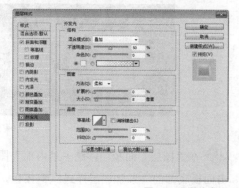

图9.67 设置外发光

⑬ 选中"内部"图层,按Ctrl+T组合键对其执行"自由变换"命令,将图形稍微等比缩小,完成之后按Enter键确认,如图9.68所示。

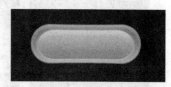

图9.68 缩小图形

⑭ 在"图层"面板中,选中"厚度"图层,单击面板底部的"添加图层样式"fx按钮,在菜单中选择"外发光"命令,在弹出的对话框中将"不透明度"更改为20%,"颜色"更改为黄色(R:255,G:216,B:0),"大小"更改为30像素,如图9.69所示。

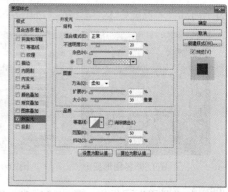

图9.69 设置外发光

⑮ 勾选"投影"复选框,将"混合模式"更改为正常,"颜色"更改为深红色(R:48,G:30,B:32),"不透明度"更改为60%,取消"使用全局光"复选框,将"角度"更改为90度,"距离"更改为3像素,"大小"更改为5像素,完成之后单击"确定"按钮,如图9.70所示。

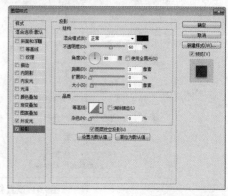

图9.70 设置投影

9.4.2　处理图标细节图文

01　选择工具箱中的"钢笔工具" ✐，在选项栏中单击"选择工具模式" 路径 ⬧ 按钮，在弹出的选项中选择"形状"，将"填充"更改为黑色，"描边"更改为无，在按钮左侧位置绘制一个不规则图形，此时将生成一个"形状1"图层，如图9.71所示。

02　选中"形状1"图层，将其图层混合模式设置为"叠加"，"不透明度"更改为30%，如图9.72所示。

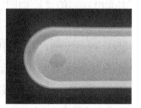

图9.71　绘制图形　　图9.72　设置图层混合模式

03　选中图形，将其复制一份并移动缩小，如图9.73所示。

04　选择工具箱中的"横排文字工具" T，添加文字（Chaparral Pro Bold），如图9.74所示。

图9.73　复制图形　　　　图9.74　添加文字

05　在"图层"面板中，选中"STAR"图层，单击面板底部的"添加图层样式" fx 按钮，在菜单中选择"渐变叠加"命令，在弹出的对话框中将"渐变"更改为黄色（R：255，G：165，B：23）到黄色（R：252，G：238，B：210），完成之后单击"确定"按钮，如图9.75所示。

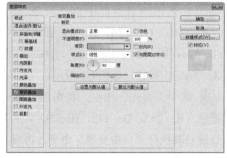

图9.75　设置渐变叠加

06　勾选"投影"复选框，将"混合模式"更改为正常，"颜色"更改为深黄色（R：173，G：90，B：18），"不透明度"更改为100%，"距离"更改为1像素，"大小"更改为1像素，完成之后单击"确定"按钮，如图9.76所示。

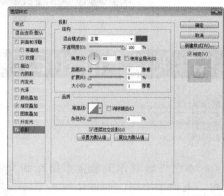

图9.76　设置投影

07　在"画笔"面板中，选择一个圆角笔触，将"大小"更改为8像素，"间距"更改为1000%，如图9.77所示。

08　勾选"形状动态"复选框，将"大小抖动"更改为100%，如图9.78所示。

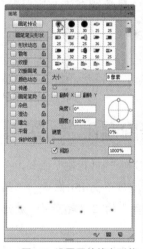

图9.77　设置画笔笔尖形状　　图9.78　设置形状动态

09　单击面板底部的"创建新图层" 🗔 按钮，新建一个"图层1"图层。

10　将前景色更改为白色，在按钮上下区域单击或者拖动添加圆点图像，这样就完成了效果制作，最终效果如图9.79所示。

图9.79 最终效果

9.5 矢量金币图标

素材位置：无
案例位置：案例文件\第9章\矢量金币图标.psd
视频位置：多媒体教学\9.5 矢量金币图标.avi
难易指数：★★☆☆☆

本例讲解制作矢量金币图标制作，本例中图标以圆形轮廓为主视觉，通过图形的相互组合，完美表现出按钮的高光、阴影质感，整个图标十分形象化，最终效果如图9.80所示。

扫码看视频

图9.80 最终效果

9.5.1 金币主轮廓制作

01 执行菜单栏中的"文件"|"新建"命令，在弹出的对话框中设置"宽度"为450像素，"高度"为350像素，"分辨率"为72像素/英寸，新建一个空白画布。

02 选择工具箱中的"椭圆工具" ⬭ ，在选项栏中将"填充"更改为白色，"描边"为无，按住Shift键绘制一个圆形，将生成一个"椭圆1"图层，如图9.81所示。

03 在"图层"面板中，选中"椭圆1"图层，将其拖至面板底部的"创建新图层" 🔲 按钮上，复制两个"拷贝"图层。

04 分别将图层名称更改为"高光""轮廓""底部"，如图9.82所示。

图9.81 绘制图形　　　　图9.82 复制图层

05 在"图层"面板中，选中"底部"图层，单击面板底部的"添加图层样式" 𝑓𝑥 按钮，在菜单中选择"投影"命令。

06 在弹出的对话框中将"混合模式"更改为柔光，"不透明度"更改为50%，取消"使用全局光"复选框，将"角度"更改为60度，"距离"更改为7像素，完成之后单击"确定"按钮，如图9.83所示。

07 选中"轮廓"图层，将其"描边"更改为橙色（R：239，G：102，B：34），"宽度"为4点，再按Ctrl+T组合键对其执行"自由变换"命令，将图形等比缩小，完成之后按Enter键确认，如图9.84所示。

图9.83 添加投影　　　　图9.84 变换图形

08 在"图层"面板中，选中"轮廓"图层，单击面板底部的"添加图层样式" 𝑓𝑥 按钮，在菜单中选择"渐变叠加"命令。

09 在弹出的对话框中将"渐变"更改为橙色（R：246，G：120，B：7）到黄色（R：255，G：244，B：80），"角度"为60度，完成之后单击"确定"按钮，如图9.85所示。

10 选中"高光"图层，将图形"填充"更改为橙色（R：252，G：178，B：29），再按Ctrl+T组合键对其执行"自由变换"命令，再将其宽度等比缩小，再适当旋转，完成之后按Enter键确认，如图9.86所示。

图9.85 添加渐变　　　　图9.86 缩小图形

9.5.2 细节元素处理

01 选择工具箱中的"横排文字工具" **T**，添加文字（Corbel Bold），如图9.87所示。

图9.87 添加文字

02 在"图层"面板中，选中"$"图层，单击面板底部的"添加图层样式" **fx** 按钮，在菜单中选择"内发光"命令，在弹出的对话框中将"混合模式"更改为叠加，"不透明度"为25%，"颜色"更改为黑色，"大小"更改为4像素，如图9.88所示。

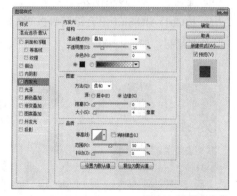

图9.88 设置内发光

03 勾选"投影"复选框，将"混合模式"更改为叠加，"颜色"更改为白色，"不透明度"更改为80%，"距离"更改为1像素，"大小"更改为1像素，完成之后单击"确定"按钮，如图9.89所示。

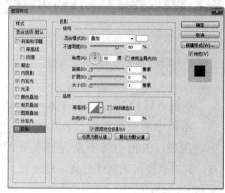

图9.89 设置投影

04 选择工具箱中的"椭圆工具" 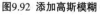，在选项栏中将"填充"更改为白色，"描边"为无，绘制一个椭圆图形并适当旋转，此时将生成一个"椭圆1"图层，如图9.90所示。

05 按下Alt键绘制一个椭圆路径，将部分图形减去，如图9.91所示。

图9.90 绘制椭圆　　　　图9.91 减去图形

06 执行菜单栏中的"滤镜"|"模糊"|"高斯模糊"命令，在弹出的对话框中单击"栅格化"按钮，然后在弹出的对话框中将"半径"更改为5像素，完成之后单击"确定"按钮，如图9.92所示。

07 选中"椭圆1"图层，将其图层混合模式设置为"叠加"，这样就完成了效果制作，最终效果如图9.93所示。

图9.92 添加高斯模糊　　　　图9.93 最终效果

图9.95 绘制圆角矩形　　图9.96 添加渐变

9.6 手绘小鸟图标

素材位置：无
案例位置：案例文件\第9章\手绘小鸟图标.psd
视频位置：多媒体教学\9.6 手绘小鸟图标.avi
难易指数：★★★☆☆

本例讲解绘制手绘小鸟图标制作，本例中的图标绘制过程比较简单，主要以突出小鸟形象为制作重点，同时也使可识别性更高，最终效果如图9.94所示。

扫码看视频

图9.94 最终效果

9.6.1 大体轮廓制作

01　执行菜单栏中的"文件"|"新建"命令，在弹出的对话框中设置"宽度"为450像素，"高度"为350像素，"分辨率"为72像素/英寸，新建一个空白画布。

02　选择工具箱中的"圆角矩形工具"▢，在选项栏中将"填充"更改为任意颜色，"描边"为无，"半径"为40像素，按住Ctrl键绘制一个圆角矩形，此时将生成一个"圆角矩形1"图层，如图9.95所示。

03　单击面板底部的"添加图层样式"*fx*按钮，在菜单中选择"渐变叠加"命令，在弹出的对话框中将"渐变"更改为青色（R：66，G：230，B：255）到蓝色（R：7，G：141，B：188），"样式"更改为径向，完成之后单击"确定"按钮，如图9.96所示。

04　选择工具箱中的"矩形工具"▢，在选项栏中将"填充"更改为白色，"描边"为无，绘制一个矩形，此时将生成一个"矩形1"图层，如图9.97所示。

05　按Ctrl+T组合键对其执行"自由变换"命令，单击鼠标右键，从弹出的快捷菜单中选择"透视"命令，拖动变形框控制点将图形变形，完成之后按Enter键确认，如图9.98所示。

图9.97 绘制矩形　　图9.98 透视变形

06　按Ctrl+Alt+T组合键对其执行旋转复制命令，当出现变形框以后将其适当旋转，完成之后按Enter键确认，如图9.99所示。

07　按Ctrl+Alt+Shift组合键同时按T键多次，将图形多重复制，如图9.100所示。

图9.99 旋转复制　　图9.100 多重复制

08　同时选中所有和"矩形1"相关图层，按Ctrl+E组合键将其合并，将生成图层名称更改为"放射"。

09 选中"放射"图层,将其图层混合模式设置为"叠加","不透明度"更改为15%,如图所示9.101。

图9.101 设置图层混合模式

10 在"图层"面板中,选中"放射"图层,单击面板底部的"添加图层蒙版" ⬛ 按钮,为其添加图层蒙版,如图9.102所示。

11 按住Ctrl键单击"圆角矩形 1"图层缩览图,将其载入选区,执行菜单栏中的"选择"|"反向"命令将选区反向,将选区填充为黑色将部分图形隐藏,完成之后按Ctrl+D组合键将选区取消,如图9.103所示。

图9.102 添加图层蒙版　　　图9.103 隐藏图形

9.6.2 手绘小鸟图像

01 选择工具箱中的"椭圆工具" ⬭,在选项栏中将"填充"更改为红色(R:216,G:0,B:38),"描边"为无,在图标中间绘制一个椭圆图形,此时将生成一个"椭圆1"图层,如图9.104所示。

02 选择工具箱中的"直接选择工具" ▷,拖动图形锚点将其变形,如图9.105所示。

图9.104 绘制椭圆　　　图9.105 将椭圆变形

03 选择工具箱中的"钢笔工具" ✑,在选项栏中单击"选择工具模式" 路径 按钮,在弹出的选项中选择"形状",将"填充"更改为红色(R:216,G:0,B:38),"描边"更改为无,在图形顶部位置绘制一个不规则图形,此时将生成一个"形状1"图层,如图9.106所示。

04 同时选中"形状1"及"椭圆1"图层,按Ctrl+E组合键将其合并,此时将生成一个"形状1"图层。

05 在"图层"面板中,选中"形状1"图层,将其拖至面板底部的"创建新图层" ◻ 按钮上,复制一个"形状1拷贝"图层,将"形状1"图层中图形"填充"更改为黑色,如图9.107所示。

图9.106 绘制图形　　　图9.107 复制图层

06 选择工具箱中的"直接选择工具" ▷,拖动"形状1拷贝"图层中图形锚点将其变形,如图9.108所示。

07 在"图层"面板中,选中"形状1拷贝"图层,将其拖至面板底部的"创建新图层" ◻ 按钮上,复制一个"形状1拷贝2"图层,将其图形更改为黑色,如9.109所示。

图9.108 将图形变形　　　　图9.109 复制图层

(08) 选中"形状1拷贝2"图层，将其图层"不透明度"更改为10%。

(09) 执行菜单栏中的"图层"|"创建剪贴蒙版"命令，为当前图层创建剪贴蒙版将部分图像隐藏，如图9.110所示。

图9.110 创建剪贴蒙版

(10) 选择工具箱中的"钢笔工具" ，在选项栏中单击"选择工具模式" 路径 按钮，在弹出的选项中选择"形状"，将"填充"更改为深灰色（R：16，G：16，B：16），"描边"更改为无。

(11) 在图形左侧位置绘制一个不规则图形，如图9.111所示。

图9.111 绘制图形

(12) 选择工具箱中的"椭圆工具" ，在选项栏中将"填充"更改为白色，"描边"为无，绘制一个椭圆图形，此时将生成一个"椭圆1"图层，如图9.112所示。将"椭圆1"图层复制一份，如图9.113所示。

图9.112 绘制椭圆　　　　图9.113 复制图层

(13) 选中"椭圆1"图层，将图形"填充"更改为黑色，在画布中将其向下稍微移动，如图9.114所示。

(14) 选择工具箱中的"椭圆工具" ，在选项栏中将"填充"更改为黑色，"描边"为无，在图形右侧绘制一个椭圆图形，将生成一个"椭圆2"图层，如图9.115所示。

图9.114 移动图形　　　　图9.115 绘制椭圆

(15) 同时选中"椭圆2""椭圆1拷贝"及"椭圆1"图层，按Ctrl+G组合键将其编组，将生成的组名称更改为"左眼"。

(16) 在"图层"面板中，选中"左眼"图层，将其拖至面板底部的"创建新图层" 按钮上，复制一个"左眼 拷贝"图层，将图层名称更改为"右眼"，如图9.116所示。

(17) 选中"右眼"组，按Ctrl+T组合键对其执行"自由变换"命令，单击鼠标右键，从弹出的快捷菜单中选择"水平垂直翻转"命令，完成之后按Enter键确认，将图形向右侧移动，如图9.117所示。

图9.116 复制组　　　　图9.117 移动图形

⑱ 同时选中"左眼"及"右眼"组，按Ctrl+T组合键对其执行"自由变换"命令，将图形适当旋转及放大，完成之后按Enter键确认，如图9.118所示。

⑲ 选择工具箱中的"钢笔工具" ，在选项栏中单击"选择工具模式" 路径 按钮，在弹出的选项中选择"形状"，将"填充"更改为黑色，"描边"更改为无，在眼睛上方绘制一个图形，如图9.119所示。

图9.118 变换图形　　**图9.119 绘制图形**

⑳ 以同样方法在眼睛下方绘制数个图形制作嘴巴，如图9.120所示。

图 9.120 制作嘴巴

 技巧与提示

在绘制嘴巴时注意图形所在图层的前后顺序。

㉑ 同时选中所有和嘴巴相关图层，按Ctrl+G组合键将其编组，将生成的组名称更改为"嘴巴"，将其拖至面板底部的"创建新图层" 按钮上，复制一个"嘴巴拷贝"组，如图9.121所示。

㉒ 选中"嘴巴"组，按Ctrl+E组合键将图层合并，此时将生成一个"嘴巴"图层。

㉓ 单击面板上方的"锁定透明像素" 按钮，将透明像素锁定，将图像填充为黑色，填充完成之后再次单击此按钮将其解除锁定，如图9.122所示。

图9.121 复制组　　**图9.122 填充颜色**

㉔ 选中"嘴巴"图层，按Ctrl+T组合键对其执行"自由变换"命令，将图像适当变形，完成之后按Enter键确认，这样就完成了效果制作，最终效果如图9.123所示。

图9.123 最终效果

9.7 魔法屋图标

素材位置：素材文件\第9章\魔法屋图标
案例位置：案例文件\第9章\立体魔法屋图标.psd
视频位置：多媒体教学\9.7 魔法屋图标.avi
难易指数：★★☆☆☆

本例讲解制作立体魔法屋图标，本例中魔法屋图标以直观的透视角度基准，勾勒出小屋子轮廓效果，为图形添加合理的透视、高光、质感等效 扫码看视频 果，整体图标具有相当出色的视觉效果，最终效果如图9.124所示。

图9.124 最终效果

9.7.1 制作魔法边框

01 执行菜单栏中的"文件"|"新建"命令,在弹出的对话框中设置"宽度"为450像素,"高度"为350像素,"分辨率"为72像素/英寸,新建一个空白画布。

02 选择工具箱中的"圆角矩形工具" ⬜ ,在选项栏中将"填充"更改为任意颜色,"描边"为无,"半径"为40像素,按住Ctrl键绘制一个圆角矩形,此时将生成一个"圆角矩形1"图层,如图9.125所示。

03 单击面板底部的"添加图层样式" *fx* 按钮,在菜单中选择"渐变叠加"命令,在弹出的对话框中将"渐变"更改为青色(R:66,G:230,B:255)到蓝色(R:7,G:141,B:188),"样式"更改为径向,完成之后单击"确定"按钮,如图9.126所示。

图9.125 绘制圆角矩形　　　图9.126 添加渐变

04 在"图层"面板中,选中"圆角矩形1"图层,单击面板底部的"添加图层样式" *fx* 按钮,在菜单中选择"渐变叠加"命令。

05 在弹出的对话框中将"渐变"更改为红色(R:158,G:33,B:33)到红色(R:227,G:68,B:67),完成之后单击"确定"按钮,如图9.127所示。

06 选中"圆角矩形1拷贝"图层,按Ctrl+T组合键对其执行"自由变换"命令,将图形等比缩小,完成之后按Enter键确认,如图9.128所示。

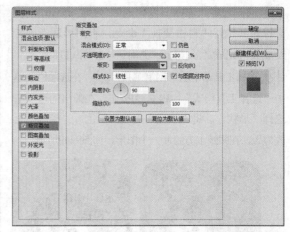

图9.127 设置渐变叠加

图9.128 缩小图形

07 在"图层"面板中,单击面板底部的"添加图层样式" *fx* 按钮,在菜单中选择"描边"命令,在弹出的对话框中将"大小"更改为13像素,"位置"更改为内部,"填充类型"更改为渐变,将渐变更改为红色(R:243,G:77,B:77)到红色(R:80,G:0,B:13),完成之后单击"确定"按钮,如图9.129所示。

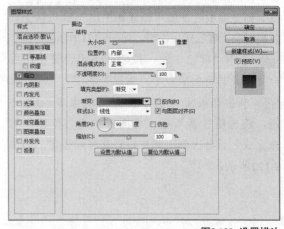

图9.129 设置描边

08　勾选"渐变叠加"复选框，将"渐变"更改为灰色系，完成之后单击"确定"按钮，如图9.130所示。

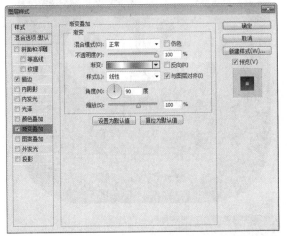

图9.130　设置渐变叠加

技巧与提示

在此处的灰色系渐变可参考下图中色标进行设置。

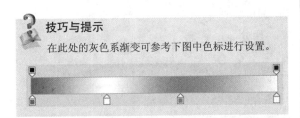

9.7.2　处理魔法主图像

01　执行菜单栏中的"文件"|"打开"命令，打开"魔法屋.psd"文件，将打开的素材拖入画布中图标位置并适当缩小，如图9.131所示。

02　选择工具箱中的"圆角矩形工具"，在选项栏中将"填充"更改为黑色，"描边"为无，"半径"为30像素，绘制一个圆角矩形，此时将生成一个"圆角矩形2"图层，如图9.132所示。

图9.131　添加素材　　图9.132　绘制图形

03　在"图层"面板中，单击面板底部的"添

加图层样式"fx按钮，在菜单中选择"内发光"命令，在弹出的对话框中将"混合模式"更改为正常，"不透明度"更改为80%，"颜色"更改为红色（R：60，G：12，B：19），"大小"更改为16像素，完成之后单击"确定"按钮，如图9.133所示。

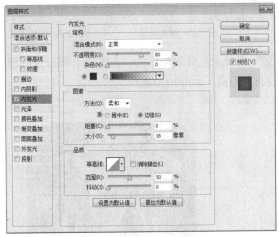

图9.133　设置内发光

04　在"图层"面板中，将其图层"填充"更改为0%，如图9.134所示。

图9.134　更改填充

05　在"图层"面板中的"圆角矩形2"图层样式名称上右击鼠标从弹出的快捷菜单中选择"创建图层"命令，此时将生成"'圆角矩形2'的内发光"新的图层。

06　单击面板底部的"添加图层蒙版"按钮，为"'圆角矩形2'的内发光"图层添加图层蒙版，如图9.135所示。

07　选择工具箱中的"画笔工具"，在画布中单击鼠标右键，在弹出的面板中选择一种圆角笔触，将"大小"更改50为像素，"硬度"更改为0%，如图9.136所示。

图9.135 创建图层

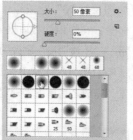

图9.136 设置笔触

08 将前景色更改为黑色,在图像上部分区域涂抹将其隐藏,如图9.137所示。

图9.137 最终效果

9.8 泡泡堂启动图标及应用界面

素材位置:素材文件\第9章\泡泡堂图标
案例位置:案例文件\第9章\泡泡堂启动图标.psd、泡泡堂应用界面.psd
视频位置:多媒体教学\9.8 泡泡堂启动图标及应用界面.avi
难易指数:★★★★☆

本例讲解泡泡堂图标制作,此款图标以十分可爱的泡泡鱼为主视觉,整体的配色相当可爱,在造型上以圆润的轮廓为主体,在整个图标制作过程中重点在于整体的光影及质感,在界面制作过程中使用海底图像与图标相结合的形式,完美表现出图标的特征,最终效果如图9.138所示。

扫码看视频

图9.138 最终效果

9.8.1 启动图标轮廓制作

01 执行菜单栏中的"文件"|"新建"命令，在弹出的对话框中设置"宽度"为800像素，"高度"为600像素，"分辨率"为72像素/英寸，将画布填充为蓝色（R：33，G：84，B：180）。

02 选择工具箱中的"圆角矩形工具" ，在选项栏中将"填充"更改为蓝色（R：0，G：18，B：68），"描边"为无，"半径"更改为80像素，按住Shift键绘制一个圆角矩形，将生成一个"圆角矩形1"图层，如图9.139所示。

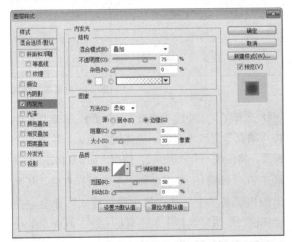

图9.139 绘制图形

03 在"图层"面板中，单击面板底部的"添加图层样式" *fx* 按钮，在菜单中选择"内发光"命令。

04 在弹出的对话框中将"混合模式"更改为叠加，"颜色"更改为白色，"大小"更改为30像素，完成之后单击"确定"按钮，如图9.140所示。

图9.140 设置内发光

05 勾选"渐变叠加"复选框，将"混合模式"更改为叠加，"渐变"更改为白色到白色，如图9.141所示。

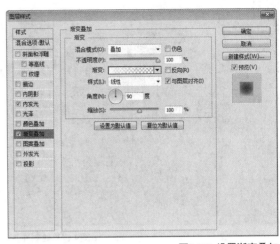

图9.141 设置渐变叠加

技巧与提示

在添加渐变时，在渐变叠加对话框窗口打开的状态下，在画布中按住鼠标左键拖动可更改渐变颜色位置。

06 勾选"外发光"复选框，将"混合模式"更改为叠加，"不透明度"更改为75%，"颜色"更改为青色（R：0，G：255，B：246），"大小"更改为141像素，完成之后单击"确定"按钮，如图9.142所示。

07 选择工具箱中的"钢笔工具" ，在选项栏中单击"选择工具模式" 路径 按钮，在弹出的选项中选择"形状"，将"填充"更改为黑色，"描边"更改为无。

08 绘制一个不规则图形，将生成一个"形状1"图层，如图9.143所示。

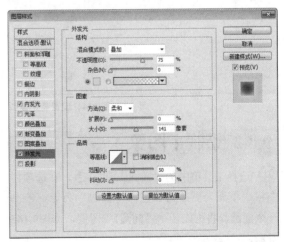

图9.142 设置外发光

275

图9.143 绘制图形

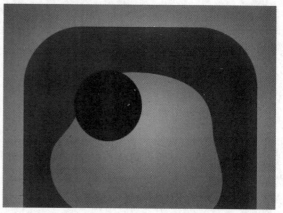

图9.145 绘制椭圆

⑨ 在"图层"面板中，单击面板底部的"添加图层样式" **fx** 按钮，在菜单中选择"渐变叠加"命令。

⑩ 在弹出的对话框中将"渐变"更改为紫色（R：250，G：100，B：235）到紫色（R：180，G：45，B：134）再到紫色（R：172，G：38，B：126），将中间紫色色标"位置"更改为70%，"样式"更改为径向，"角度"更改为0度，"缩放"更改为125%，如图9.144所示。

② 在"图层"面板中，单击面板底部的"添加图层样式" **fx** 按钮，在菜单中选择"渐变叠加"命令。

③ 在弹出的对话框中将"渐变"更改为浅紫色（R：243，G：212，B：237）到白色，完成之后单击"确定"按钮，如图9.146所示。

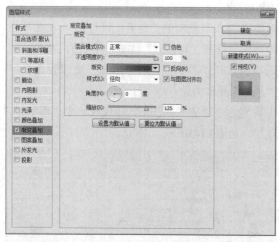

图9.144 设置渐变叠加

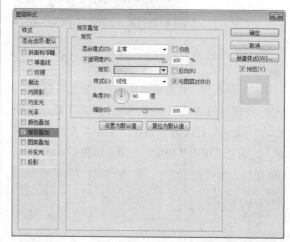

图9.146 设置渐变叠加

9.8.2 绘制主图像

① 选择工具箱中的"椭圆工具" ⬭，在选项栏中将"填充"更改为黑色，"描边"为无，绘制一个椭圆，将生成一个"椭圆1"图层，如图9.145所示。

④ 选择工具箱中的"椭圆工具" ⬭，在选项栏中将"填充"更改为白色，"描边"为无，绘制一个椭圆，将生成一个"椭圆2"图层，如图9.147所示。

⑤ 在"椭圆1"图层名称上单击鼠标右键，从弹出的快捷菜单中选择"拷贝图层样式"命令，在"椭圆2"图层名称上单击鼠标右键，从弹出的快捷菜单中选择"粘贴图层样式"命令。

⑥ 双击"椭圆2"图层样式名称，在弹出的对话框中将"渐变"更改为紫色（R：187，G：56，B：146）到紫色（R：130，G：7，B：76），

"角度"更改为40度，完成之后单击"确定"按钮，如图9.148所示。

图9.147 绘制图形

图9.148 添加渐变

⑦ 选择工具箱中的"椭圆工具" ⬭，在紫色系渐变椭圆上绘制一个白色稍小椭圆，将生成一个"椭圆3"图层，如图9.149所示。

⑧ 同时选中"椭圆1""椭圆2"及"椭圆3"图层，按Ctrl+G组合键将其编组，将生成的组名称更改为"左眼"，如图9.150所示。

图9.149 绘制图形

图9.150 将图层编组

⑨ 在"图层"面板中，选中"左眼"组，将其拖至面板底部的"创建新图层" 🔲 按钮上，复制一个"左眼 拷贝"组，将其名称更改为"右眼"，如图9.151所示。

⑩ 将"右眼"组中图形宽度适当缩小并旋转，如图9.152所示。

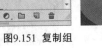
图9.151 复制组

图9.152 缩小图形

⑪ 选择工具箱中的"钢笔工具" ✒，在选项栏中单击"选择工具模式" 路径 ▾ 按钮，在弹出的选项中选择"形状"，将"填充"更改为白色，"描边"更改为无。

⑫ 在左眼左下角位置绘制一个不规则图形，将生成一个"形状2"图层，将其移至"形状1"图层下方，如图9.153所示。

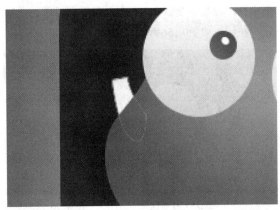
图9.153 绘制图形

⑬ 在"图层"面板中，选中"形状1"图层，单击面板底部的"添加图层样式" fx 按钮，在菜单中选择"渐变叠加"命令。

⑭ 在弹出的对话框中将"渐变"更改为紫色（R：172，G：38，B：126）到紫色（R：231，G：69，B：215），"角度"更改为40度，"缩放"更改为50%，如图9.154所示。

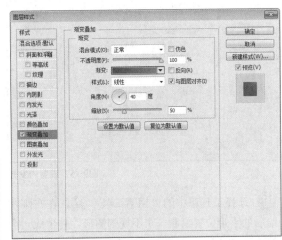
图9.154 设置渐变叠加

⑮ 选择工具箱中的"钢笔工具" ✒，再在刚才

绘制的图形左上角绘制一个手形图形，将生成一个"形状3"图层，如图9.155所示。

⑯ 在"形状2"图层名称上单击鼠标右键，从弹出的快捷菜单中选择"拷贝图层样式"命令，在"形状3"图层名称上单击鼠标右键，从弹出的快捷菜单中选择"粘贴图层样式"命令。

⑰ 双击"形状3"图层样式名称，在弹出的对话框中将"角度"更改为108度，完成之后单击"确定"按钮，如图9.156所示。

图9.155 绘制图形　　图9.156 添加渐变

⑱ 双击"形状 3"图层样式名称，在弹出的对话框中勾选"内发光"复选框，将"混合模式"更改为叠加，"不透明度"更改为100%，"大小"更改为5像素，完成之后单击"确定"按钮，如图9.157所示。

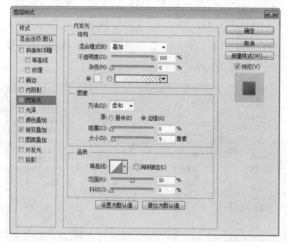
图9.157 设置内发光

⑲ 选择工具箱中的"钢笔工具" ，在在刚才绘制的手形位置绘制一个不规则图形，将生成一个"形状4"图层，将其移至"形状3"图层上方，如图9.158所示。

⑳ 执行菜单栏中的"滤镜"|"模糊"|"高斯模糊"命令，在弹出的对话框中将"半径"更改为2像

素，完成之后单击"确定"按钮，如图9.159所示。

图9.158 绘制图形　　图9.159 添加高斯模糊

㉑ 按住Ctrl键单击"形状4"图层缩览图，将其载入选区，执行菜单栏中的"选择"|"反向"命令将选区反向，如图9.160所示。

㉒ 按Delete键将选区中图像删除，完成之后按Ctrl+D组合键将选区取消。

㉓ 选中"形状4"图层，将其图层混合模式设置为"柔光"，如图9.161所示。

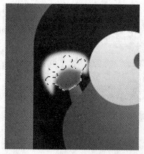
图9.160 删除图像　　图9.161 设置图层混合模式

㉔ 同时选中"形状4""形状3"及"形状2"图层，按Ctrl+G组合键将其编组，将生成的组名称更改为"左手"。

㉕ 在"图层"面板中，将"左手"组拖至面板底部的"创建新图层"按钮上，复制一个"左手 拷贝"组，将其名称更改为"右手"，在画布中将图像向右侧移至相对位置，如图9.162所示。

图9.162 将图层编组并移动图形

㉖ 选择工具箱中的"钢笔工具" ，再在刚才绘制的手形位置绘制一个不规则图形，将生成一个"形状5"图层，将其移至"圆角矩形1"图层下方，如图9.163所示。

㉗ 在"图层"面板中，单击面板底部的"添加图层样式" fx 按钮，在菜单中选择"渐变叠加"命令。

㉘ 在弹出的对话框中将"渐变"更改为紫色（R：255，G：194，B：228）到紫色（R：212，G：62，B：176），"样式"更改为径向，完成之后单击"确定"按钮，如图9.164所示。

图9.163 绘制图形　　图9.164 添加渐变叠加

㉙ 选中"形状5"图层，在画布中将图形复制两份，如图9.165所示。

图9.165 复制图形

㉚ 选择工具箱中的"钢笔工具" ，在选项栏中单击"选择工具模式" 路径 按钮，在弹出的选项中选择"形状"，将"填充"更改为无，"描边"更改为紫色（R：139，G：15，B：87），"宽度"为3点，绘制一条弯曲线段，将生成一个"形状6"图层，如图9.166所示。

㉛ 选中"形状6"图层，在画布中按住Alt+Shift组合键向右侧拖动将线段复制，再按Ctrl+T组合键对其执行"自由变换"命令，单击鼠标右键，从弹出的快捷菜单中选择"水平翻转"命令，完成之后按Enter键确认，如图9.167所示。

图9.166 绘制线段　　图9.167 复制线段

㉜ 选择工具箱中的"椭圆工具" ，在选项栏中将"填充"更改为紫色（R：212，G：62，B：176），"描边"为无，在"形状1"图层中图形底部绘制一个椭圆并适当旋转，将生成一个"椭圆5"图层，将其移至"形状1"图层下方，如图9.168所示。

㉝ 在画布中按住Alt+Shift组合键向右侧拖动将椭圆复制，再按Ctrl+T组合键对其执行"自由变换"命令，单击鼠标右键，从弹出的快捷菜单中选择"水平翻转"命令，完成之后按Enter键确认，如图9.169所示。

图9.168 绘制椭圆　　图9.169 复制图形

㉞ 在"图层"面板中，选中"椭圆4"图层，单击面板底部的"添加图层样式" fx 按钮，在菜单中选择"渐变叠加"命令。

㉟ 在弹出的对话框中将"混合模式"更改为柔光，"渐变"更改为白色到黑色，完成之后单击"确定"按钮，如图9.170所示。

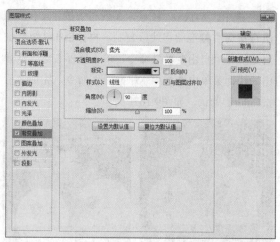

图9.170 设置渐变叠加

图9.172 绘制图形　　　　图9.173 将图形变形

③⑥ 在"椭圆4"图层名称上单击鼠标右键，从弹出的快捷菜单中选择"拷贝图层样式"命令，在"椭圆4拷贝"图层名称上单击鼠标右键，从弹出的快捷菜单中选择"粘贴图层样式"命令，如图9.171所示。

③⑨ 选择工具箱中的"钢笔工具" ，在选项栏中单击"选择工具模式" 路径 按钮，在弹出的选项中选择"形状"，将"填充"更改为红色（R：250，G：90，B：157），"描边"更改为无。

④⓪ 绘制一个不规则图形，将生成一个"形状7"图层，如图9.174所示。

④① 执行菜单栏中的"图层" | "创建剪贴蒙版"命令，为当前图层创建剪贴蒙版将部分图像隐藏，如图9.175所示。

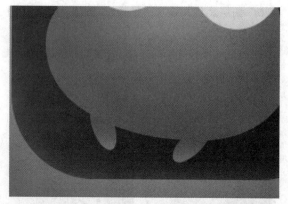

图9.171 粘贴图层样式

 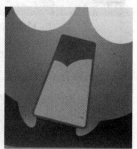

图9.174 绘制图形　　　　图9.175 创建剪贴蒙版

④② 在"图层"面板中，单击面板底部的"添加图层样式" fx 按钮，在菜单中选择"渐变叠加"命令。

③⑦ 选择工具箱中的"圆角矩形工具" ，在选项栏中将"填充"更改为红色（R：134，G：36，B：70），"描边"更改为红色（R：134，G：36，B：70），"宽度"更改为3点，"半径"更改为5像素，绘制一个圆角矩形，将生成一个"圆角矩形2"图层，如图9.172所示。

④③ 在弹出的对话框中将"混合模式"更改为柔光，"渐变"更改为红色（R：115，G：24，B：52）到红色（R：115，G：24，B：52），将第2个红色色标"不透明度"更改为0%，"角度"更改为80度，"缩放"更改为65%，完成之后单击"确定"按钮，如图9.176所示。

③⑧ 按Ctrl+T组合键对其执行"自由变换"命令，单击鼠标右键，从弹出的快捷菜单中选择"透视"命令，拖动变形框控制点将图形变形，完成之后按Enter键确认，如图9.173所示。

④④ 选择工具箱中的"圆角矩形工具" ，在选项栏中将"填充"更改为白色，"描边"为无，"半径"为3像素，绘制一个圆角矩形，将生成一个"圆角矩形3"图层，如图9.177所示。

㊺ 按Ctrl+T组合键对图形执行"自由变换"命令，将其适当旋转，完成之后按Enter键确认，执行菜单栏中的"图层"|"创建剪贴蒙版"命令，为当前图层创建剪贴蒙版将部分图像隐藏，如图9.178所示。

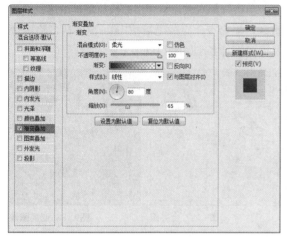

图9.176 设置渐变叠加

图9.177 绘制图形　　图9.178 创建剪贴蒙版

㊻ 将图形复制一份，如图9.179所示。

图9.179 复制图形

㊼ 选择工具箱中的"钢笔工具" ，绘制一个

白色图形，将生成一个"形状8"图层，如图9.180所示。

㊽ 选中"形状8"图层，将其图层"不透明度"更改为0%，如图9.181所示。

图9.180 绘制图形　　图9.181 更改填充

㊾ 在"图层"面板中，单击面板底部的"添加图层样式" fx 按钮，在菜单中选择"内发光"命令。

㊿ 在弹出的对话框中将"混合模式"更改为线性减淡（添加），"不透明度"更改为50%，"颜色"更改为浅蓝色（R：165，G：231，B：255），"大小"更改为60像素，如图9.182所示。

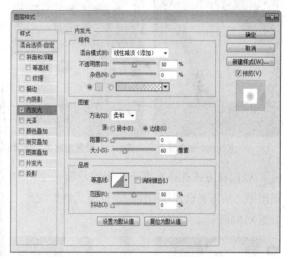

图9.182 设置内发光

51 勾选"投影"复选框，将"混合模式"更改为颜色减淡，"颜色"更改为青色（R：109，G：240，B：255），"距离"更改为5像素，"大小"更改为13像素，完成之后单击"确定"按钮，如图9.183所示。

281

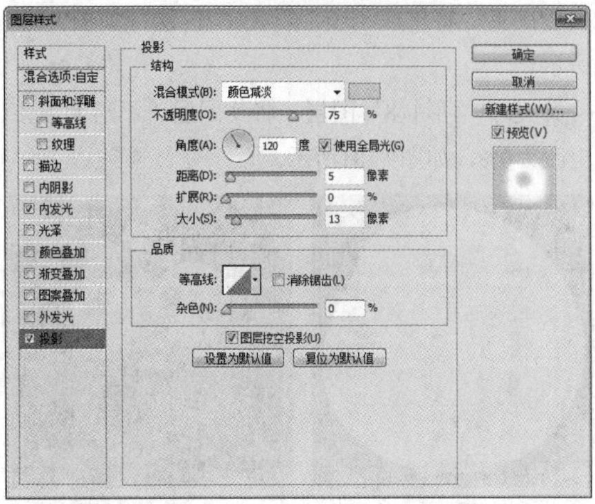

图9.183 设置投影

(52) 选择工具箱中的“钢笔工具”，绘制一个不规则图形，将生成一个“形状9”图层，如图9.184所示。

(53) 在“图层”面板中，选中“形状9”图层，将其图层混合模式设置为“叠加”，“不透明度”更改为40%，如图9.185所示。

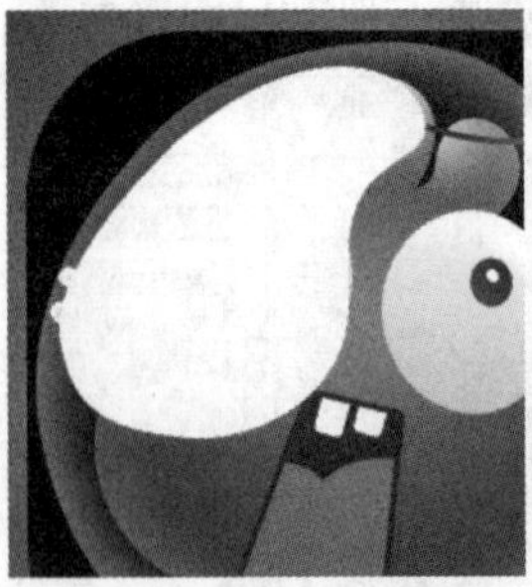

图9.184 绘制图形

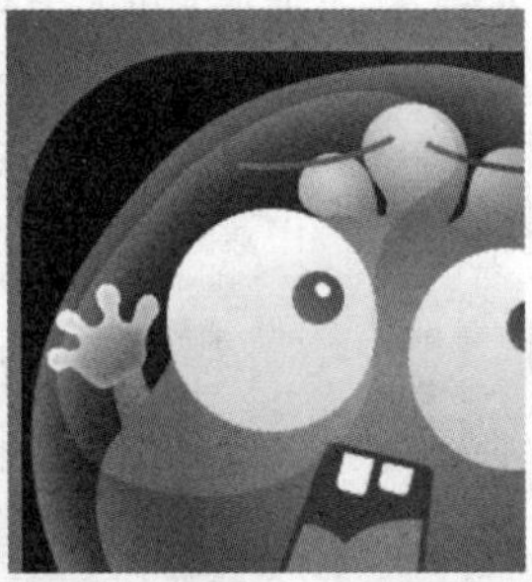

图9.185 设置图层混合模式

(54) 以同样方法在图标右下角再次绘制一个不规则图形，并为其设置相同图层混合模式制作高光，如图9.186所示。

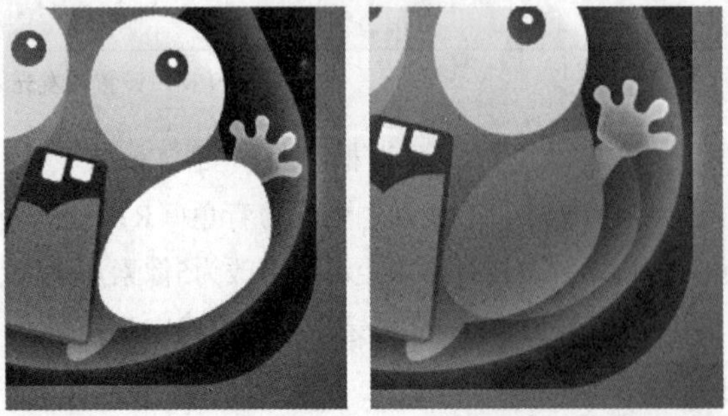

图9.186 制作高光

(55) 同时选中除“背景”之外所有图层，按Ctrl+G组合键将其编组，将生成的“组1”组拖至面板底部的“创建新图层”按钮上，复制一个“组1拷贝”组，按Ctrl+E组合键将其合并，将生成一个“组1拷贝”图层，如图9.187所示。

(56) 按Ctrl+T组合键对图像执行“自由变换”命令，单击鼠标右键，从弹出的快捷菜单中选择“垂直翻转”命令，完成之后按Enter键确认，将图像与原图像对齐，如图9.188所示。

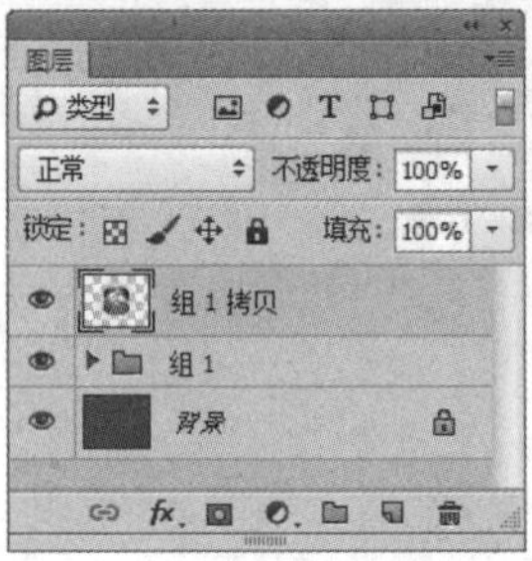

图9.187 合并组

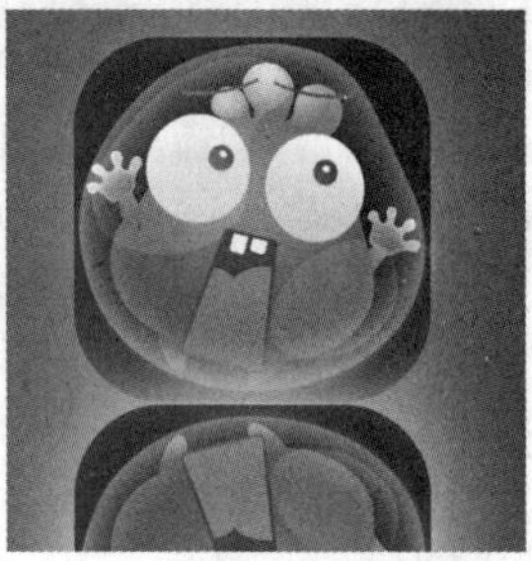

图9.188 变换图像

(57) 在“图层”面板中，选中“组1拷贝”图层，将其图层混合模式更改为“叠加”，“不透明度”更改为30%，再单击面板底部的“添加图层蒙版”按钮，为其添加图层蒙版。

(58) 选择工具箱中的“渐变工具”，编辑黑色到白色的渐变，单击选项栏中的“线性渐变”按钮，在图像上拖动，将部分图像隐藏制作倒影，如图9.189所示。

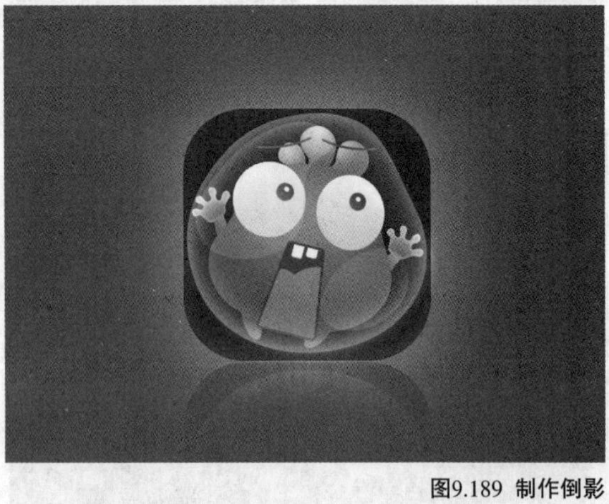

图9.189 制作倒影

9.8.3 制作应用界面

01 执行菜单栏中的“文件”|“新建”命令，在弹出的对话框中设置“宽度”为750像素，“高

度"为1334像素，"分辨率"为72像素/英寸。

02 执行菜单栏中的"文件"|"打开"命令，打开"背景.jpg、图标.psd"文件，将打开的素材拖入画布中并适当缩小，背景图像所在图层名称将自动更改为"图层1"，如图9.190所示。

图9.190 添加素材

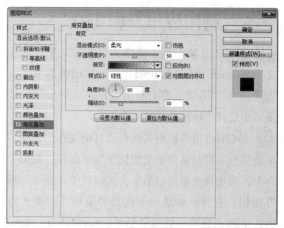

图9.191 设置渐变叠加

03 在"图层"面板中，选中"图层1"图层，单击面板底部的"添加图层样式" *fx* 按钮，在菜单中选择"渐变叠加"命令。

💡 技巧与提示

添加渐变叠加图层样式的目的是降低图像底部亮度，因此在其对话框打开的情况下，在画布中可按住鼠标左键向下移动。

04 在弹出的对话框中将"混合模式"更改为柔光，"不透明度"为50%，"渐变"更改为深蓝色（R：2，G：11，B：24）到深蓝色（R：2，G：11，B：24），"缩放"更改为50%，完成之后单击"确定"按钮，如图9.191所示。

05 在"图层"面板中，选中"图标"图层，单击面板底部的"添加图层样式" *fx* 按钮，在菜单中选择"外发光"命令。

06 在弹出的对话框中将"混合模式"更改为线性减淡（添加），"不透明度"更改为15%，"颜色"更改为青色（R：119，G：237，B：255），"大小"更改为60像素，如图9.192所示。

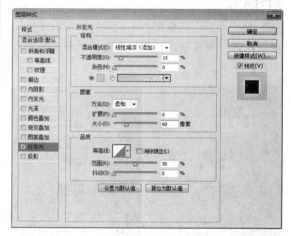

图9.192 设置外发光

07 勾选"内阴影"复选框，将"混合模式"更改为柔光，"颜色"为白色，取消"使用全局光"复选框，"角度"更改为-90度，"距离"更改为20像素，"大小"更改为32像素，完成之后单击"确定"按钮，如图9.193所示。

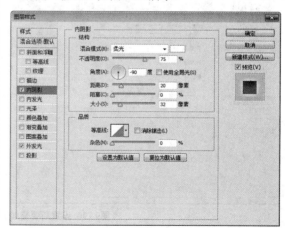

图9.193 设置内阴影

9.8.4 制作应用界面主题字

01 选择工具箱中的"横排文字工具" T，添加文字（Comic Sans MS Bold），如图9.194所示。

02 在文字图层名称上右击鼠标，从弹出的快捷菜单中选择"转换为形状"命令。

03 按Ctrl+T组合键对其执行"自由变换"命令，单击鼠标右键，从弹出的快捷菜单中选择"变形"命令，当出现变形框以后单击选项栏中"变形"后方按钮，在弹出的选项中选择"扇形"，将"弯曲"更改为25度，完成之后按Enter键确认，如图9.195所示。

04 在"图层"面板中，单击面板底部的"添加图层样式" fx 按钮，在菜单中选择"渐变叠加"命令。

图9.194 添加文字　　　图9.195 将文字变形

05 在弹出的对话框中将"渐变"更改为浅青色（R：211，G：251，B：255）到白色，如图9.196所示。

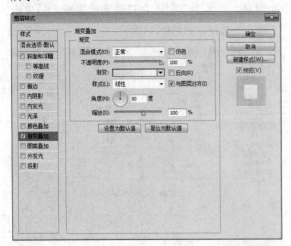

图9.196 设置渐变叠加

06 勾选"描边"复选框，将"大小"更改为20像素，"填充类型"更改为渐变，"渐变"更改为蓝色（R：25，G：83，B：156）到蓝色（R：0，G：163，B：228），如图9.197所示。

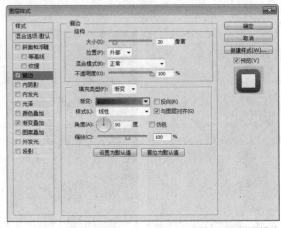

图9.197 设置描边

07 勾选"斜面和浮雕"复选框，将"大小"更改为3像素，"软化"更改为6像素，取消"使用全局光"复选框，"角度"更改为90度，"阴影模式"中的"颜色"更改为蓝色（R：20，G：100，B：171），完成之后单击"确定"按钮，如图9.198所示。

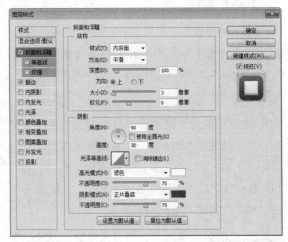

图9.198 设置斜面和浮雕

08 按住Ctrl键单击"矩形2"图层缩览图，将其载入选区，如图9.199所示。

09 执行菜单栏中的"选择"|"修改"|"扩展"命令，在弹出的对话框中将"扩展量"更改为25像素，完成之后单击"确定"按钮，如图9.200所示。

图9.199 载入选区　　　　图9.200 扩展选区

⑩ 单击面板底部的"创建新图层"  按钮，新建一个"图层2"图层，将其移至文字图层下方并将选区填充为浅青色（R：194，G：239，B：255），如图9.201所示。

⑪ 执行菜单栏中的"滤镜"|"模糊"|"高斯模糊"命令，在弹出的对话框中将"半径"更改为10像素，完成之后单击"确定"按钮，如图9.202所示。

图9.201 填充颜色　　　　图9.202 添加高斯模糊

9.8.5 按钮效果制作

① 选择工具箱中的"椭圆工具" ，在选项栏中将"填充"更改为白色，"描边"为无，按住Shift键绘制一个圆形，将生成一个"椭圆1"图层，如图9.203所示。

② 选中"椭圆1"图层，将其图层"不透明度"更改为0%，如图9.204所示。

③ 在"图层"面板中，单击面板底部的"添加图层样式" fx 按钮，在菜单中选择"内发光"命令。

④ 在弹出的对话框中将"混合模式"更改为颜色减淡，"不透明度"更改为60%，"颜色"更改为白色，"大小"更改为50像素，完成之后单击"确定"按钮，如图9.205所示。

图9.203 绘制图形　　　　图9.204 更改图层不透明度

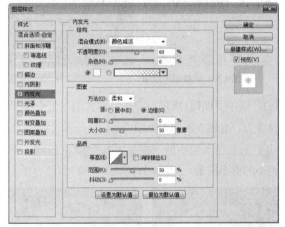

图9.205 设置内发光

⑤ 在"图层"面板中，选中"椭圆1"图层，将其拖至面板底部的"创建新图层"  按钮上，复制一个"椭圆1拷贝"在其图层名称上单击鼠标右键，从弹出的快捷菜单中选择"清除图层样式"命令，如图9.206所示。

⑥ 选中"椭圆1拷贝"图层，按Ctrl+T组合键对其执行"自由变换"命令，将图形等比缩小，完成之后按Enter键确认，如图9.207所示。

图9.206 复制图层　　　　图9.207 缩小图形

⑦ 在"图层"面板中，选中"椭圆1拷贝"图

层，单击面板底部的"添加图层蒙版" ▣ 按钮，为其添加图层蒙版，如图9.208所示。

⑧ 选择工具箱中的"渐变工具" ▥ ，编辑黑色到白色的渐变，单击选项栏中的"径向渐变" ◉ 按钮，在图形上拖动将部分图形隐藏，如图9.209所示。

 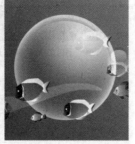

图9.208 添加图层蒙版　　　　图9.209 隐藏图形

⑨ 选中"椭圆1拷贝"图层，将其图层混合模式设置为"叠加"，如图9.210所示。

⑩ 选择工具箱中的"钢笔工具" ✎ ，绘制一个稍小的弧形图形，如图9.211所示。

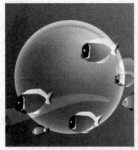 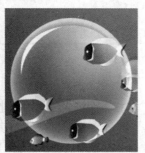

图9.210 设置图层混合模式　　　　图9.211 绘制图形

⑪ 在"图层"面板中，选中"椭圆1"图层，将其拖至面板底部的"创建新图层" ▣ 按钮上，复制一个"椭圆1拷贝2"将其移至所有图层上方，如图9.212所示。

⑫ 双击"椭圆1拷贝2"图层样式名称，在弹出的对话框中将"混合模式"更改为正常，"不透明度"更改为40%，完成之后单击"确定"按钮。

⑬ 按Ctrl+T组合键对图形执行"自由变换"命令，将其等比缩小，完成之后按Enter键确认，如图9.213所示。

图9.212 复制图层　　　　图9.213 缩小图形

⑭ 同时选中所有和透明圆形相关图层，按Ctrl+G组合键将其编组，将生成的组名称更改为"按钮"，将按钮图形复制两份并等比缩小，如图9.214所示。

⑮ 选择工具箱中的"横排文字工具" T ，添加文字（Comic Sans MS Bold），如图9.215所示。

图9.214 复制图形　　　　图9.215 添加文字

⑯ 在"Bubble"图层名称上单击鼠标右键，从弹出的快捷菜单中选择"拷贝图层样式"命令，在"play"图层名称上单击鼠标右键，从弹出的快捷菜单中选择"粘贴图层样式"命令。

⑰ 双击"play"图层样式名称，在弹出的对话框中选中"描边"复选框，将"宽度"更改为5像素，完成之后单击"确定"按钮，如图9.216所示。

图9.216 粘贴图层样式

⑱ 在"play"图层名称上单击鼠标右键，从弹出的快捷菜单中选择"拷贝图层样式"命令，同时选中"help"和"again"图层，在其图层名称上单击鼠标右键，从弹出的快捷菜单中选择"粘贴图层样式"命令，这样就完成了效果制作，最终效果如图9.217所示。

图9.217 最终效果

9.9 本章小结

本章详细讲解了游戏风格图标的设计，包括游戏进度条的制作、返回图标的制作、开始图标的制作等，还通过一个应用界面，剖析了游戏界面的制作技巧。

9.10 课后习题

本章通过两个课后练习，希望读者朋友在学习的同时，通过练习提高自身设计能力，体会制作精髓，达到快速提高的目的。

9.10.1 课后习题1——运行进度标示

素材位置：无
案例位置：源文件\第9章\运行进度标示.psd
视频位置：视频教学\9.10.1 课后习题1——运行进度标示.avi
难易指数：★★☆☆☆

本例讲解运行进度标示制作，本例将经典的文字与进度信息相结合，整个视觉效果传递了一种最为直接的信息，最终效果如图9.218所示。

扫码看视频

图9.218 最终效果

步骤分解如图9.219所示。

图9.219 步骤分解图

图9.219 步骤分解图（续）

9.10.2 课后习题2——宠物乐园图标

素材位置：无
案例位置：案例文件\第9章\宠物乐园图标.psd
视频位置：多媒体教学\9.10.2 课后习题2——宠物乐园图标.avi
难易指数：★★☆☆☆

　　本例讲解宠物乐园图标制作，本例通过形象的拟物化手法绘制此种类型图标，整个绘制过程稍显烦琐，尤其需要注意图层的前后顺序，最终效果如图9.220所示。

扫码看视频

步骤分解如图9.221所示。

图9.221 步骤分解图

图9.220 最终效果

第 **10** 章

质感风格图标设计

内容摘要

本章主要讲解质感风格图标的设计。图标设计除了注意色彩的重要性，还要注意质感的表现，不同质感可以表现出不同的用户体验，本章通过六个具体的实例，详细讲解了几种常见质感效果的设计表现方法，让读者快速掌握常用质感图标的设计技巧。

课堂学习目标

- 质感风格及设计解析
- 透明质感图标设计
- 糖果质感启动图标及主题界面
- 金属质感图标设计
- 原生纸质感图标设计

10.1 质感风格及设计解析

　　质感是物体通过表面呈现、材料材质和几何尺寸传递给人的视觉和触觉对这个物体的感官判断。在造型艺术中则把对不同物象用不同技巧所表现把握的真实感称为质感。不同的物质其表面的自然特质称天然质感，如空气、水、岩石、竹木等；而经过人工的处理的表现感觉则称人工质感，如砖、陶瓷、玻璃、布匹、塑胶等。不同的质感给人以软硬、虚实、滑涩、韧脆、透明与浑浊等多种感觉。

　　质感在设计中要注意材质自然特性，通过观察、接触自然界真实物体，细细品味它所带来的真实感受，在设计中注意光影、色泽、肌理、质地等因素，才能设计出逼真的效果。质感是一种视觉上的冲击效果，多为冷色系，金属感。质感风格图标效果如图10.1所示。

图10.1 质感风格图标效果

图10.1 质感风格图标效果（续）

10.2 金属质感图标

素材位置：	无
案例位置：	案例文件\第10章\金属质感图标.psd
视频位置：	多媒体教学\10.2 金属质感图标.avi
难易指数：	★★★☆☆

　　本例讲解金属质感图标制作，金属盒从字面上很容易理解，即绘制出金属质感的容器，此款图标具有相当真实的金属质感，同时与细节图像相结合，完美表现出应有的视觉效果，最终效果如图10.2所示。

扫码看视频

图10.2 最终效果

10.2.1 绘制金属盒

01 执行菜单栏中的"文件"|"新建"命令，在弹出的对话框中设置"宽度"为700像素，"高度"为550像素，"分辨率"为72像素/英寸，新建一个空白画布。

02 选择工具箱中的"渐变工具" ■，编辑深蓝色（R：29，G：48，B：60）到深蓝色（R：5，G：15，B：21）的渐变，单击选项栏中的"径向渐变" ■按钮，在画布中从中间向右下角方向拖动填充渐变，如图10.3所示。

03　选择工具箱中的"圆角矩形工具" ，在选项栏中将"填充"更改为白色，"描边"为无，"半径"为40像素，按住Shift键绘制一个圆角矩形，此时将生成一个"圆角矩形1"图层，如图10.4所示。

204，B：214），"不透明度"更改为100%，取消"使用全局光"复选框，将"角度"更改为90度，"距离"更改为1像素，完成之后单击"确定"按钮，如图10.6所示。

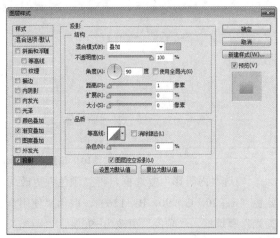

图10.6 设置投影

图10.3 绘制圆角矩形　　　图10.4 复制图层

04　在"图层"面板中，选中"圆角矩形1"图层，单击面板底部的"添加图层样式" fx 按钮，在菜单中选择"渐变叠加"命令。

05　在弹出的对话框中将"渐变"更改为灰色系渐变，"角度"为0度，如图10.5所示。

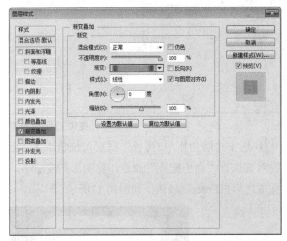

图10.5 设置渐变叠加

💡 技巧与提示

此处渐变色标位置及数量可参考下图进行设置。

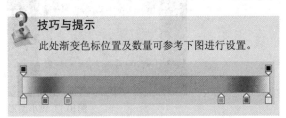

06　勾选"投影"复选框，将"混合模式"更改为叠加，"颜色"更改为蓝色（R：190，G：

07　选择工具箱中的"圆角矩形工具" ，在选项栏中将"填充"更改为白色，"描边"为无，"半径"为35像素，绘制一个圆角矩形，此时将生成一个"圆角矩形2"图层，如图10.7所示。

08　在"图层"面板中，选中"圆角矩形2"图层，将其拖至面板底部的"创建新图层" 🗋 按钮上，复制一个"圆角矩形2拷贝"图层，如图10.8所示。

图10.7 绘制圆角矩形　　　图10.8 复制图层

09　在"图层"面板中，选中"圆角矩形1拷贝"图层，单击面板底部的"添加图层样式" fx 按钮，在菜单中选择"渐变叠加"命令。

10　在弹出的对话框中将"渐变"更改为蓝色（R：0，G：138，B：186）到蓝色（R：0，G：220，B：253），如图10.9所示。

Photoshop CC移动UI图标设计实用教程

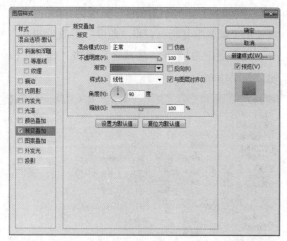

图10.9 设置渐变叠加

⑪ 勾选"内阴影"复选框,将"颜色"更改为蓝色(R: 20, G: 90, B: 126),取消"使用全局光"复选框,"角度"更改为-90度,"距离"更改为4像素,"大小"更改为24像素,如图10.10所示。

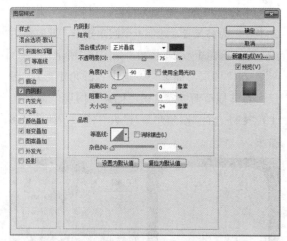

图10.10 设置内阴影

⑫ 勾选"内发光"复选框,将"混合模式"更改为正常,"颜色"更改为蓝色(R: 0, G: 79, B: 106),"大小"更改为6像素,完成之后单击"确定"按钮,如图10.11所示。

⑬ 勾选"投影"复选框,将"颜色"更改为蓝色(R: 0, G: 60, B: 83),取消"使用全局光"复选框,将"角度"更改为-90度,"距离"更改为3像素,"大小"更改为8像素,完成之后单击"确定"按钮,如图10.12所示。

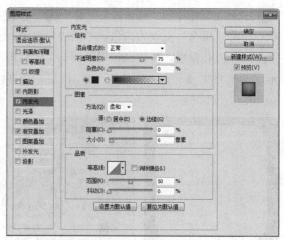

图10.11 设置内发光

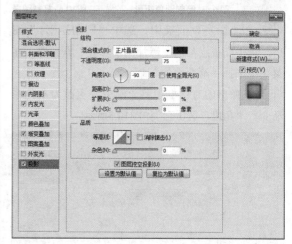

图10.12 设置投影

⑭ 选中"圆角矩形2拷贝"图层,按Ctrl+T组合键对其执行"自由变换"命令,将图形高度缩小,完成之后按Enter键确认,如图10.13所示。

图10.13 缩小图形

⑮ 在"图层"面板中,选中"圆角矩形2"图层,单击面板底部的"添加图层样式" fx 按钮,在菜单中选择"渐变叠加"命令。

⑯ 在弹出的对话框中将"渐变"更改为蓝色系渐变,"角度"为0度,如图10.14所示。

292

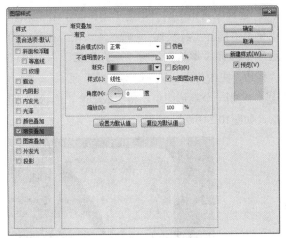

图10.14 设置渐变叠加

技巧与提示

此处渐变可参考图中色标数量及位置设置。

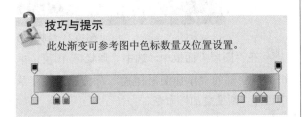

⑰ 勾选"投影"复选框,将"混合模式"更改为正常,"颜色"更改为蓝色(R:130,G:170,B:198),"不透明度"更改为75%,取消"使用全局光"复选框,将"角度"更改为−90度,"距离"更改为3像素,"大小"更改为8像素,完成之后单击"确定"按钮,如图10.15所示。

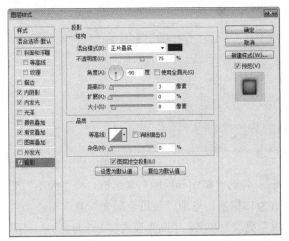

图10.15 设置投影

⑱ 选择工具箱中的"圆角矩形工具" ,在选项栏中将"填充"更改为白色,"描边"为无,"半径"为35像素,绘制一个圆角矩形,此时将生成一个"圆角矩形3"图层,如图10.16所示。

⑲ 执行菜单栏中的"滤镜"|"模糊"|"高斯模糊"命令,在弹出的对话框中将"半径"更改为8像素,完成之后单击"确定"按钮,如图10.17所示。

图10.16 绘制图形　　　图10.17 添加高斯模糊

⑳ 选中"圆角矩形3"图层,将其图层混合模式设置为"叠加",如图10.18所示。

图10.18 设置图层混合模式

10.2.2 制作图标细节图像

① 选择工具箱中的"圆角矩形工具" ,绘制1个细长圆角矩形,将生成一个"圆角矩形4"图层,如图10.19所示。

图10.19 绘制圆角矩形

② 在"图层"面板中,单击面板底部的"添加图层样式" fx 按钮,在菜单中选择"渐变叠加"命令。

③ 在弹出的对话框中将"渐变"更改为蓝色

（R：131，G：254，B：255）到浅蓝色（R：243，G：255，B：255）再到蓝色（R：131，G：254，B：255），"角度"为0度，完成之后单击"确定"按钮，如图10.20所示。

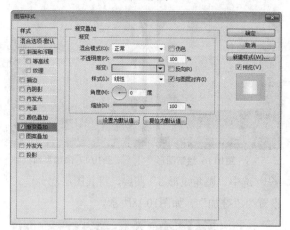

图10.20 设置渐变叠加

04 将圆角矩形向下移动复制3份，将生成对应的拷贝图层，如图10.21所示。

图10.21 复制图形

05 在"图层"面板中，选中"圆角矩形4拷贝3"图层，单击面板底部的"添加图层蒙版" 按钮，为其添加图层蒙版，如图10.22所示。

06 选择工具箱中的"渐变工具" ，编辑黑色到白色的渐变，单击选项栏中的"线性渐变" 按钮，在图形上拖动将部分图形隐藏，如图10.23所示。

图10.22 添加图层蒙版

图10.23 隐藏图像

07 选择工具箱中的"钢笔工具" ，在选项栏中单击"选择工具模式" 路径 按钮，在弹出的选项中选择"形状"，将"填充"更改为黑色，"描边"更改为无。

08 绘制一个笔形图形，将生成一个"形状1"图层，如图10.24所示。

图10.24 绘制图形

09 在"图层"面板中，选中"形状1"图层，单击面板底部的"添加图层样式" 按钮，在菜单中选择"渐变叠加"命令。

10 在弹出的对话框中将"渐变"更改为蓝色系渐变，"角度"更改为150度，"缩放"更改为50%，如图10.25所示。

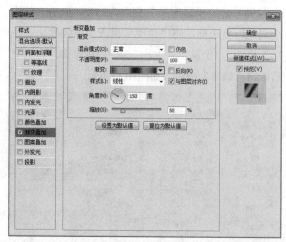

图10.25 设置渐变叠加

11 勾选"斜面和浮雕"复选框，将"大小"更改为13像素，取消"使用全局光"复选框，"角度"更改为90度，"高光模式"更改为叠加，"阴影模式"更改为叠加，"颜色"更改为白色，再将"不透明度"更改为30%，完成之后单击"确定"按钮，如图10.26所示。

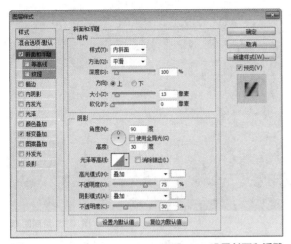

图10.26 设置斜面和浮雕

⑫ 选择工具箱中的"椭圆工具" ，在选项栏中将"填充"更改为白色，"描边"为无，在笔图像底部绘制一个椭圆，将生成一个"椭圆1"图层，将其移至"形状1"图层下方，如图10.27所示。

图10.27 绘制图形

⑬ 在"图层"面板中，单击面板底部的"添加图层样式" fx 按钮，在菜单中选择"渐变叠加"命令。

⑭ 在弹出的对话框中将"渐变"更改为白色到白色，"样式"更改为径向，完成之后单击"确定"按钮，如图10.28所示。

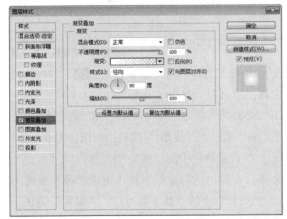

图10.28 设置渐变叠加

⑮ 选择工具箱中的"钢笔工具" ，在选项栏中单击"选择工具模式" 路径 按钮，在弹出的选项中选择"形状"，将"填充"更改为深蓝色（R：0，G：84，B：122），"描边"更改为无。

⑯ 在图像右下角位置绘制一个不规则图形，将生成一个"形状2"图层，如图10.29所示。

⑰ 执行菜单栏中的"滤镜"|"模糊"|"高斯模糊"命令，在弹出的对话框中将"半径"更改为4像素，完成之后单击"确定"按钮，再将其图层"不透明度"更改为70%，如图10.30所示。

图10.29 绘制图形　　　图10.30 添加高斯模糊

⑱ 选择工具箱中的"圆角矩形工具" ，在选项栏中将"填充"更改为黑色，"描边"为无，"半径"为40像素，在图标底部绘制一个圆角矩形，将其移至"背景"图层上方，如图10.31所示。

⑲ 按Ctrl+F组合键为其添加高斯模糊效果，再将其图层"不透明度"更改为70%，这样就完成了效果图制作，最终效果如图10.32所示。

图10.31 绘制图形　　　图10.32 最终效果

10.3 亲肤材质图标

素材位置：素材文件\第10章\亲肤材质图标
案例位置：案例文件\第10章\亲肤材质图标.psd
视频位置：多媒体教学\10.3 亲肤材质图标.avi
难易指数：★★☆☆☆

扫码看视频

本例讲解亲肤材质图标制作，此款图标表现出很强的亲肤质感，整体的色彩及视觉感觉十分舒适，在制作过程中重点注意图标材质的表现，最终效果如图10.33所示。

图10.33 最终效果

10.3.1 处理图标主轮廓

01 执行菜单栏中的"文件"|"新建"命令，在弹出的对话框中设置"宽度"为700像素，"高度"为550像素，"分辨率"为72像素/英寸，新建一个空白画布。

02 执行菜单栏中的"文件"|"打开"命令，打开"光晕.jpg"文件，将打开的素材拖入画布中并适当缩小，按Ctrl+E组合键向下合并，如图10.34所示。

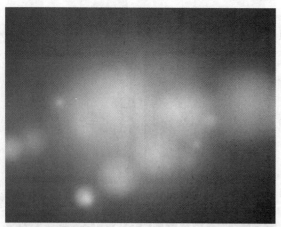

图10.34 添加素材

03 选择工具箱中的"圆角矩形工具" ▭ ，在选项栏中将"填充"更改为绿色（R：106，G：218，B：180），"描边"为无，"半径"更改为40像素，按住Shift键绘制一个圆角矩形，将生成一个"圆角矩形1"图层，如图10.35所示。

图10.35 绘制图形

04 在"图层"面板中，单击面板底部的"添加图层样式" *fx* 按钮，在菜单中选择"斜面和浮雕"命令。

05 在弹出的对话框中将"大小"更改为10像素，"软化"更改为8像素，取消"使用全局光"复选框，"角度"更改为90度，"高光模式"更改为叠加，"阴影模式"中的"不透明度"更改为20%，完成之后单击"确定"按钮，如图10.36所示。

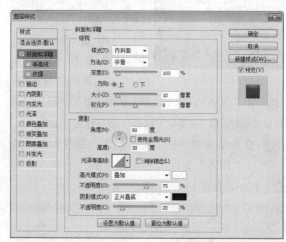

图10.36 设置斜面和浮雕

06 选择工具箱中的"矩形工具" ▭ ，在选项栏中将"填充"更改为浅绿色（R：241，G：252，B：255），"描边"为无，按住Shift键绘制一个矩形，将生成一个"矩形1"图层，如图10.37所示。

07 执行菜单栏中的"滤镜"|"扭曲"|"波浪"命令，在弹出的对话框中将"生成器数"更改为3，"波长"中的"最小"为15，"最大"为16，"波幅"中的"最小"为1，"最大"为6，完成之

后单击"确定"按钮，如图10.38所示。

图10.37 绘制矩形　　　图10.38 添加波浪

⑧ 在"图层"面板中，选中"矩形1"图层，将其拖至面板底部的"创建新图层" 按钮上，复制一个"矩形1拷贝"图层。

⑨ 在"图层"面板中，单击面板底部的"添加图层样式" fx 按钮，在菜单中选择"斜面和浮雕"命令。

⑩ 在弹出的对话框中将"样式"更改为浮雕效果，"大小"更改为5像素，"软化"更改为4像素，取消"使用全局光"复选框，"角度"更改为90度，"高光模式"中的"颜色"更改为绿色（R：90，G：238，B：160），"不透明度"更改为45%，"阴影模式"中的"颜色"更改为绿色（R：0，G：40，B：27），"不透明度"更改为30%，如图10.39所示。

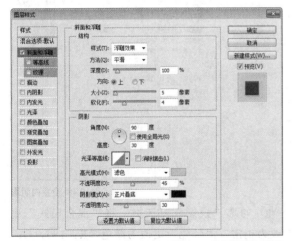

图10.39 设置斜面和浮雕

⑪ 勾选"外发光"复选框，将"混合模式"更改为正常，"不透明度"更改为40%，"颜色"更改为绿色（R：8，G：70，B：50），"大小"更改为5像素，完成之后单击"确定"按钮，如图10.40所示。

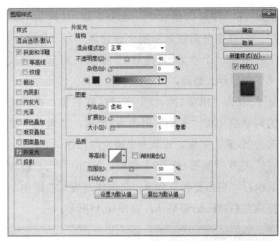

图10.40 设置外发光

⑫ 在"图层"面板中，选中"矩形1"图层，单击面板上方的"锁定透明像素" 按钮，将透明像素锁定，将图像填充为绿色（R：4，G：44，B：31），填充完成之后再次单击此按钮将其解除锁定，如图10.41所示。

⑬ 执行菜单栏中的"滤镜"|"模糊"|"高斯模糊"命令，在弹出的对话框中将"半径"更改为9像素，完成之后单击"确定"按钮，如图10.42所示。

图10.41 锁定透明像素并填充颜色　　图10.42 添加高斯模糊

⑭ 选中"矩形1"图层，将其图层混合模式设置为"叠加"，如图10.43所示。

图10.43 设置图层混合模式

⑮ 在"图层"面板中，选中"矩形1拷贝"图层，将其拖至面板底部的"创建新图层" 按钮上，复制一个"矩形1拷贝2"图层，将其"外发光"图层样式删除，如图10.44所示。

⑯ 双击"矩形1拷贝2"图层样式名称，在弹出的对话框中将"大小"更改为2像素，"软化"更改为2像素，完成之后单击"确定"按钮。

⑰ 选中"矩形1拷贝2"图层，按Ctrl+T组合键对其执行"自由变换"命令，将图像高度适当缩小，完成之后按Enter键确认，如图10.45所示。

图10.44 复制图层

图10.45 缩小图像

技巧与提示

在缩小图像时注意图像顶部与下方图像之间的对应关系，需要保证显示下方的发光效果。

10.3.2 处理细节图像

① 执行菜单栏中的"文件"|"打开"命令，打开"骨头.psd"文件，将打开的素材拖入画布中图标中间位置并适当缩小，如图10.46所示。

图10.46 添加素材

② 在"图层"面板中，选中"形状2"图层，单击面板底部的"添加图层样式" fx 按钮，在菜单中选择"渐变叠加"命令。

③ 在弹出的对话框中将"渐变"更改为绿色（R：140，G：234，B：191）到绿色（R：0，G：167，B：118），如图10.47所示。

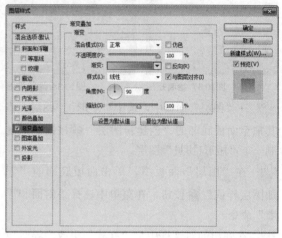
图10.47 设置渐变叠加

④ 勾选"内阴影"复选框，将"不透明度"更改为50%，取消"使用全局光"复选框，"角度"更改为90度，"距离"更改为1像素，如图10.48所示。

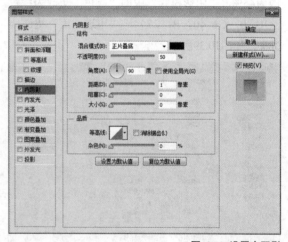
图10.48 设置内阴影

⑤ 勾选"投影"复选框，将"混合模式"更改为正常，"颜色"更改为绿色（R：185，G：255，B：216），"不透明度"更改为100%，取消"使用全局光"复选框，将"角度"更改为90度，"距离"更改为3像素，"大小"更改为5像素，完成之后单击"确定"按钮，如图10.49所示。

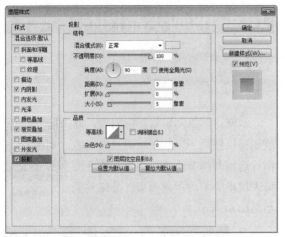

图10.49 设置投影

06　选择工具箱中的"钢笔工具" ，在选项栏中单击"选择工具模式" 路径 按钮，在弹出的选项中选择"形状"，将"填充"更改为黑色，"描边"更改为无。

07　在图标左侧边缘绘制一个不规则图形，将生成一个"形状3"图层，如图10.50所示。

08　执行菜单栏中的"滤镜"|"模糊"|"高斯模糊"命令，在弹出的对话框中将"半径"更改为2像素，完成之后单击"确定"按钮，如图10.51所示。

图10.50 绘制图形　　　　图10.51 添加高斯模糊

09　在"图层"面板中，选中"形状3"图层，将其拖至面板底部的"创建新图层" 按钮上，复制一个"形状 3 拷贝"图层，如图10.52所示。

10　选中"形状3拷贝"图层，，将图像移至右下角位置，按Ctrl+T组合键对其执行"自由变换"命令，单击鼠标右键，从弹出的快捷菜单中选择"水平翻转"命令，再单击鼠标右键，从弹出的快捷菜单中选择"垂直翻转"命令，完成之后按Enter键确认，如图10.53所示。

图10.52 复制图层　　　　图10.53 变换图像

11　同时选中除"背景"之外所有图层，按Ctrl+G组合键将其编组，将生成的"组1"组拖至面板底部的"创建新图层" 按钮上，复制一个"组1拷贝"组，按Ctrl+E组合键将其合并，将生成一个"组1拷贝"图层，如图10.54所示。

12　按Ctrl+T组合键对图像执行"自由变换"命令，单击鼠标右键，从弹出的快捷菜单中选择"垂直翻转"命令，完成之后按Enter键确认，将图像与原图像对齐，如图10.55所示。

图10.54 合并组　　　　图10.55 变换图像

13　执行菜单栏中的"滤镜"|"模糊"|"高斯模糊"命令，在弹出的对话框中将"半径"更改为3像素，完成之后单击"确定"按钮，如图10.56所示。

14　在"图层"面板中，选中"组1拷贝"图层，单击面板底部的"添加图层蒙版" 按钮，为其添加图层蒙版。

15　选择工具箱中的"渐变工具" ，编辑黑色到白色的渐变，单击选项栏中的"线性渐变" 按钮，在图像上拖动将部分图像隐藏制作倒影，如图10.57所示。

图10.56 添加高斯模糊　　　图10.57 隐藏图像

⑯ 选择工具箱中的"椭圆工具" ⬭，在选项栏中将"填充"更改为黑色，"描边"为无，在图标底部绘制一个椭圆图形，将生成一个"椭圆1"图层，如图10.58所示。

⑰ 执行菜单栏中的"滤镜"|"模糊"|"高斯模糊"命令，在弹出的对话框中将"半径"更改为3像素，完成之后单击"确定"按钮，如图10.59所示。

图10.58 绘制图形　　　图10.59 添加高斯模糊

⑱ 执行菜单栏中的"滤镜"|"模糊"|"动感模糊"命令，在弹出的对话框中将"角度"更改为0度，"距离"更改为70像素，设置完成之后单击"确定"按钮，这样就完成了效果制作，最终效果如图10.60所示。

图10.60 最终效果

10.4 钢制乐器图标

素材位置：素材文件\第10章\钢制乐器图标
案例位置：案例文件\第10章\钢制乐器图标.psd
视频位置：多媒体教学\10.4 钢制乐器图标.avi
难易指数：★★★★☆

本例讲解钢制乐器图标制作，此款图标以铁质为主纹理，通过完美的图标造型与细节质感相结合，整个图标表现出完美的质感效果，最终效果如图10.61所示。

扫码看视频

图10.61 最终效果

10.4.1 绘制主题轮廓

① 执行菜单栏中的"文件"|"新建"命令，在弹出的对话框中设置"宽度"为700像素，"高度"为550像素，"分辨率"为72像素/英寸，新建一个空白画布。

② 执行菜单栏中的"文件"|"打开"命令，打开"背景.jpg"文件，将打开的素材拖入画布中并适当缩小，按Ctrl+E组合键向下合并，如图10.62所示。

图10.62 添加素材

03 选择工具箱中的"圆角矩形工具" ，在选项栏中将"填充"更改为绿色（R：106，G：218，B：180），"描边"为无，"半径"更改为50像素，按住Shift键绘制一个圆角矩形，将生成一个"圆角矩形"，如图10.63所示。

图10.63 绘制图形

04 在"图层"面板中，选中"圆角矩形1"图层，将其拖至面板底部的"创建新图层"  按钮上，复制一个"圆角矩形1拷贝"图层。

05 在"图层"面板中，选中"圆角矩形1"图层，单击面板底部的"添加图层样式" fx 按钮，在菜单中选择"渐变叠加"命令。

06 在弹出的对话框中将"渐变"更改为灰色（R：128，G：105，B：131）到黄色（R：229，G：202，B：181），完成之后单击"确定"按钮，如图10.64所示。

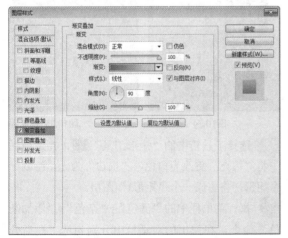

图10.64 设置渐变叠加

07 在"图层"面板中，选中"圆角矩形1拷贝"图层，单击面板底部的"添加图层样式" fx 按

钮，在菜单中选择"描边"命令。

08 在弹出的对话框中将"大小"更改为8像素，"位置"为内部，"填充类型"为渐变，"渐变"更改为蓝色（R：70，G：127，B：178）到蓝色（R：73，G：155，B：238），如图10.65所示。

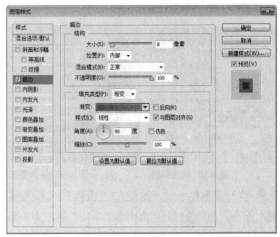

图10.65 设置描边

09 勾选"投影"复选框，将"混合模式"更改为叠加，"颜色"更改为白色，"不透明度"更改为75%，取消"使用全局光"复选框，将"角度"更改为90度，"距离"更改为1像素，"大小"更改为1像素，完成之后单击"确定"按钮，如图10.66所示。

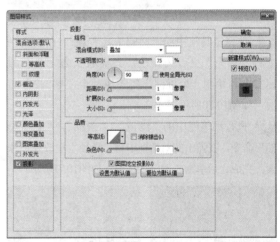

图10.66 设置投影

10 在"图层"面板中的"圆角矩形1拷贝"图层样式名称上右击鼠标，从弹出的快捷菜单中选择"创建图层"命令，此时将生成"'圆角矩形1拷贝'的内描边""圆角矩形1拷贝"及"'圆角矩形1拷贝'的投影"新的图层，如图10.67所示。

301

⑪ 选择工具箱中的"椭圆工具" ⬤，在选项栏中将"填充"更改为青色（R：5，G：177，B：220），"描边"为无，在图标右上角绘制一个圆，将生成一个"椭圆1"图层，将其移至"'圆角矩形1拷贝'的内描边"及"'圆角矩形1拷贝'的投影"之间，如图10.68所示。

图10.67 创建图层　　　　图10.68 绘制图形

⑫ 执行菜单栏中的"滤镜"|"模糊"|"高斯模糊"命令，在弹出的对话框中将"半径"更改为50像素，完成之后单击"确定"按钮，如图10.69所示。

图10.69 添加高斯模糊

⑬ 选择工具箱中的"椭圆工具" ⬤，在选项栏中将"填充"更改为白色，"描边"为无，在图标右上角绘制一个椭圆，将生成一个"椭圆2"图层，如图10.70所示。

⑭ 执行菜单栏中的"滤镜"|"模糊"|"高斯模糊"命令，在弹出的对话框中将"半径"更改为15像素，完成之后单击"确定"按钮，如图10.71所示。

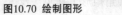

图10.70 绘制图形　　　　图10.71 添加高斯模糊

⑮ 执行菜单栏中的"滤镜"|"模糊"|"动感模糊"命令，在弹出的对话框中将"角度"更改为50度，"距离"更改为110像素，设置完成之后单击"确定"按钮，如图10.72所示。

⑯ 在"图层"面板中，选中"椭圆2"图层，将其图层混合模式设置为"叠加"，如图10.73所示。

图10.72 添加动感模糊　　图10.73 设置图层混合模式

10.4.2 制作乐器质感

① 将椭圆复制两份，并分别将其旋转，如图10.74所示。

② 选择工具箱中的"椭圆工具" ⬤，在选项栏中将"填充"更改为深黄色（R：216，G：146，B：110），"描边"为无，在图标位置绘制一个比图标大的圆，将生成一个"椭圆3"图层，如图10.75所示。

图10.74 复制图像　　　　图10.75 绘制圆

③ 选择工具箱中的"矩形工具" ▬，在选项栏中将"填充"更改为白色，"描边"为无，绘制一个矩形，将生成一个"矩形1"图层。

④ 执行菜单栏中的"滤镜"|"杂色"|"添加杂色"命令，在弹出的对话框中分别勾选"高斯分布"复选按钮及"单色"复选框，将"数量"更改为400%，完成之后单击"确定"按钮，如图10.76所示。

图10.76 设置添加杂色

05 执行菜单栏中的"滤镜"|"模糊"|"径向模糊"命令，在弹出的对话框中分别勾选"旋转"及"最好"单选按钮，将"数量"更改为100，完成之后单击"确定"按钮，如图10.77所示。

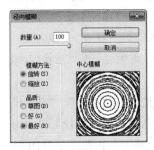

图10.77 设置径向模糊

06 按Ctrl+F组合键重复执行"径向模糊"命令，如图10.78所示。

07 执行菜单栏中的"滤镜"|"锐化"|"锐化"命令，再按Ctrl+F组合键数次重复执行"锐化"命令，如图10.79所示。

图10.78 重复模糊　　　图10.79 锐化图像

08 选中"矩形1"图层，按Ctrl+T组合键对其执行"自由变换"命令，将图形等比缩小，完成之后按Enter键确认，如图10.80所示。

09 在"图层"面板中，选中"矩形1"图层，将其图层混合模式设置为"叠加"，如图10.81所示。

图10.80 缩小图像　　　图10.81 设置图层混合模式

10 按住Ctrl键单击"椭圆1"图层缩览图，将其载入选区，如图10.82所示。

11 执行菜单栏中的"选择"|"反向"命令将选区反向，按Delete键将选区中图像删除，完成之后按Ctrl+D组合键将选区取消，如图10.83所示。

图10.82 载入选区　　　图10.83 删除图像

12 同时选中"矩形1"及"椭圆1"图层，按Ctrl+E组合键将图层合并，此时将生成一个"矩形1"图层。

13 按Ctrl+T组合键对图像执行"自由变换"命令，单击鼠标右键，从弹出的快捷菜单中选择"透视"命令，拖动变形框控制点将其变形再适当旋转，完成之后按Enter键确认，如图10.84所示。

图10.84 将图像变形

14 在"图层"面板中，选中"矩形1"图层，将其拖至面板底部的"创建新图层" 按钮上，复制一个"矩形1拷贝"图层。

15 在"图层"面板中，选中"矩形1拷贝"图层，单击面板底部的"添加图层样式" **fx** 按钮，在菜单中选择"渐变叠加"命令。

⑯ 在弹出的对话框中将"混合模式"更改为叠加，"渐变"更改为彩色系渐变，"样式"更改为角度，"角度"更改为45度，如图10.85所示。

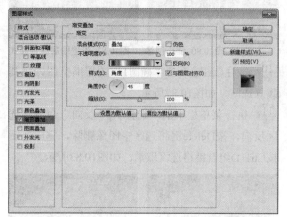

图10.85 设置渐变叠加

技巧与提示

此处彩色系渐变可参考以下色标数量及位置。

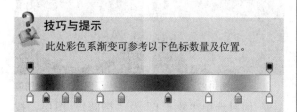

⑰ 勾选"投影"复选框，将"混合模式"更改为正常，"颜色"更改为深红色（R：46，G：24，B：17），"不透明度"更改为100%，取消"使用全局光"复选框，将"角度"更改为45度，"距离"更改为1像素，完成之后单击"确定"按钮，如图10.86所示。

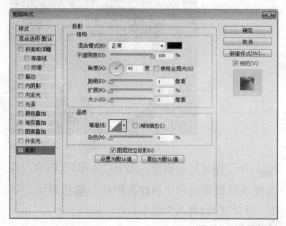

图10.86 设置投影

⑱ 将"矩形1拷贝"图层中图像向右上角方向稍微移动，如图10.87所示。

图10.87 移动图像

⑲ 选择工具箱中的"钢笔工具" ⬦，在选项栏中单击"选择工具模式" 路径 ⬦ 按钮，在弹出的选项中选择"形状"，将"填充"更改为青色（R：0，G：228，B：255），"描边"更改为无。

⑳ 绘制一个弧形图形，将生成一个"形状1"图层，如图10.88所示。

㉑ 执行菜单栏中的"滤镜"|"模糊"|"高斯模糊"命令，在弹出的对话框中将"半径"更改为5像素，完成之后单击"确定"按钮，如图10.89所示。

图10.88 绘制图形　　图10.89 添加高斯模糊

㉒ 选择工具箱中的"钢笔工具" ⬦，在选项栏中单击"选择工具模式" 路径 ⬦ 按钮，在弹出的选项中选择"形状"，将"填充"更改为深蓝色（R：29，G：30，B：51），"描边"更改为无。

㉓ 在图标左下角绘制一个三角形，将生成一个"形状2"图层，将其移至"矩形1"图层下方，如图10.90所示。

㉔ 执行菜单栏中的"滤镜"|"模糊"|"高斯模糊"命令，在弹出的对话框中将"半径"更改为5像素，完成之后单击"确定"按钮，如图10.91所示。

图10.90 绘制图形　　图10.91 添加高斯模糊

㉕ 按住Ctrl键单击"圆角矩形1"图层缩览图，将其载入选区，执行菜单栏中的"选择"|"反向"命令将选区反向，选中"形状2"图层，按Delete键将选区中图像删除，完成之后按Ctrl+D组合键将选区取消，如图10.92所示。

图10.92 载入选区并删除图像

10.4.3 绘制主题图像

① 选择工具箱中的"钢笔工具" ，在选项栏中单击"选择工具模式" 路径 按钮，在弹出的选项中选择"形状"，将"填充"更改为黑色，"描边"更改为无。

② 绘制一个细长图形，将生成一个"形状3"图层，如图10.93所示。

图10.93 绘制图形

③ 在"图层"面板中，单击面板底部的"添加图层样式" fx 按钮，在菜单中选择"渐变叠加"命令。

④ 在弹出的对话框中将"渐变"更改为灰色系渐变，"角度"更改为9度，完成之后单击"确定"按钮，如图10.94所示。

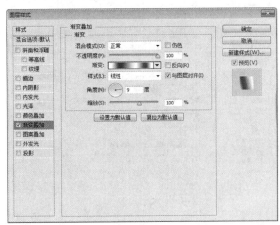

图10.94 设置渐变叠加

技巧与提示
此处灰色系渐变可参考以下色标数量及位置。

技巧与提示
光泽或者质感类图形图像的渐变一般以多个色标组成，其颜色值非并固定，可根据周围实际的图形进行设置。

⑤ 选择工具箱中的"椭圆工具" ，在选项栏中将"填充"更改为黑色，"描边"更改为无，在刚才绘制的图形底部按住Shift键绘制一个圆形，将生成一个"椭圆3"图层，如图10.95所示。

图10.95 绘制图形

⑥ 在"图层"面板中，单击面板底部的"添加图层样式" fx 按钮，在菜单中选择"渐变叠加"命令。

07 在弹出的对话框中将"渐变"更改为白色到灰色（R：86，G：75，B：79），"样式"更改为径向，"角度"为0度，完成之后单击"确定"按钮，如图10.96所示。

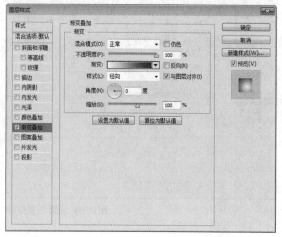

图10.96 设置渐变叠加

08 同时选中"椭圆3"及"形状3"图层，按Ctrl+G组合键将其编组，将生成一个"组 1"组，选中"组1"组，将其拖至面板底部的"创建新图层" 按钮上，复制一个"组1 拷贝"组，按Ctrl+E组合键将其合并，将生成一个"组1 拷贝"图层，如图10.97所示。

09 将图像移至右下角位置，如图10.98所示。

图10.97 复制组

图10.98 移动图像

❓ 技巧与提示

移动图像之后因右侧边缘无法与图标边缘对齐，可利用"矩形选框工具" 选中多余部分图像将其删除。

10 选择工具箱中的"钢笔工具" ，在选项栏中单击"选择工具模式" 路径 按钮，在弹出的选项中选择"形状"，将"填充"更改为深黄色

（R：67，G：45，B：37），"描边"更改为无。

11 在刚才绘制的图像左下角位置绘制一个不规则图形，将生成一个"形状4"图层，如图10.99所示。

12 执行菜单栏中的"滤镜"|"模糊"|"高斯模糊"命令，在弹出的对话框中将"半径"更改为2像素，完成之后单击"确定"按钮，如图10.100所示。

图10.99 绘制图形　　图10.100 添加高斯模糊

13 在"图层"面板中，选中"形状4"图层，单击面板底部的"添加图层蒙版" 按钮，为其图层添加图层蒙版，如图10.101所示。

14 选择工具箱中的"画笔工具" ，在画布中单击鼠标右键，在弹出的面板中选择一种圆角笔触，将"大小"更改为100像素，"硬度"更改为0%，如图10.102所示。

图10.101 添加图层蒙版

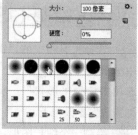

图10.102 设置笔触

15 将前景色更改为黑色，在图像上部分区域涂抹将其隐藏。

16 将隐藏后的图像向右下角复制一份，如图10.103所示。

图10.103 复制图像

⑰ 同时选中除"背景"之外所有图层，按Ctrl+G组合键将其编组，将生成的"组1"组拖至面板底部的"创建新图层" █ 按钮上，复制一个"组2拷贝"组，按Ctrl+E组合键将其合并，将生成一个"组2拷贝"图层，如图10.104所示。

⑱ 按Ctrl+T组合键对图像执行"自由变换"命令，单击鼠标右键，从弹出的快捷菜单中选择"垂直翻转"命令，完成之后按Enter键确认，将图像与原图像对齐，如图10.105所示。

图10.104 合并组 　　　　图10.105 变换图像

⑲ 执行菜单栏中的"滤镜"|"模糊"|"高斯模糊"命令，在弹出的对话框中将"半径"更改为2像素，完成之后单击"确定"按钮，如图10.106所示。

⑳ 在"图层"面板中，选中"组2拷贝"图层，单击面板底部的"添加图层蒙版" █ 按钮，为其添加图层蒙版。

㉑ 选择工具箱中的"渐变工具" ▓，编辑黑色到白色的渐变，单击选项栏中的"线性渐变" █ 按钮，在图像上拖动将部分图像隐藏制作倒影，如图10.107所示。

图10.106 添加高斯模糊 　　图10.107 隐藏图像

㉒ 选择工具箱中的"椭圆工具" ●，在选项栏中将"填充"更改为黑色，"描边"更改为无，在图标底部绘制一个椭圆形图形，将生成一个"椭圆4"图层，将其移至"背景"图层上方，如图10.108所示。

㉓ 执行菜单栏中的"滤镜"|"模糊"|"高斯模糊"命令，在弹出的对话框中将"半径"更改为3像素，完成之后单击"确定"按钮，如图10.109所示。

图10.108 绘制图形 　　图10.109 添加高斯模糊

㉔ 执行菜单栏中的"滤镜"|"模糊"|"动感模糊"命令，在弹出的对话框中将"角度"更改为0度，"距离"更改为70像素，设置完成之后单击"确定"按钮，这样就完成了效果制作，最终效果如图10.110所示。

图10.110 最终效果

10.5 透明质感图标

素材位置：无
案例位置：案例文件\第10章\透明质感图标.psd
视频位置：多媒体教学\10.5 透明质感图标.avi
难易指数：★★★☆☆

本例讲解透明质感图标制作，此款图标以完美的透明质感形式呈现，其制作过程比较简单，通过绘制云轮廓图形，并为其添加图层样式及制作阴影、高光质感效果，完成整个图标制作，最终效

扫码看视频

果如图10.111所示。

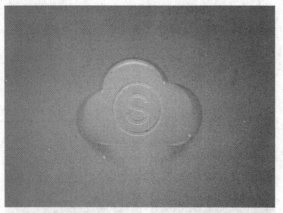

图10.111 最终效果

10.5.1 绘制主轮廓图形

01 执行菜单栏中的"文件"|"新建"命令，在弹出的对话框中设置"宽度"为600像素，"高度"为450像素，"分辨率"为72像素/英寸，"颜色模式"为RGB颜色，新建一个空白画布。

02 选择工具箱中的"渐变工具" ，编辑黄色（R：216，G：184，B：170）到紫色（R：127，G：110，B：152）的渐变，单击选项栏中的"径向渐变" 按钮，在画布中从中间向右下角拖动填充渐变，如图10.112所示。

图10.112 填充渐变

03 选择工具箱中的"圆角矩形工具" ，在选项栏中将"填充"更改为黑色，"描边"更改为无，"半径"为500像素，绘制一个圆角矩形，将生成一个"圆角矩形1"图层，如图10.113所示。

04 选择工具箱中的"椭圆工具" ，按住Shift键在圆角矩形右侧位置绘制一个圆添加至图形中，以

同样方法在上方再次绘制一个圆，如图10.114所示。

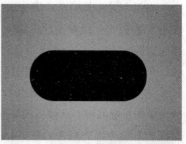

图10.113 绘制图形

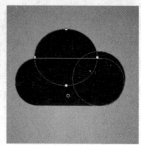

图10.114 绘制圆

05 在"图层"面板中，选中"圆角矩形1"图层，将其拖至面板底部的"创建新图层" 按钮上，复制一个"圆角矩形1拷贝"图层。

06 在"图层"面板中，单击面板底部的"添加图层样式" 按钮，在菜单中选择"内发光"命令。

07 在弹出的对话框中将"混合模式"更改为正常，"不透明度"更改为60%，"颜色"更改为紫色（R：165，G：130，B：162），"大小"更改为30像素，完成之后单击"确定"按钮，如图10.115所示。

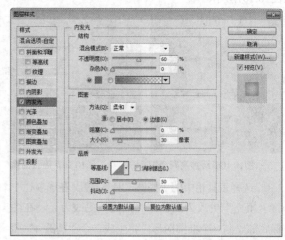

图10.115 设置内发光

⑧ 在"图层"面板中,选中"圆角矩形1"图层,将其图层"填充"更改为0%,如图10.116所示。

⑨ 选中"圆角矩形1拷贝"图层,将其"填充"更改为白色,再按Ctrl+T组合键对其执行"自由变换"命令,将图形缩小,完成之后按Enter键确认,如图10.117所示。

图10.116 更改填充

图10.117 缩小图形

⑩ 在"图层"面板中,选中"圆角矩形1拷贝"图层,将其图层混合模式设置为"柔光","不透明度"更改为60%,如图10.118所示。

图10.118 设置图层混合模式

⑪ 在"图层"面板中,选中"圆角矩形1拷贝"图层,单击面板底部的"添加图层蒙版" 按钮,为其图层添加图层蒙版,如图10.119所示。

⑫ 选择工具箱中的"渐变工具" ,编辑黑色到白色的渐变,单击选项栏中的"线性渐变" 按钮,在图形上拖动将部分图形隐藏,如图10.120所示。

⑬ 在"图层"面板中的"圆角矩形1"图层样式名称上右击鼠标,从弹出的快捷菜单中选择"创建图层"命令,此时将生成"'圆角矩形1'的内发光"新的图层。

图10.119 添加图层蒙版

图10.120 隐藏图像

⑭ 在"图层"面板中,选中"'圆角矩形1'的内发光"图层,单击面板底部的"添加图层蒙版" 按钮,为其图层添加图层蒙版,如图10.121所示。

⑮ 选择工具箱中的"画笔工具" ,在画布中单击鼠标右键,在弹出的面板中选择一种圆角笔触,将"大小"更改为150像素,"硬度"更改为0%,如图10.122所示。

图10.121 添加图层蒙版

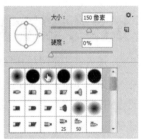
图10.122 设置笔触

⑯ 将前景色更改为黑色,在图像上部分区域涂抹将其隐藏,如图10.123所示。

图10.123 隐藏图像

⑰ 在"图层"面板中,选中"'圆角矩形1'的内发光"图层,单击面板上方的"锁定透明像素" 按钮,将透明像素锁定,如图10.124所示。

⑱ 将前景色更改为紫色（R：147，G：110，B：170），背景色更改为深黄色（R：164，G：120，B：104），在云图像部分区域涂抹增强颜色对比，如图10.125所示。

图10.124 锁定透明像素　　图10.125 添加颜色

技巧与提示

在添加颜色时，可适当更改画笔不透明度及大小，这样添加的颜色更加自然。

10.5.2 处理细节图像

① 选择工具箱中的"钢笔工具" ，在选项栏中单击"选择工具模式" 路径 ▾ 按钮，在弹出的选项中选择"形状"，将"填充"更改为白色，"描边"更改为无。

② 在云朵顶部绘制一个不规则图形，将生成一个"形状1"图层，如图10.126所示。

③ 执行菜单栏中的"滤镜"|"模糊"|"高斯模糊"命令，在弹出的对话框中将"半径"更改为1像素，完成之后单击"确定"按钮，再将其图层"不透明度"更改为60%，如图10.127所示。

图10.126 绘制图形　　图10.127 添加高斯模糊

④ 以同样方法在云朵图像底部位置再次绘制一个相似图形，并为其添加高斯模糊效果后适当降低图层不透明度制作高光，如图10.128所示。

图10.128 制作高光

⑤ 单击面板底部的"创建新图层" 按钮，新建一个"图层1"图层。

⑥ 选择工具箱中的"画笔工具" ，在画布中单击鼠标右键，在弹出的面板中选择一种圆角笔触，将"大小"更改为5像素，"硬度"更改为0%。如图10.129所示。

⑦ 将前景色更改为白色，在云朵部分位置单击添加高光亮点图像，如图10.130所示。

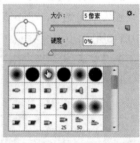

图10.129 设置笔触　　图10.130 添加亮点

⑧ 选择工具箱中的"钢笔工具" ，在选项栏中单击"选择工具模式" 路径 ▾ 按钮，在弹出的选项中选择"形状"，将"填充"更改为深紫色（R：46，G：34，B：50），"描边"更改为无。

⑨ 在云朵左下角绘制一个不规则图形，将生成一个"形状3"图层，如图10.131所示。

⑩ 执行菜单栏中的"滤镜"|"模糊"|"高斯模糊"命令，在弹出的对话框中将"半径"更改为8像素，完成之后单击"确定"按钮，如图10.132所示。

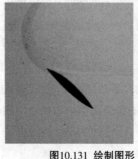

图10.131 绘制图形　　图10.132 添加高斯模糊

⑪ 执行菜单栏中的"滤镜"|"模糊"|"动感模糊"命令，在弹出的对话框中将"角度"更改为-45度，"距离"更改为70像素，设置完成之后单击"确定"按钮，如图10.133所示。

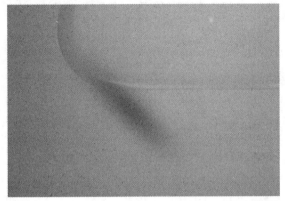

图10.133 添加动感模糊

⑫ 在"图层"面板中，选中"形状3"图层，单击面板底部的"添加图层蒙版" ⬛ 按钮，为其图层添加图层蒙版，如图10.134所示。

⑬ 选择工具箱中的"画笔工具" 🖌，在画布中单击鼠标右键，在弹出的面板中选择一种圆角笔触，将"大小"更改为100像素，"硬度"更改为0%，如图10.135所示。

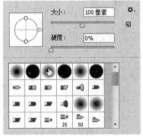

图10.134 添加图层蒙版　　　　图10.135 设置笔触

⑭ 将前景色更改为黑色，在图像上部分区域涂抹将其隐藏，如图10.136所示。

⑮ 在"图层"面板中，选中"形状 3"图层，将其拖至面板底部的"创建新图层" ⬛ 按钮上，复制一个"形状 3 拷贝"图层。

⑯ 将图像向右侧平移，再按Ctrl+T组合键对图像执行"自由变换"命令，单击鼠标右键，从弹出的快捷菜单中选择"水平翻转"命令，完成之后按Enter键确认，如图10.137所示。

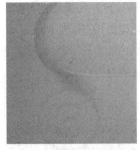

图10.136 隐藏图像　　　　　图10.137 复制图像

⑰ 同时选中除"背景"之外所有图层，按Ctrl+G组合键将其编组，将生成一个"组1"组，将其拖至面板底部的"创建新图层" ⬛ 按钮上，复制一个"组1 拷贝"组。

⑱ 按Ctrl+E组合键将"组1 拷贝"组合并，将生成一个"组 1拷贝"图层，将其图层混合模式更改为"柔光"，"不透明度"更改为60%，如图10.138所示。

图10.138 设置图层混合模式

❓ 技巧与提示

设置图层混合模式目的是增强透明质感，在其他类似的质感图形图像制作过程中，可根据实际的需要调整图层不透明度。

⑲ 选择工具箱中的"横排文字工具" **T**，添加文字（Arial），如图10.139所示。

⑳ 选择工具箱中的"椭圆工具" ⬤，在选项栏中将"填充"更改为无，"描边"为黑色，"宽度"为6点，按住Shift键绘制一个圆形，将生成一个"椭圆1"图层，如图10.140所示。

㉑ 在"图层"面板中，选中"S"图层，单击面板底部的"添加图层样式" **fx** 按钮，在菜单中选择"渐变叠加"命令。

㉒ 在弹出的对话框中将"渐变"更改为浅紫

色（R：210，G：182，B：227）到浅蓝色（R：163，G：213，B：255），如图10.141所示。

图10.139 添加文字　　图10.140 绘制图形

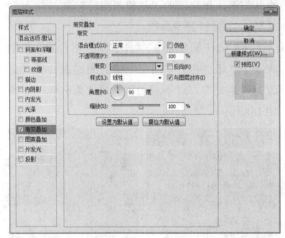

图10.141 设置渐变叠加

23 勾选"内阴影"复选框，将"混合模式"更改为叠加，取消"使用全局光"复选框，"角度"更改为90度，"距离"更改为1像素，"大小"更改为0像素，如图10.142所示。

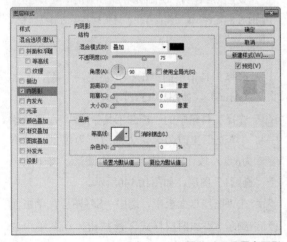

图10.142 设置内阴影

24 勾选"投影"复选框，将"混合模式"更改

为叠加，"颜色"更改为白色，取消"使用全局光"复选框，将"角度"更改为90度，"距离"更改为1像素，"大小"更改为0像素，完成之后单击"确定"按钮，如图10.143所示。

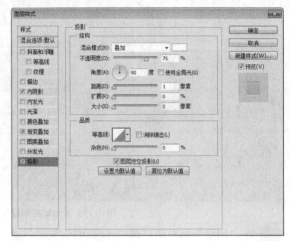

图10.143 设置投影

25 在"S"图层名称上单击鼠标右键，从弹出的快捷菜单中选择"拷贝图层样式"命令，在"椭圆1"图层名称上单击鼠标右键，从弹出的快捷菜单中选择"粘贴图层样式"命令，这样就完成了效果制作，最终效果如图10.144所示。

图10.144 最终效果

10.6 原生纸质感图标

素材位置：素材文件\第10章\原生纸质感图标
案例位置：案例文件\第10章\原生纸质感图标.psd
视频位置：多媒体教学\10.6 原生纸质感图标.avi
难易指数：★★★☆☆

扫码看视频

本例讲解原生纸质感图标制作，此款图标以原生纸质为主视觉，以牛仔面料作为辅

助纹理视觉，整个图标表现出很强的质感效果，在制作过程中注意质感的细节处理，最终效果如图10.145所示。

图10.145　最终效果

10.6.1　制作图标轮廓

01　执行菜单栏中的"文件"|"新建"命令，在弹出的对话框中设置"宽度"为600像素，"高度"为450像素，"分辨率"为72像素/英寸，"颜色模式"为RGB颜色，新建一个空白画布。

02　选择工具箱中的"渐变工具" ，编辑紫色（R：72，G：73，B：95）到紫色（R：38，G：40，B：50）的渐变，单击选项栏中的"径向渐变" 按钮，在画布中从中间向右下角拖动填充渐变，如图10.146所示。

图10.146　填充渐变

03　单击面板底部的"创建新图层" 按钮，新建一个"图层1"图层，将其填充为白色。

04　执行菜单栏中的"滤镜"|"杂色"|"添加杂色"命令，在弹出的对话框中分别勾选"高斯分布"复选按钮及"单色"复选框，将"数量"更改为3%，完成之后单击"确定"按钮，如图10.147所示。

05　在"图层"面板中，选中"图层1"图层，将其图层混合模式设置为"正片叠底"，如图10.148所示。

图10.147　添加杂色　　图10.148　设置图层混合模式

06　选择工具箱中的"圆角矩形工具" ，在选项栏中将"填充"更改为黄色（R：251，G：238，B：222），"描边"为无，"半径"为50像素，按住Shift键绘制一个圆角矩形，将生成一个"圆角矩形1"图层，如图10.149所示。

图10.149　绘制图形

07　在"图层"面板中，单击面板底部的"添加图层样式" 按钮，在菜单中选择"投影"命令。

08　在弹出的对话框中将"不透明度"更改为30%，取消"使用全局光"复选框，将"角度"更改为90度，"距离"更改为1像素，"大小"更改为1像素，完成之后单击"确定"按钮，如图10.150所示。

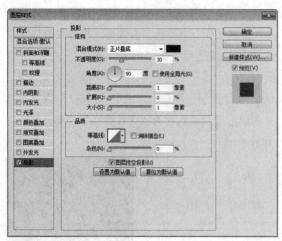

图10.150 设置投影

⑨ 选中"圆角矩形1"图层，将其拖至面板底部的"创建新图层"  按钮上，复制五个"拷贝"图层。

⑩ 分别选中复制生成的图层，按Ctrl+T组合键对其执行"自由变换"命令，将图形高度适当缩小，完成之后按Enter键确认，如图10.151所示。

图10.151 缩小图形

⑪ 选中最上方图层，将其图层名称更改为"纹理"，在其图层名称上单击鼠标右键，从弹出的快捷菜单中选择"清除图层样式"命令，再将其"填充"更改为黑色，如图10.152所示。

⑫ 选择工具箱中的"直接选择工具" ，选中圆角矩形底部两个锚点将其删除，再同时选中左下角和右下角锚点向上拖动缩短图形高度，如图10.153所示。

图10.152 更改颜色　　　　图10.153 缩短高度

10.6.2　添加细节图像

⑴ 在"图层"面板中，选中"纹理"图层，将其拖至面板底部的"创建新图层"  按钮上，复制一个"拷贝"图层，将图层名称更改为"缝线"，如图10.154所示。

⑵ 执行菜单栏中的"文件"|"打开"命令，打开"牛仔.jpg"文件，将打开的素材拖入画布中并适当缩小，其图层名称将更改为"图层2"，将其移至"纹理"图层上方，如图10.155所示。

图10.154 复制图层　　　图10.155 添加素材

⑶ 选中"图层2"图层，执行菜单栏中的"图层"|"创建剪贴蒙版"命令，为当前图层创建剪贴蒙版将部分图像隐藏，如图10.156所示。

⑷ 选择工具箱中的"横排文字工具" ，添加字符（Arial Bold），如图10.157所示。

图10.156 创建剪贴蒙版　　图10.157 添加字符

⑸ 在"图层"面板中，单击面板底部的"添

加图层样式" fx 按钮，在菜单中选择"斜面和浮雕"命令。

06 在弹出的对话框中将"样式"更改为枕状浮雕，"大小"更改为1像素，"软化"更改为1像素，如图10.158所示。

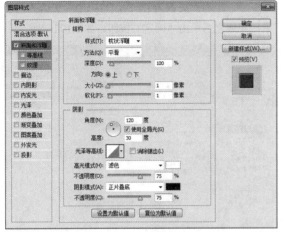

图10.158 设置斜面和浮雕

07 勾选"投影"复选框，将"混合模式"更改为叠加，"颜色"为白色，"距离"更改为1像素，"大小"更改为1像素，完成之后单击"确定"按钮，如图10.159所示。

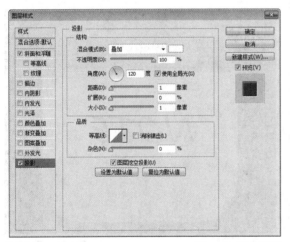

图10.159 设置投影

08 选择工具箱中的"矩形工具" ，在选项栏中将"填充"更改为白色，"描边"为无，绘制一个矩形，将生成一个"矩形1"图层，将其移至"圆角矩形1拷贝4"图层上方，如图10.160所示。

09 执行菜单栏中的"滤镜"|"杂色"|"添加杂

色"命令，在弹出的对话框中分别勾选"高斯分布"复选按钮及"单色"复选框，将"数量"更改为3%，完成之后单击"确定"按钮，如图10.161所示。

图10.160 绘制图形　　　图10.161 添加杂色

10 选中"矩形1"图层，将其图层"混合模式"更改为正片叠底，再执行菜单栏中的"图层"|"创建剪贴蒙版"命令，为当前图层创建剪贴蒙版将部分图像隐藏，如图10.162所示。

图10.162 创建剪贴蒙版

11 选择工具箱中的"钢笔工具" ，在选项栏中单击"选择工具模式" 路径 按钮，在弹出的选项中选择"形状"，将"填充"更改为黑色，"描边"更改为无。

12 在图标右下角位置绘制一个不规则图形，将生成一个"形状1"图层，如图10.163所示。

图10.163 绘制图形

⑬ 在"图层"面板中，单击面板底部的"添加图层样式" fx 按钮，在菜单中选择"渐变叠加"命令。

⑭ 在弹出的对话框中将"渐变"更改为黄色（R：245，G：220，B：194）到浅黄色（R：255，G：252，B：248），"角度"更改为137度，"缩放"更改为50%，完成之后单击"确定"按钮，如图10.164所示。

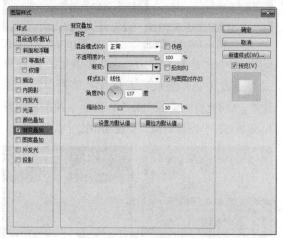

图10.164 设置渐变叠加

⑮ 选择工具箱中的"钢笔工具" ，在选项栏中单击"选择工具模式" 路径 ÷ 按钮，在弹出的选项中选择"形状"，将"填充"更改为黑色，"描边"更改为无。

⑯ 在图标右下角位置绘制一个不规则图形，将生成一个"形状2"图层，将其移至"矩形1"图层下方，如图10.165所示。

⑰ 在"图层"面板中，选中"形状2"图层，将其图层"填充"更改为0%，如图10.166所示。

图10.165 绘制图形　　　图10.166 更改填充

技巧与提示

将"形状2"图层移至"形状1"图层下方之后将自动创建剪贴蒙版。

⑱ 在"图层"面板中，单击面板底部的"添加图层样式" fx 按钮，在菜单中选择"内阴影"命令。

⑲ 在弹出的对话框中将"颜色"更改为深黄色（R：68，G：38，B：2），"不透明度"更改为45%，"距离"更改为5像素，"大小"更改为13像素，完成之后单击"确定"按钮，如图10.167所示。

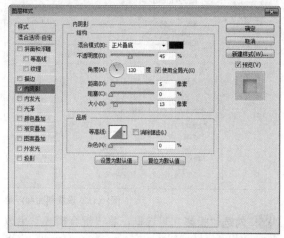

图10.167 设置内阴影

⑳ 选择工具箱中的"横排文字工具" T，添加文字（MV Boli），如图10.168所示。

图10.168 添加文字

㉑ 在"图层"面板中，单击面板底部的"添加图层样式" fx 按钮，在菜单中选择"内阴影"命令。

㉒ 在弹出的对话框中将"不透明度"更改为50%，"距离"更改为1像素，如图10.169所示。

㉓ 勾选"投影"复选框，将"混合模式"更改为正常，"颜色"更改为白色，"不透明度"更改为100%，"距离"更改为2像素，"大小"更改为

2像素，完成之后单击"确定"按钮，如图10.170所示。

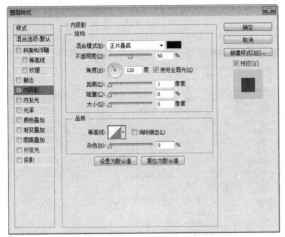

图10.169 设置内阴影

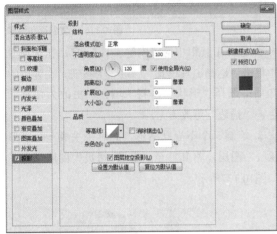

图10.170 设置投影

㉔ 选择工具箱中的"圆角矩形工具" ▦ ，在选项栏中将"填充"更改为灰色（R：24，G：25，B：37），"描边"为无，"半径"为50像素，绘制一个圆角矩形，将生成一个"圆角矩形2"图层，将其移至"背景"图层上方，如图10.171所示。

图10.171 绘制图形

㉕ 执行菜单栏中的"滤镜"|"模糊"|"动感模糊"命令，在弹出的对话框中将"角度"更改为90度，"距离"更改为30像素，设置完成之后单击"确定"按钮，这样就完成了效果制作，最终效果如图10.172所示。

图10.172 最终效果

10.7 糖果质感启动图标及主题界面

素材位置：素材文件\第10章\糖果质感启动图标及主题界面
案例位置：案例文件\第10章\糖果质感启动图标.psd、糖果质感主题界面.psd
视频位置：多媒体教学\10.7 糖果质感启动图标及主题界面.avi
难易指数：★★★☆☆

本例讲解糖果质感启动图标及主题界面制作，本例中图标以棒棒糖为参考图像，利用图形组合的形式并通过图层样式实现拟物化效果，在界面制作过程中以真实的木纹质感作为主视觉图像，将糖果质感与之相结合，整个界面表现出十分漂亮的质感效果，最终效果如图10.173所示。

扫码看视频

图10.173 最终效果

10.7.1 质感启动图标制作

01 执行菜单栏中的"文件"|"新建"命令，在弹出的对话框中设置"宽度"为400像素，"高度"为300像素，"分辨率"为72像素/英寸，新建一个空白画布。

02 选择工具箱中的"椭圆工具" ⬭，在选项栏中将"填充"更改为黑色，"描边"为无，按住Shift键绘制一个圆形，将生成一个"椭圆1"图层，如图10.174所示。

图10.174 绘制圆

03 在"图层"面板中，选中"椭圆1"图层，单击面板底部的"添加图层样式" *fx* 按钮，在菜单中选择"渐变叠加"命令。

04 在弹出的对话框中将"渐变"更改为绿色（R：12，G：169，B：0）到绿色（R：21，G：210，B：34），如图10.175所示。

图10.175 设置渐变叠加

05 勾选"斜面和浮雕"复选框，将"方法"更改为雕刻清晰，"大小"更改为10像素，"软化"更改为10像素，"光泽等高线"更改为环形-双，

"高光模式"更改为叠加，"不透明度"更改为70%，"阴影模式"更改为叠加，"不透明度"更改为45%，完成之后单击"确定"按钮，如图10.176所示。

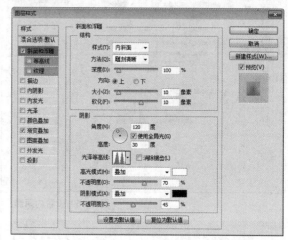

图10.176 设置斜面和浮雕

06 选择工具箱中的"钢笔工具" ✎，在选项栏中单击"选择工具模式" 路径 ⬍ 按钮，在弹出的选项中选择"形状"，将"填充"更改为任意颜色，"描边"更改为无。

07 绘制一个不规则图形，此时将生成一个"形状1"图层，将其移至"椭圆1拷贝"图层下方，如图10.177所示。

图10.177 绘制图形

08 在"图层"面板中，选中"形状1"图层，单击面板底部的"添加图层样式" *fx* 按钮，在菜单中选择"渐变叠加"命令。

09 在弹出的对话框中将"渐变"更改为浅绿色（R：97，G：220，B：48）到绿色（R：12，G：169，B：0），"角度"为0度，如图10.178所示。

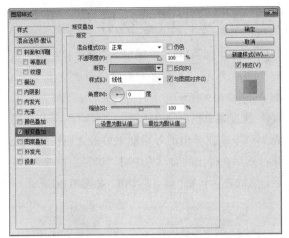

图10.178 设置渐变叠加

⑩ 勾选"斜面和浮雕"复选框,将"大小"更改为2像素,取消"使用全局光"复选框,"角度"更改为90度,"高光模式"更改为叠加,"不透明度"更改为70%,"阴影模式"更改为叠加,"不透明度"更改为45%,如图10.179所示。

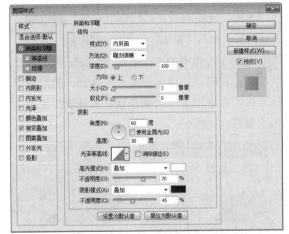

图10.179 设置斜面和浮雕

⑪ 勾选"外发光"复选框,将"混合模式"更改为正常,"不透明度"为30%,"颜色"为绿色(R:3,G:70,B:0),"大小"为5像素,完成之后单击"确定"按钮,如图10.180所示。

⑫ 在"形状1"图层名称上单击鼠标右键,从弹出的快捷菜单中选择"栅格化图层样式"命令。

⑬ 按Ctrl+Alt+T组合键对其执行复制变换命令,当出现变形框以后,在选项栏中"旋转"后方文本框中输入60,完成之后单击"确定"按钮,如图10.181所示。

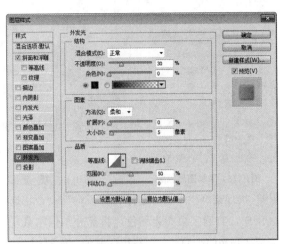

图10.180 设置外发光

图10.181 复制变换

⑭ 按住Ctrl+Alt+Shift组合键同时按T键多次,执行多重复制命令,将图形复制多份,如图10.182所示。

⑮ 同时选中所有和"形状1"相关图层,按Ctrl+G组合键将其编组,将生成的组名称更改为"花纹",如图10.183所示。

图10.182 多重复制　　　图10.183 将图层编组

⑯ 在"图层"面板中,选中"花纹"组,单击面板底部的"添加图层蒙版" ■ 按钮,为其添加图层蒙版,如图10.184所示。

⑰ 按住Ctrl键单击"椭圆1"图层缩览图,将其载入选区,如图10.185所示。

图10.184 添加图层蒙版

图10.185 载入选区

⑱ 执行菜单栏中的"选择"|"反向"命令将选区反向，将选区填充为黑色，将部分图像隐藏，完成之后按Ctrl+D组合键将选区取消，如图10.186所示。

⑲ 在"图层"面板中的"椭圆1"图层样式名称上右击鼠标从弹出的快捷菜单中选择"创建图层"命令，此时将生成"'椭圆1'的内斜面高光""'椭圆1'的内斜面阴影"及"'椭圆1'的渐变填充"三个新的图层，如图10.187所示。

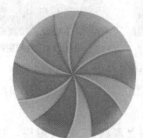

图10.186 隐藏图形

图10.187 创建图层

⑳ 选中"'椭圆1'的内斜面高光"图层，将其移至"花纹"组上方，如图10.188所示。

㉑ 按住Ctrl键单击"椭圆1"图层缩览图，将其载入选区，执行菜单栏中的"选择"|"反向"命令将选区反向，选中"'椭圆1'的内斜面高光"图层，将选区中图像删除，完成之后按Ctrl+D组合键将选区取消，如图10.189所示。

图10.188 更改图层顺序

图10.189 删除图像

10.7.2 完善质感效果

⑴ 选中"椭圆1拷贝"图层，在属性栏中将"填充"更改为无，"描边"为白色，"宽度"为6点，如图10.190所示。

⑵ 执行菜单栏中的"滤镜"|"模糊"|"高斯模糊"命令，在弹出的对话框中单击"栅格化"按钮，然后在弹出的对话框中将"半径"更改为5像素，完成之后单击"确定"按钮，如图10.191所示。

图10.190 更改属性　　　图10.191 添加高斯模糊

⑶ 在"图层"面板中，选中"椭圆1拷贝"图层，单击面板底部的"添加图层蒙版" ◙ 按钮，为其图层添加图层蒙版，如图10.192所示。

⑷ 选择工具箱中的"画笔工具" ✎，在画布中单击鼠标右键，在弹出的面板中选择一种圆角笔触，将"大小"更改为60像素，"硬度"更改为0%，如图10.193所示。

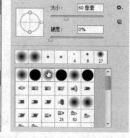

图10.192 添加图层蒙版　　　图10.193 设置笔触

⑸ 将前景色更改为黑色，在图像上部分区域涂抹隐藏，如图10.194所示。

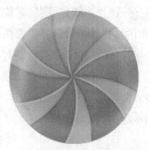

图10.194 隐藏图像

06 同时选中除"背景"之外所有图层,按Ctrl+G组合键将其编组,将生成的组名称更改为"糖"。

07 在"图层"面板中,单击面板底部的"添加图层样式"*fx*按钮,在菜单中选择"斜面和浮雕"命令。

08 在弹出的对话框中将"大小"更改为10像素,取消"使用全局光"复选框,"角度"更改为90度,"高光模式"更改为叠加,"不透明度"更改为100%,"阴影模式"更改为叠加,"不透明度"更改为50%,完成之后单击"确定"按钮,如图10.195所示。

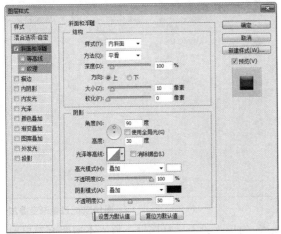

图10.195 设置斜面和浮雕

09 选择工具箱中的"椭圆工具"⬤,在选项栏中将"填充"更改为无,"描边"更改为白色,"宽度"更改为3点,按住Shift键绘制一个圆形,将生成一个"椭圆2"图层,如图10.196所示。

10 执行菜单栏中的"滤镜"|"模糊"|"高斯模糊"命令,在弹出的对话框中将"半径"更改为5像素,完成之后单击"确定"按钮,如图10.197所示。

图10.196 绘制图形

图10.197 添加高斯模糊

11 选择工具箱中的"圆角矩形工具"⬛,在选项栏中将"填充"更改为黄色(R:209,G:203,B:170),"描边"为无,"半径"为10像素,在图像位置按住Shift键绘制一个圆角矩形,将生成一个"圆角矩形1"图层,将其移至"背景"图层上方,如图10.198所示。

图10.198 绘制图形

12 按住Ctrl键单击"矩形2"图层缩览图,将其载入选区,执行菜单栏中的"选择"|"反向"命令将选区反向,如图10.199所示。

13 选中"'椭圆1'的内斜面高光"图层,按Delete键将选区中图像删除,完成之后按Ctrl+D组合键将选区取消,如图10.200所示。

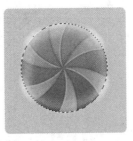
图10.199 载入选区

图10.200 删除图像

技巧与提示

由于在绘制绿色糖果图像时,无法观察到周围图像效果,因此在绘制圆角矩形之后,可将多余的图像部分删除。

14 在"图层"面板中,选中"圆角矩形1"图层,单击面板底部的"添加图层样式"*fx*按钮,在菜单中选择"图案叠加"命令。

⑮ 在弹出的对话框中将"混合模式"更改为正片叠底,"图案"为"彩色纸"|"金色羊皮纸",如图10.201所示。

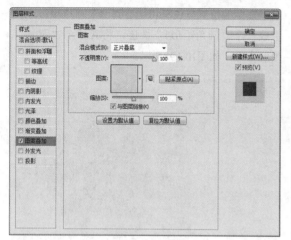

图10.201 设置图案叠加

⑯ 勾选"渐变叠加"复选框,将"混合模式"更改为柔光,"不透明度"更改为35%,"渐变"更改为黑色到黑色,将第2个黑色色标"不透明度"更改为0%,完成之后单击"确定"按钮,如图10.202所示。

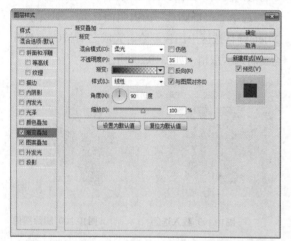

图10.202 设置渐变叠加

⑰ 选择工具箱中的"矩形工具",在选项栏中将"填充"更改为黑色,"描边"为无,绘制一个矩形,将生成一个"矩形1"图层,如图10.203所示。

⑱ 在"图层"面板中,单击面板底部的"添加图层样式" fx 按钮,在菜单中选择"渐变叠加"命令。

图10.203 绘制图形

⑲ 在弹出的对话框中将"渐变"更改为灰色(R:180,G:180,B:180)到白色,"角度"更改为0度,如图10.204所示。

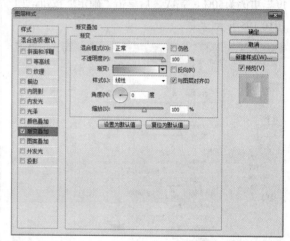

图10.204 设置渐变叠加

⑳ 勾选"投影"复选框,将"不透明度"更改为20%,取消"使用全局光"复选框,将"角度"更改为0度,"距离"更改为2像素,"大小"更改为2像素,完成之后单击"确定"按钮,如图10.205所示。

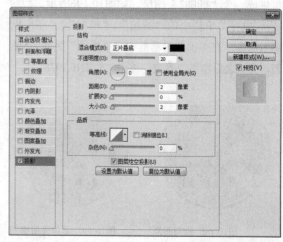

图10.205 设置投影

10.7.3 处理界面背景

(01) 执行菜单栏中的"文件"|"新建"命令，在弹出的对话框中设置"宽度"为720像素，"高度"为1280像素，"分辨率"为72像素/英寸，新建一个空白画布。

(02) 执行菜单栏中的"文件"|"打开"命令，打开"木纹.jpg"文件，将打开的素材拖入画布中并适当缩小，其图层名称将更改为"图层1"，如图10.206所示。

(03) 在"图层"面板中，选中"图层1"图层，将其拖至面板底部的"创建新图层" 按钮上，复制一个"图层1拷贝"图层，将"图层1拷贝"图层"混合模式"更改为正片叠底，如图10.207所示。

图10.206 添加素材　图10.207 设置图层混合模式

(04) 在"图层"面板中，选中"图层1"图层，按Ctrl+E组合键向下合并。

(05) 选中"图1拷贝"图层，单击面板底部的"添加图层蒙版" 按钮，为其添加图层蒙版，如图10.208所示。

(06) 选择工具箱中的"渐变工具" ，编辑黑色到白色的渐变，单击选项栏中的"线性渐变" 按钮，在图像上拖动将部分图像隐藏，如图10.209所示。

图10.208 添加图层蒙版　　　图10.209 隐藏图像

(07) 选择工具箱中的"椭圆工具" ，在选项栏中将"填充"更改为灰色（R：237，G：233，B：232），"描边"为无，按住Shift键绘制一个圆形，将生成一个"椭圆1"图层，如图10.210所示。

(08) 在"图层"面板中，选中"椭圆1"图层，将其拖至面板底部的"创建新图层" 按钮上，复制三个"拷贝"图层，分别将其图层名称更改为"内部""凸起""边缘"及"主体"，如图10.211所示。

图10.210 绘制图形　　　图10.211 复制图层

(09) 在"图层"面板中，单击面板底部的"添加图层样式" 按钮，在菜单中选择"斜面和浮雕"命令。

(10) 在弹出的对话框中将"大小"更改为2像素，取消"使用全局光"复选框，"角度"更改为90度，"高光模式"中的"不透明度"更改为100%，"阴影模式"中的"不透明度"更改为20%，完成之后单击"确定"按钮，如图10.212所示。

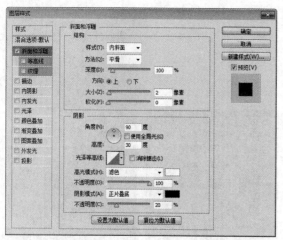

图10.212 设置斜面和浮雕

⑪ 勾选"投影"复选框,将"颜色"更改为深黄色(R:113,G:62,B:25),"不透明度"更改为60%,取消"使用全局光"复选框,将"角度"更改为90度,"距离"更改为10像素,"大小"更改为20像素,完成之后单击"确定"按钮,如图10.213所示。

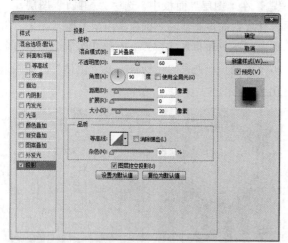

图10.213 设置投影

⑫ 选中"边缘"图层,按Ctrl+T组合键对其执行"自由变换"命令,将图形等比缩小,完成之后按Enter键确认,如图10.214所示。

⑬ 在"图层"面板中,单击面板底部的"添加图层样式" *fx* 按钮,在菜单中选择"描边"命令,在弹出的对话框中将"大小"更改为8像素,"位置"更改为内部,"填充类型"更改为渐变,"渐变"更改为绿色(R:150,G:206,B:102)到绿色(R:90,G:158,B:50),"角度"更改为0

度,完成之后单击"确定"按钮,如图10.215所示。

图10.214 缩小图像

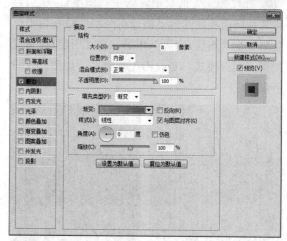

图10.215 添加描边

⑭ 勾选"外发光"复选框,将"混合模式"更改为正常,"颜色"更改为绿色(R:150,G:206,B:102),"扩展"更改为2%,"大小"更改为5像素,完成之后单击"确定"按钮,如图10.216所示。

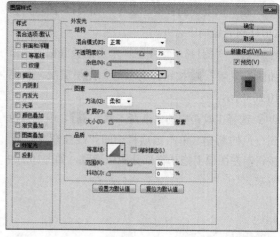

图10.216 设置外发光

⑮ 选中"凸起"图层，按Ctrl+T组合键对其执行"自由变换"命令，将图形等比缩小，完成之后按Enter键确认，如图10.217所示。

⑯ 执行菜单栏中的"滤镜"|"模糊"|"高斯模糊"命令，在弹出的对话框中将"半径"更改为3像素，完成之后单击"确定"按钮，如图10.218所示。

2像素，完成之后单击"确定"按钮，如图10.221所示。

图10.220 缩小图像

图10.221 添加高斯模糊

㉑ 选择工具箱中的"横排文字工具"T，添加文字（Comic Sans MS Bold），如图10.222所示。

图10.217 缩小图像

图10.218 添加高斯模糊

⑰ 在"图层"面板中，单击面板底部的"添加图层样式"fx按钮，在菜单中选择"渐变叠加"命令。

⑱ 在弹出的对话框中将"渐变"更改为白色到灰色（R：201，G：208，B：196），完成之后单击"确定"按钮，如图10.219所示。

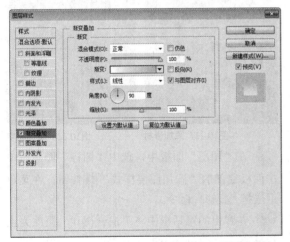
图10.219 设置渐变叠加

⑲ 选中"内部"图层，将其"填充"更改为灰色（R：233，G：236，B：230），再按Ctrl+T组合键对其执行"自由变换"命令，将图形等比缩小，完成之后按Enter键确认，如图10.220所示。

⑳ 执行菜单栏中的"滤镜"|"模糊"|"高斯模糊"命令，在弹出的对话框中将"半径"更改为

图10.222 添加文字

㉒ 在"图层"面板中，选中"16:08"图层，单击面板底部的"添加图层样式"fx按钮，在菜单中选择"渐变叠加"命令。

㉓ 在弹出的对话框中将"渐变"更改为绿色（R：90，G：158，B：50）到绿色（R：150，G：206，B：102），如图10.223所示。

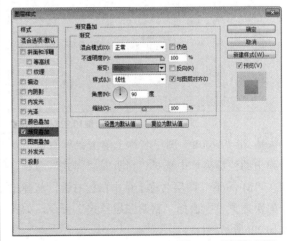
图10.223 设置渐变叠加

㉔ 勾选"斜面和浮雕"复选框,将"大小"更改为3像素,取消"使用全局光"复选框,"角度"更改为90度,如图10.224所示。

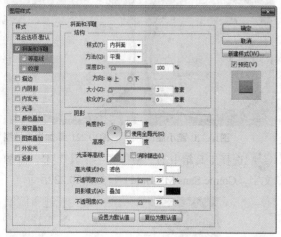

图10.224 设置斜面和浮雕

㉕ 勾选"投影"复选框,将"颜色"更改为绿色(R:69,G:130,B:34),"不透明度"更改为75%,取消"使用全局光"复选框,将"角度"更改为90度,"距离"更改为2像素,"大小"更改为2像素,完成之后单击"确定"按钮,如图10.225所示。

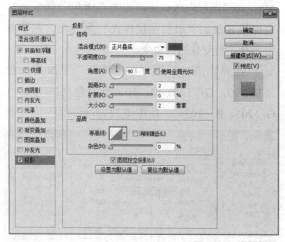

图10.225 设置投影

㉖ 在"16:08"图层名称上单击鼠标右键,从弹出的快捷菜单中选择"拷贝图层样式"命令,在"Monday"图层名称上单击鼠标右键,从弹出的快捷菜单中选择"粘贴图层样式"命令,如图10.226所示。

图10.226 粘贴图层样式

㉗ 执行菜单栏中的"文件"|"打开"命令,打开"图标.psd"文件,将打开的素材拖入画布中并适当缩小,如图10.227所示。

㉘ 选择工具箱中的"横排文字工具" T,添加文字(方正兰亭黑),如图10.228所示。

图10.227 添加素材　　图10.228 添加文字

㉙ 在"图层"面板中,选中"图标"图层,单击面板底部的"添加图层样式" fx 按钮,在菜单中选择"投影"命令。

㉚ 在弹出的对话框中将"混合模式"更改为正片叠底,"颜色"更改为深黄色(R:90,G:43,B:14),"不透明度"更改为75%,取消"使用全局光"复选框,将"角度"更改为90度,"距离"更改为5像素,"大小"更改为6像素,完成之后单击"确定"按钮,这样就完成了效果制作,最终效果如图10.229所示。

图10.229 最终效果

10.8 本章小结

一个好的图标往往会反映制作者的某些信息，特别是对一个商业应用来说，可以从中基本了解到这个应用的类型或者内容。而质感的表现更能体现出图标的精度，所以在图标的设计中要注意这些内容，突出设计灵魂。

10.9 课后习题

本章通过两个课后练习，希望读者朋友可以汲取别人的优点，不断弥补自身的缺陷，希望读者可以领会本章的设计精髓，不断在实践中历练自己。

10.9.1 课后习题1——白金质感开关按钮

素材位置：无
案例位置：案例文件\第10章\白金质感开关按钮.psd
视频位置：多媒体教学\10.9.1 课后习题1——白金质感开关按钮.avi
难易指数：★★☆☆☆

本例主要讲解白金质感开关按钮的制作，此款图标的质感同样十分出色，金属质感的图标搭配科技蓝的控件令整体的视觉效果惊艳，最终效果如图10.230所示。

扫码看视频

图10.230 最终效果

步骤分解如图10.231所示。

图10.231 步骤分解图

图10.231 步骤分解图（续）

10.9.2 课后习题2——塑料质感插座

素材位置：无
案例位置：案例文件\第10章\塑料质感插座.psd
视频位置：多媒体教学\10.9.2 课后习题2——塑料质感插座.avi
难易指数：★★★☆☆

本例主要讲解的是插座图标制作，质感及科技风格的色彩搭配是此款图标的最大亮点，同时准确的图形元素摆放使整个图标立体感十分强烈，而科技蓝的色彩搭配效果也为整个图标增色不少，最终效果如图10.232所示。

扫码看视频

图10.232 最终效果

步骤分解如图10.233所示。

图10.233 步骤分解图